2024年版

フルカラー版
第一種電気工事士技能試験

候補問題

できた！

電気書院 著

電気書院

候補問題できた! 目次

これだけはマスタしよう　配線図・施工法研究

これだけはマスタしよう 候補問題で必要な重要作業の研究

施工条件等を想定して候補問題を練習しよう

複線図・展開接続図のトレースでトレーニング

2024年度（令和6年度）第一種電気工事士技能試験
受験の手引き

第一種電気工事士試験は，電気工事士法に基づく国家試験です．試験に関する事務は，経済産業大臣指定の一般財団法人電気技術者試験センター（指定試験機関）が行います．

本年度（2024年）の試験に関する日程は下記の通りです．

受験手数料

インターネット申込み
10,900円

原則，インターネット申込みとなります． インターネットをご利用になれない等，やむを得ない場合で書面申込みを希望される方は，一般財団法人電気技術者試験センター本部事務局（TEL：03-3552-7691）までご連絡ください．

郵送による**書面申込みの受験手数料は11,300円です．** また，書面申込みは，申込期間最終日の消印有効となります．

受験申込受付期間

上期試験：2024年2月 9日(金)〜2月29日(木)
下期試験：2024年7月29日(月)〜8月15日(木)

申込期間は，CBT方式・筆記方式・学科免除者ともに同じです．
インターネット申込みは，初日10時から最終日の17時までになります．

試験実施日

◆上期試験◆ ※上期学科試験はCBT方式のみ実施されます．

【学科試験】（CBT方式）2024年 4月 1日(月)〜5月 9日(木)
【技能試験】   2024年 7月 6日(土)

. . . .

◆下期試験◆

【学科試験】（CBT方式）2024年 9月 2日(月)〜9月19日(木)
        （筆記方式）2024年10月 6日(日)
【技能試験】   2024年11月24日(日)

試験の詳細につきましては一般財団法人電気技術者試験センターのホームページ（https://www.shiken.or.jp）をご確認ください．

【過去の合格状況】

※筆記免除者＋筆記合格者　【単位：人】

年　度	学 科 試 験*		技 能 試 験	
	受験者数	合格者数	受験者数※	合格者数
平成 1 年度	5,965	2,825	4,038	1,667
平成 2 年度	6,576	2,838	3,810	471
平成 3 年度	7,161	3,382	4,981	3,609
平成 4 年度	9,772	4,294	5,049	2,244
平成 5 年度	13,132	5,966	7,766	4,001
平成 6 年度	16,613	7,238	9,349	4,322
平成 7 年度	19,898	9,132	12,041	4,906
平成 8 年度	21,976	9,558	13,622	9,557
平成 9 年度	23,277	10,060	12,449	5,020
平成10 年度	24,390	10,152	14,936	6,469
平成11 年度	26,829	10,688	15,883	7,621
平成12 年度	25,610	10,783	15,710	8,555
平成13 年度	25,838	11,398	15,555	5,349
平成14 年度	26,310	11,093	17,517	10,188
平成15 年度	27,242	11,350	15,504	7,357
平成16 年度	26,009	10,756	15,767	10,624
平成17 年度	25,999	11,370	14,539	10,333
平成18 年度	26,421	10,966	14,253	10,119
平成19 年度	26,658	11,034	14,220	8,134
平成20 年度	29,114	11,422	16,096	10,188
平成21 年度	35,924	16,194	20,183	13,631
平成22 年度	36,670	15,665	19,907	12,527
平成23 年度	34,465	14,633	20,215	17,104
平成24 年度	35,080	14,927	16,988	10,218
平成25 年度	36,460	14,619	19,911	15,083
平成26 年度	38,776	16,649	19,645	11,404
平成27 年度	37,808	16,153	21,739	15,419
平成28 年度	39,013	19,627	23,677	14,602
平成29 年度	38,427	18,076	24,188	15,368
平成30 年度	36,048	14,598	19,815	12,434
令和 1 年度	37,610	20,350	23,816	15,410
令和 2 年度	30,520	15,876	21,162	13,558
令和 3 年度	40,244	21,542	25,751	17,260
令和 4 年度	37,247	21,686	26,578	16,672
令和 5 年度	33,035	20,361	26,143	15,834

＊令和４年度までは「筆記試験」，令和５年度以降は「学科試験」

令和6年度第一種電気工事士技能試験候補問題の公表について

1．技能試験候補問題について

ここに公表した候補問題（No.1 ～ No.10)は，最大電力 500kW 未満の自家用電気工作物及び一般用電気工作物等の電気工事に係る基本的な作業であって，試験を机上で行うことと使用する材料・工具等を考慮して作成してあります。

2．出題方法

令和6年度の技能試験問題は，次の No.1 ～ No.10 の配線図の中から出題します。

ただし，配線図，施工条件等の詳細については，試験問題に明記します。

なお，**試験時間は，すべての問題について６０分の予定です。**

その他，配線図等の詳細についての**ご質問には一切応じられません。**

（注）　1．図記号は，原則としてJIS C 0617-1～13及びJIS C 0303:2000に準拠して示してある。また，作業に直接関係のない部分等は，省略又は簡略化してある。

　　　　2．配線図は，電線の本数にかかわらず単線図で示してある。

　　　　3．Ⓡ はランプレセプタクル，MS は電磁開閉器をそれぞれ示す。

　　　　4．配線図に明示していないが，出題される工事種別には，ケーブル工事，金属管工事，合成樹脂管工事がある。

　　　　5．電源・機器・器具の配置については変更する場合がある。

　　　　6．機器・器具においては，端子台で代用するものもある。

　　　　7．⊖E に係る接地工事及びⒶ，Ⓥ に至る工事については出題時に明記する。

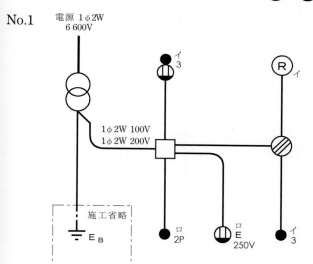

No.1

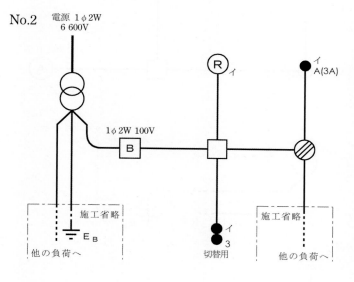

No.2

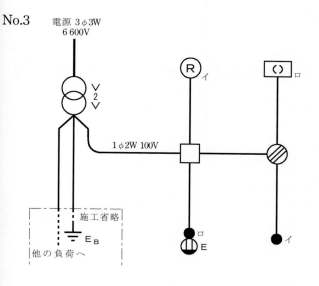

No.3

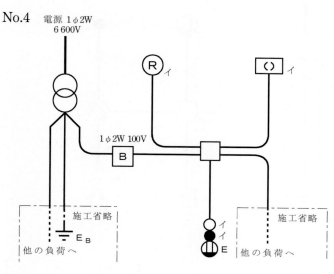

No.4

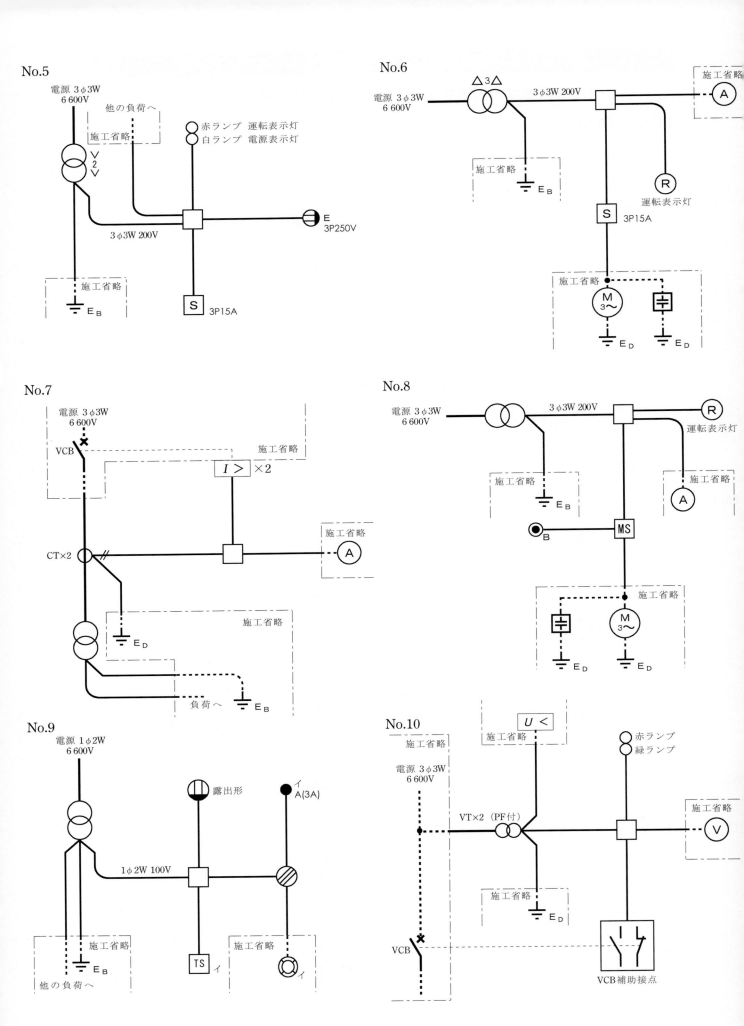

No.5

電源 3φ3W
6 600V

他の負荷へ

施工省略

赤ランプ 運転表示灯
白ランプ 電源表示灯

V
2
V

3φ3W 200V

E
3P250V

施工省略

E_B

S 3P15A

No.6

電源 3φ3W
6 600V

△ 3 △

3φ3W 200V

施工省略

A

施工省略

E_B

R

運転表示灯

S 3P15A

施工省略

M
3～

E_D

E_D

No.7

電源 3φ3W
6 600V

VCB

施工省略

I > ×2

施工省略

CT×2

A

施工省略

E_D

施工省略

負荷へ

E_B

No.8

電源 3φ3W
6 600V

3φ3W 200V

R

運転表示灯

施工省略

E_B

施工省略

A

B

MS

施工省略

M
3～

E_D

E_D

No.9

電源 1φ2W
6 600V

露出形

イ
A(3A)

1φ2W 100V

施工省略

E_B

他の負荷へ

TS イ

イ

No.10

U <

施工省略

施工省略

電源 3φ3W
6 600V

VT×2 （PF付）

赤ランプ
緑ランプ

施工省略

V

施工省略

E_D

VCB

VCB補助接点

これだけはマスタしよう
配線図・施工法研究

これだけはマスタしよう
候補問題で必要な重要作業の研究

配線図・施工法研究

① 変圧器の図記号・内部結線・結線図について

　第一種電気工事士技能試験で出題される「変圧器」は，主に高圧回路の電圧 6,600V を低圧の使用電圧 100V，200V，400V に変圧する機器です．

　種類には相数により，「単相変圧器」，「三相変圧器」があります．

主な変圧器の図記号（JIS C 0617−6）

変圧器　名称	図記号（単線図用）	図記号（複線図用）
単相変圧器 （2巻線変圧器）		
単相変圧器 （中間点引き出し 単相変圧器）		
三相変圧器 （星形三角結線の 三相変圧器） （スター・デルタ結線）		

① 技能試験で用いられる変圧器の図記号

技能試験の配線図の変圧器部分では，単線図用変圧器の図記号が用いられ，電源部に示される数字と端子台説明図によって単相変圧器と三相変圧器とを区別しています．

配線図の図記号	端子台説明図
単相変圧器 電源 1φ2W 6 600V 電源部の 1φ2W が「単相 2 線式」の電源を表している	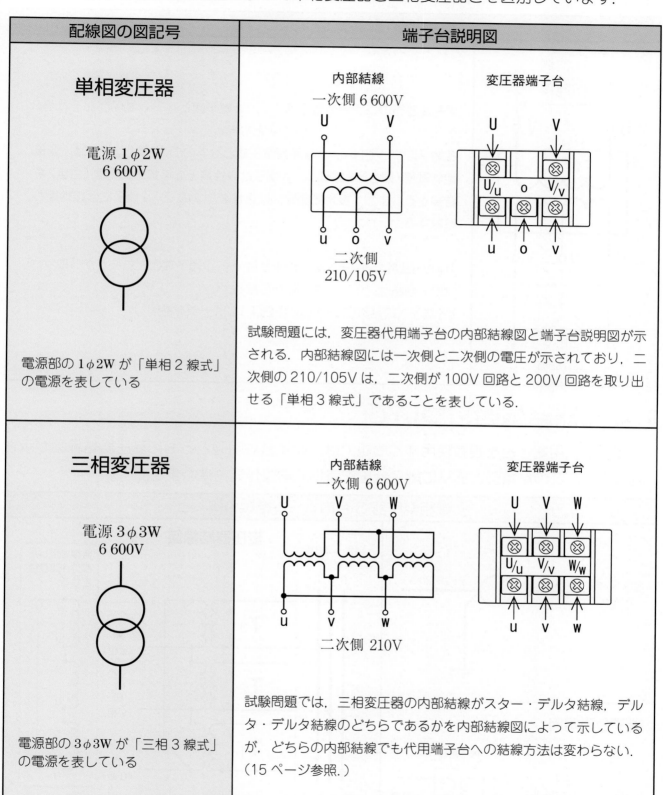 試験問題には，変圧器代用端子台の内部結線図と端子台説明図が示される．内部結線図には一次側と二次側の電圧が示されており，二次側の 210/105V は，二次側が 100V 回路と 200V 回路を取り出せる「単相 3 線式」であることを表している．
三相変圧器 電源 3φ3W 6 600V 電源部の 3φ3W が「三相 3 線式」の電源を表している	試験問題では，三相変圧器の内部結線がスター・デルタ結線，デルタ・デルタ結線のどちらであるかを内部結線図によって示しているが，どちらの内部結線でも代用端子台への結線方法は変わらない． (15 ページ参照.)

9

② 単相変圧器の二次側について

単相変圧器の二次側は，100V 回路と 200V 回路が取り出せる「単相 3 線式」になっています．

単相変圧器の二次側について

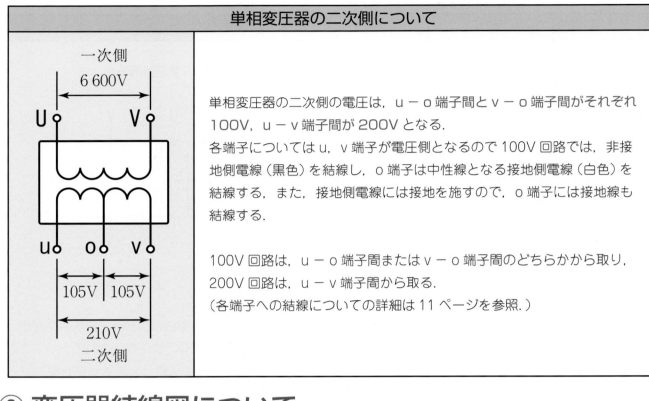

単相変圧器の二次側の電圧は，u－o 端子間とv－o 端子間がそれぞれ 100V，u－v 端子間が 200V となる．

各端子についてはu，v 端子が電圧側となるので 100V 回路では，非接地側電線（黒色）を結線し，o 端子は中性線となる接地側電線（白色）を結線する．また，接地側電線には接地を施すので，o 端子には接地線も結線する．

100V 回路は，u－o 端子間またはv－o 端子間のどちらかから取り，200V 回路は，u－v 端子間から取る．
（各端子への結線についての詳細は 11 ページを参照．）

③ 変圧器結線図について

変圧器代用端子台を複数使用する問題では，端子台説明図とともに変圧器結線図が示されるので，この結線図どおりに端子台を配置して結線作業を進めます．

単相変圧器 3 台の△－△結線の例

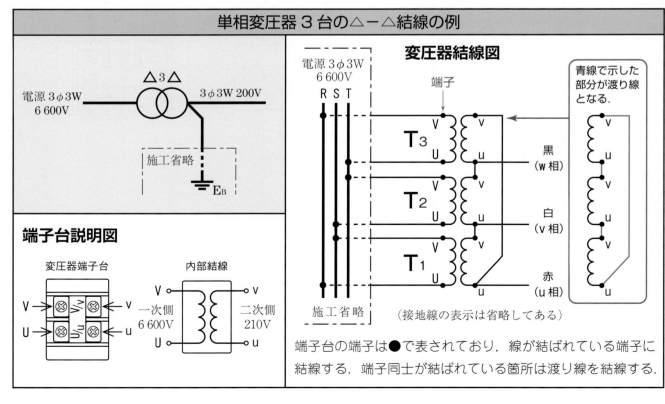

② 変圧器の単線図・複線図と実体参考写真

① 単相変圧器　施工条件や使用するケーブル・電線の種類により二次側が変わる.

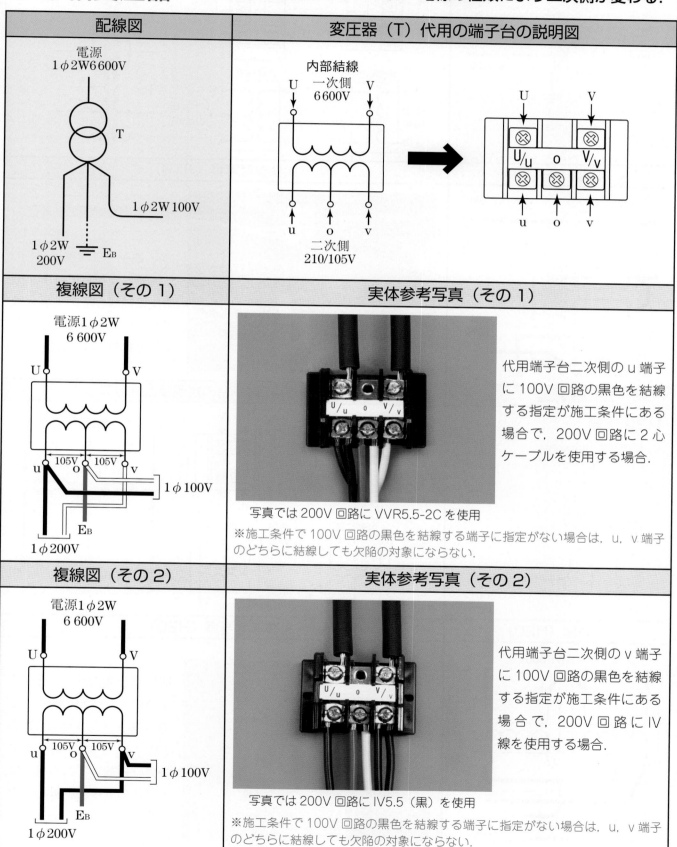

配線図	変圧器（T）代用の端子台の説明図
電源 1φ2W6 600V T 1φ2W100V 1φ2W 200V　EB	内部結線 U　一次側　V 6 600V →　U　　　V U/u　o　V/v u　o　v 二次側 210/105V

複線図（その1）	実体参考写真（その1）
電源1φ2W 6 600V U　　　V u　105V　o　105V　v 　　　　　　　　1φ100V EB 1φ200V	代用端子台二次側のu端子に100V回路の黒色を結線する指定が施工条件にある場合で，200V回路に2心ケーブルを使用する場合. 写真では200V回路にVVR5.5-2Cを使用 ※施工条件で100V回路の黒色を結線する端子に指定がない場合は，u，v端子のどちらに結線しても欠陥の対象にならない.

複線図（その2）	実体参考写真（その2）
電源1φ2W 6 600V U　　　V u　105V　o　105V　v 　　　　　　　　1φ100V EB 1φ200V	代用端子台二次側のv端子に100V回路の黒色を結線する指定が施工条件にある場合で，200V回路にIV線を使用する場合. 写真では200V回路にIV5.5（黒）を使用 ※施工条件で100V回路の黒色を結線する端子に指定がない場合は，u，v端子のどちらに結線しても欠陥の対象にならない.

② 単相変圧器 2 台による V－V 結線　H20・19 年の出題

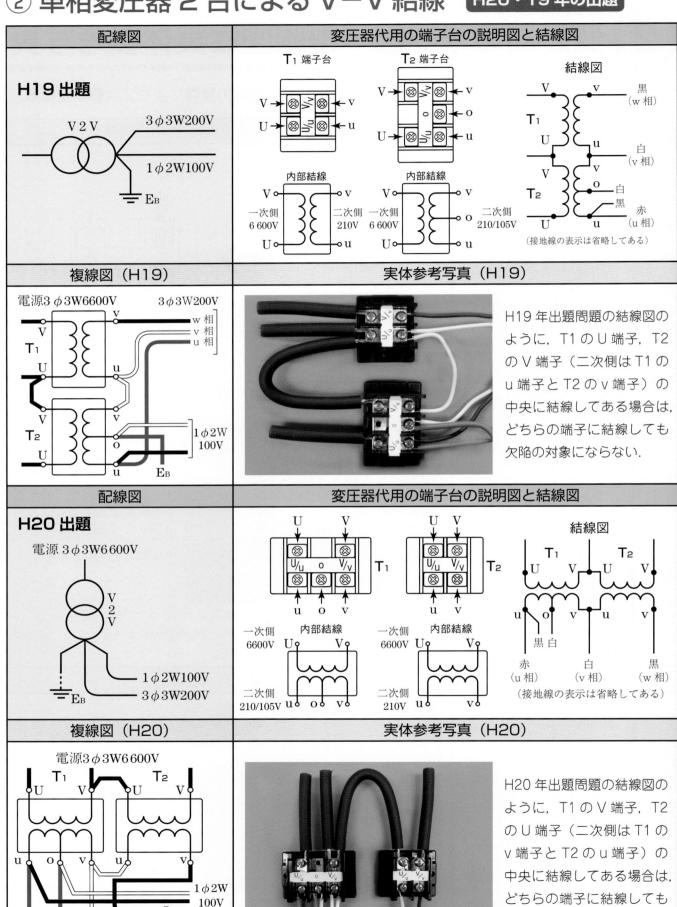

配線図	変圧器代用の端子台の説明図と結線図

H19 出題

V 2 V　3φ3W200V
1φ2W100V
E_B

T₁ 端子台　T₂ 端子台　結線図

結線図
V　v　黒（w 相）
T₁
U　u　白（v 相）
V　v
T₂　o　白
u　黒
赤（u 相）
（接地線の表示は省略してある）

内部結線
V　v
一次側 6 600V　二次側 210V
U　u

内部結線
V　v
一次側 6 600V　o　二次側 210/105V
U　u

複線図 （H19）	実体参考写真 （H19）

電源3φ3W6600V　3φ3W200V
V　v　w 相／v 相／u 相
T₁
U　u
V
v
T₂
U　o
u　1φ2W 100V
E_B

H19 年出題問題の結線図のように，T1 の U 端子，T2 の V 端子（二次側は T1 の u 端子と T2 の v 端子）の中央に結線してある場合は，どちらの端子に結線しても欠陥の対象にならない．

配線図	変圧器代用の端子台の説明図と結線図

H20 出題

電源 3φ3W6 600V

V 2 V
1φ2W100V
3φ3W200V
E_B

U　V　U　V　結線図
T₁　T₂
U/u　o　V/v　U/u　V/v
u　o　v　u　v
T₁　T₂
U　V　U　V
一次側 6600V　U　V　一次側 6600V　U　V
u　o　v　u　v
黒白
内部結線　内部結線
二次側 210/105V　二次側 210V
赤（u 相）　白（v 相）　黒（w 相）
（接地線の表示は省略してある）

複線図 （H20）	実体参考写真 （H20）

電源3φ3W6 600V
T₁　T₂
U　V　U　V
u　o　v　u　v
1φ2W 100V
w 相／v 相／u 相　3φ3W 200V
E_B

H20 年出題問題の結線図のように，T1 の V 端子，T2 の U 端子（二次側は T1 の v 端子と T2 の u 端子）の中央に結線してある場合は，どちらの端子に結線しても欠陥の対象にならない．

② 単相変圧器2台による V−V 結線 H17年以前の出題

配線図	変圧器代用の端子台の説明図と結線図

H17出題

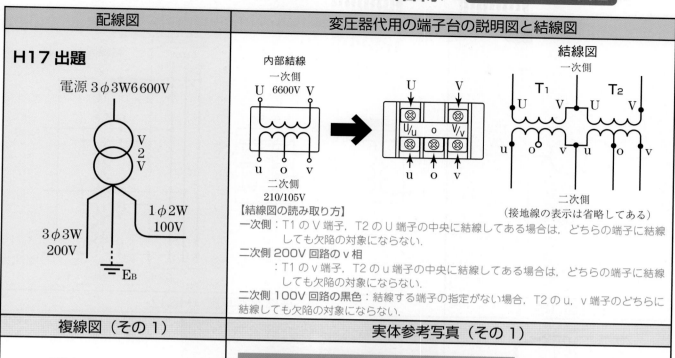

内部結線 一次側 U 6600V V / 二次側 u o v 210/105V

結線図 一次側 T₁ U V o U V T₂ / 二次側 u o v u o v（接地線の表示は省略してある）

電源3φ3W6600V

【結線図の読み取り方】
一次側：T1のV端子，T2のU端子の中央に結線してある場合は，どちらの端子に結線しても欠陥の対象にならない．
二次側200V回路のv相
　：T1のv端子，T2のu端子の中央に結線してある場合は，どちらの端子に結線しても欠陥の対象にならない．
二次側100V回路の黒色：結線する端子の指定がない場合，T2のu，v端子のどちらに結線しても欠陥の対象にならない．

複線図（その1）	実体参考写真（その1）

電源3φ3W6600V

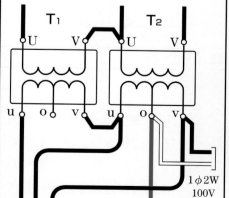

3φ3W 200V　　EB　　1φ2W 100V

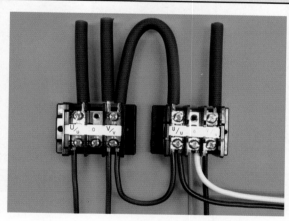

※ 200V回路にはIV線（黒）を使用する指定

※その1は，端子への結線に指定がない部分について，
一次側：T1のV端子
二次側200V回路のv相
　：T1のv端子
二次側100V回路の黒色
　：T2のu端子
に結線した結線例

この問題では，100V回路（単相負荷回路）はT2の回路に結線することと200V回路と代用端子台二次側の渡り線にIV線（黒）を使用することが施工条件で指定された．左の複線図は施工条件を満たす結線の一例．

複線図（その2）	実体参考写真（その2）

電源3φ3W6600V

3φ3W 200V　　EB　　1φ2W 100V

※ 200V回路にはIV線（黒）を使用する指定

※その2は，端子への結線に指定がない部分について，
一次側：T2のU端子
二次側200V回路のv相
　：T2のu端子
二次側100V回路の黒色
　：T2のv端子
に結線した結線例

この問題では，端子への結線について指定のない箇所をこのように結線しても施工条件を満たす結線となる．

③ 単相変圧器 3 台による △ー△ 結線

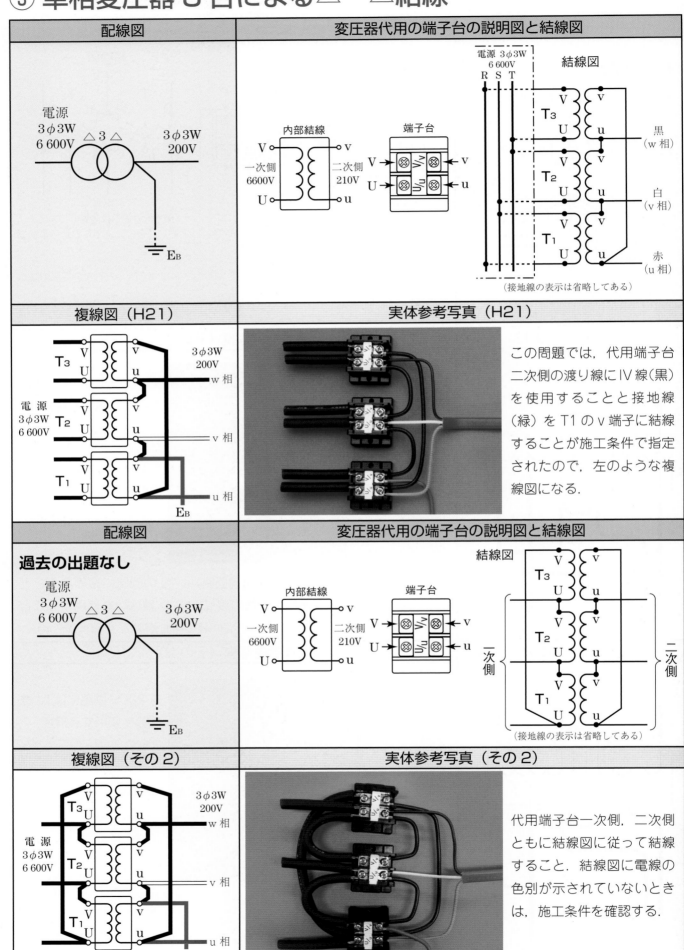

配線図	変圧器代用の端子台の説明図と結線図

電源
3φ3W
6 600V △3△ 3φ3W
200V

EB

電源 3φ3W 6 600V
R S T

結線図

内部結線

端子台

一次側 6600V 二次側 210V

T₃ V U v u 黒（w相）
T₂ V U v u 白（v相）
T₁ V U v u 赤（u相）

（接地線の表示は省略してある）

複線図（H21）	実体参考写真（H21）

T₃ V U v u
電源 3φ3W 6 600V
T₂ V U v u
T₁ V U v u

3φ3W 200V
w相
v相
u相
EB

この問題では，代用端子台二次側の渡り線にIV線（黒）を使用することと接地線（緑）をT1のv端子に結線することが施工条件で指定されたので，左のような複線図になる．

配線図	変圧器代用の端子台の説明図と結線図

過去の出題なし

電源
3φ3W
6 600V △3△ 3φ3W
200V

EB

内部結線

端子台

一次側 6600V 二次側 210V

結線図

T₃ V U v u
T₂ V U v u
一次側
T₁ V U v u
二次側

（接地線の表示は省略してある）

複線図（その2）	実体参考写真（その2）

T₃ V U v u
電源 3φ3W 6 600V
T₂ V U v u
T₁ V U v u

3φ3W 200V
w相
v相
u相
EB

代用端子台一次側，二次側ともに結線図に従って結線すること．結線図に電線の色別が示されていないときは，施工条件を確認する．

④ 三相変圧器の結線

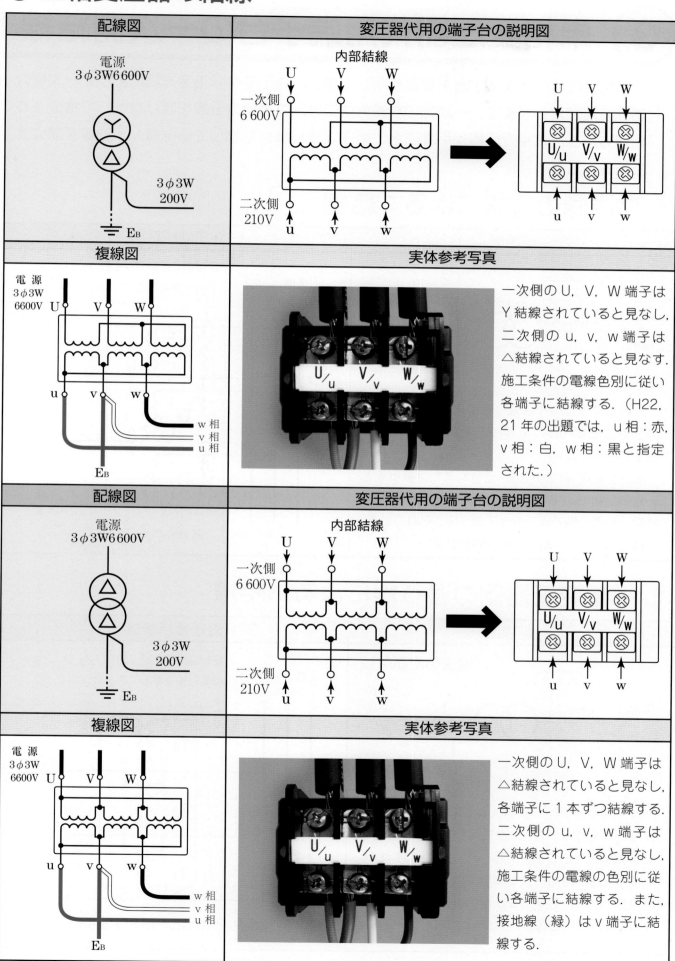

配線図	変圧器代用の端子台の説明図

電源
3φ3W 6 600V

3φ3W
200V

E_B

内部結線

一次側
6 600V

U V W

二次側
210V

u v w

U V W

| U/u | V/v | W/w |

u v w

複線図	実体参考写真

電源
3φ3W
6600V

U V W

u v w

w相
v相
u相

E_B

U/u V/v W/w

一次側のU，V，W端子は
Y結線されていると見なし、
二次側のu，v，w端子は
△結線されていると見なす．
施工条件の電線色別に従い
各端子に結線する．（H22，
21年の出題では，u相：赤，
v相：白，w相：黒と指定
された．）

配線図	変圧器代用の端子台の説明図

電源
3φ3W 6 600V

3φ3W
200V

E_B

内部結線

一次側
6 600V

U V W

二次側
210V

u v w

U V W

| U/u | V/v | W/w |

u v w

複線図	実体参考写真

電源
3φ3W
6600V

U V W

u v w

w相
v相
u相

E_B

U/u V/v W/w

一次側のU，V，W端子は
△結線されていると見なし，
各端子に1本ずつ結線する．
二次側のu，v，w端子は
△結線されていると見なし，
施工条件の電線の色別に従
い各端子に結線する．また，
接地線（緑）はv端子に結
線する．

③ 単相変圧器代用端子台の一次側結線

単相変圧器の代用端子台を複数使用する場合，施工条件の指定方法によって一次側の結線方法が変わります．一次側の結線方法には，電源側の母線を渡り線として構成する結線方法と，単相変圧器代用端子台の端子に渡り線を結線して△結線，V結線を構成する結線方法があります．

① 電源側の母線による△結線

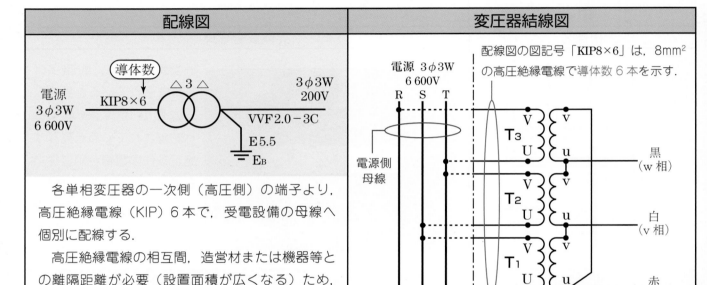

配線図	変圧器結線図

各単相変圧器の一次側（高圧側）の端子より，高圧絶縁電線（KIP）6本で，受電設備の母線へ個別に配線する．

高圧絶縁電線の相互間，造営材または機器等との離隔距離が必要（設置面積が広くなる）ため，実際の受電設備では三相変圧器が用いられている．

技能試験では，隔離距離は問われない．

配線図の図記号「KIP8×6」は，8mm²の高圧絶縁電線で導体数6本を示す．

（接地線の表示は省略してある．）

② 単相変圧器側の渡り線による△結線

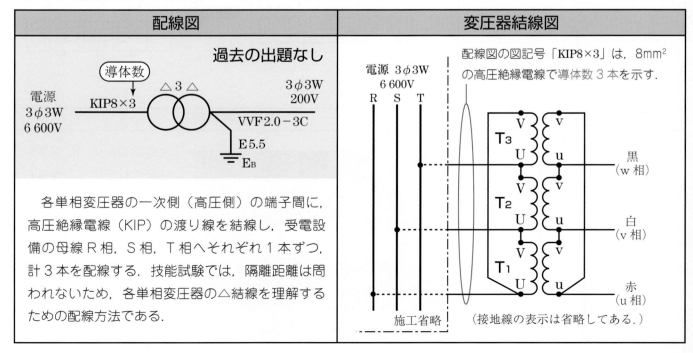

配線図	変圧器結線図

過去の出題なし

各単相変圧器の一次側（高圧側）の端子間に，高圧絶縁電線（KIP）の渡り線を結線し，受電設備の母線R相，S相，T相へそれぞれ1本ずつ，計3本を配線する．技能試験では，隔離距離は問われないため，各単相変圧器の△結線を理解するための配線方法である．

配線図の図記号「KIP8×3」は，8mm²の高圧絶縁電線で導体数3本を示す．

（接地線の表示は省略してある．）

③ 単相変圧器の渡り線による V 結線

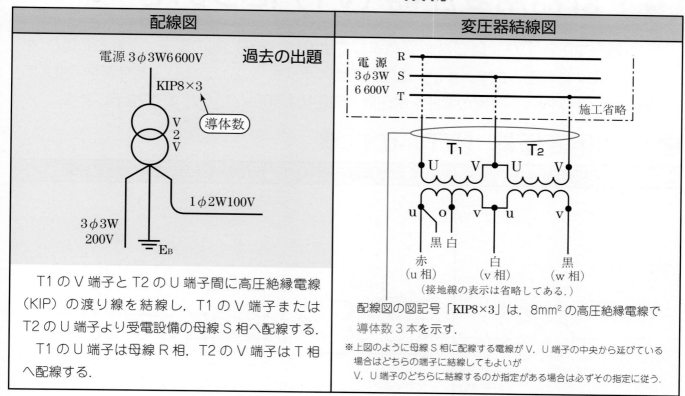

配線図	変圧器結線図

配線図（左）

電源 3φ3W 6 600V

KIP8×3

導体数

V 2 V

1φ2W100V

3φ3W 200V

E_B

過去の出題

T1 の V 端子と T2 の U 端子間に高圧絶縁電線（KIP）の渡り線を結線し，T1 の V 端子または T2 の U 端子より受電設備の母線 S 相へ配線する．
T1 の U 端子は母線 R 相，T2 の V 端子は T 相へ配線する．

変圧器結線図（右）

電源 3φ3W 6 600V　R　S　T　施工省略

T₁　U　V　T₂　U　V

u　o　v　u　v

黒 白

赤（u 相）　白（v 相）　黒（w 相）

（接地線の表示は省略してある．）

配線図の図記号「KIP8×3」は，8mm² の高圧絶縁電線で導体数 3 本を示す．

※上図のように母線 S 相に配線する電線が V，U 端子の中央から延びている場合はどちらの端子に結線してもよいが
V，U 端子のどちらに結線するのか指定がある場合は必ずその指定に従う．

④ 電源側の母線による V 結線

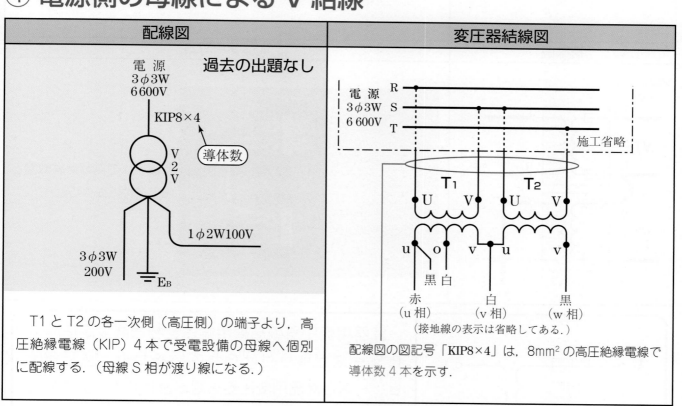

配線図	変圧器結線図

配線図（左）

電源 3φ3W 6 600V

KIP8×4

導体数

V 2 V

1φ2W100V

3φ3W 200V

E_B

過去の出題なし

T1 と T2 の各一次側（高圧側）の端子より，高圧絶縁電線（KIP）4 本で受電設備の母線へ個別に配線する．（母線 S 相が渡り線になる．）

変圧器結線図（右）

電源 3φ3W 6 600V　R　S　T　施工省略

T₁　U　V　T₂　U　V

u　o　v　u　v

黒 白

赤（u 相）　白（v 相）　黒（w 相）

（接地線の表示は省略してある．）

配線図の図記号「KIP8×4」は，8mm² の高圧絶縁電線で導体数 4 本を示す．

計器用変圧器（VT）について

　計器用変圧器（VT）は2台をV結線して使用し，高圧回路の電圧（三相6600V）を三相110Vに変圧します．また，電圧計切換スイッチ（VS）により，各相間を切換えてR-S間，S-T間，T-R間の電圧を電圧計（変圧比6600V/110V）にて指示します．

● 計器用変圧器（VT）の結線

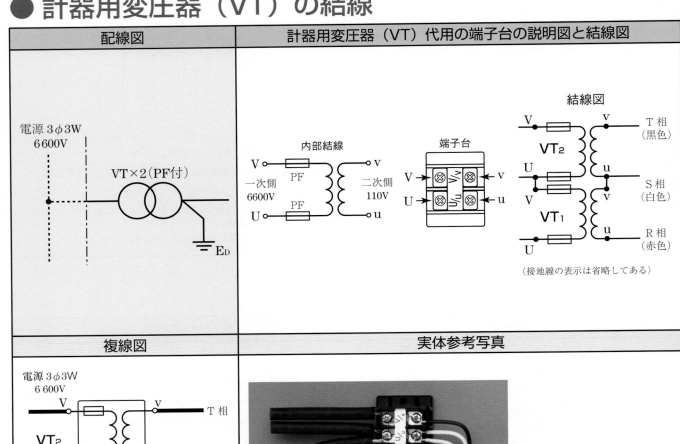

配線図	計器用変圧器（VT）代用の端子台の説明図と結線図

複線図	実体参考写真

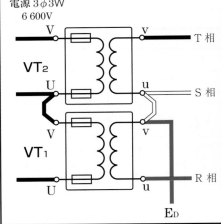

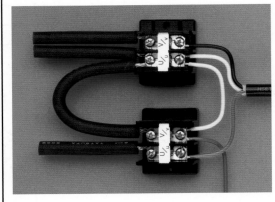

各端子への結線は結線図と施工条件に従うこと．

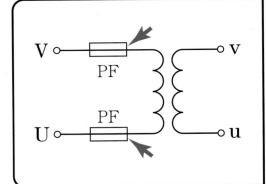

　計器用変圧器の結線用端子と巻線間に高圧限流ヒューズが取り付けられているため，図記号はヒューズと計器用変圧器を組み合わせて，実際の図面では表示されています．

（単線図用）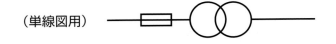

電圧計の接続について

　電圧計を使用して電源電圧や負荷電圧を測定するときは，電圧計を電源や負荷と並列に接続します．また，三相3線式回路において，各相間電圧を1つの電圧計で測定する場合には，電圧計切換スイッチ（VS）を用います．

● 電圧計の接続

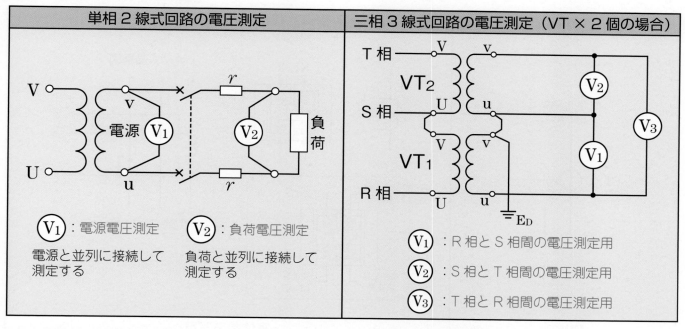

単相2線式回路の電圧測定	三相3線式回路の電圧測定（VT×2個の場合）

V_1：電源電圧測定　　V_2：負荷電圧測定
電源と並列に接続して測定する　　負荷と並列に接続して測定する

V_1：R相とS相間の電圧測定用
V_2：S相とT相間の電圧測定用
V_3：T相とR相間の電圧測定用

● 電圧計切換スイッチ（VS）による切換

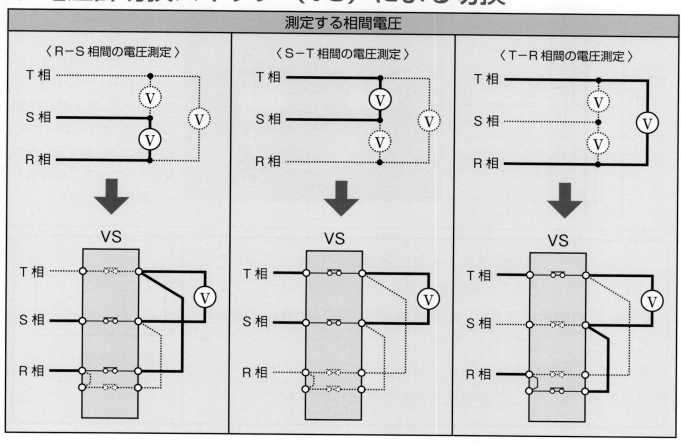

測定する相間電圧

〈R-S相間の電圧測定〉　　〈S-T相間の電圧測定〉　　〈T-R相間の電圧測定〉

VS　　VS　　VS

6 変流器 (CT) について

　高圧用変流器 (CT) は，高圧回路の電流を 5A に変流して，電流計切換スイッチ (AS) により各相を切換えて，R 相，S 相，T 相の電流を電流計（変流比例 100A/5A）にて指示します．変流器の取付位置は，R 相と T 相に配置します．

● 変流器 (CT) の結線

配線図	変流器 (CT) 代用の端子台の説明図と結線図
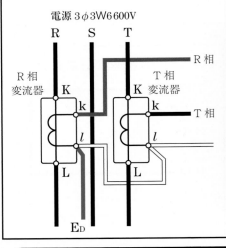	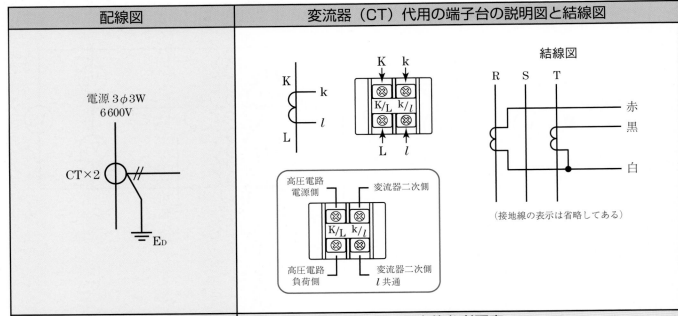

複線図	実体参考写真
	 CT 代用の端子台は変圧器代用端子台とは違い，左側の上下の端子が高圧側（一次側，記号は大文字），右側の上下の端子が低圧側（二次側，記号は小文字）となるので注意する．また，各端子への結線は結線図と施工条件に従うこと．

　過電流から設備を保護するものに過電流継電器 (OCR) があります．OCR は高圧受電設備の重要な保護機器のため，CT を回路に含む問題には OCR も含まれます．高圧母線に過電流が流れると，CT の変流比に比例した電流が二次側に流れ，これを OCR が検知します．そして遮断器の引外しコイル（トリップコイル）を励磁して遮断器を遮断（開放）させます．

過電流遮断器 (OCR) の図記号

7 電流計の接続について

電流計を使用して回路の電流を測定するときは，電流計を電源や負荷と直列に接続します．また，三相3線式回路において，各相電流を1つの電流計で測定する場合には，電流計切換スイッチ（AS）を用います．

● 電流計の接続

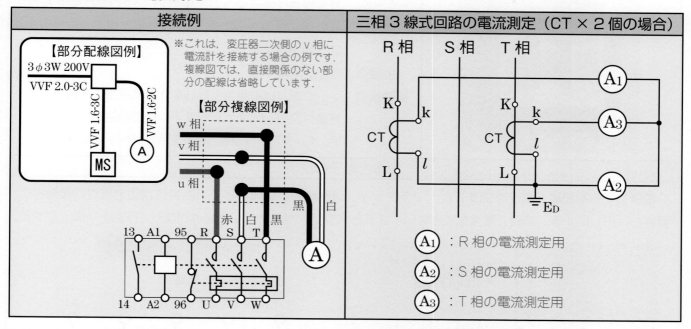

接続例	三相3線式回路の電流測定（CT×2個の場合）

※これは，変圧器二次側のv相に電流計を接続する場合の例です．複線図では，直接関係のない部分の配線は省略しています．

【部分配線図例】
3φ3W 200V
VVF 2.0-3C
VVF 1.6-3C
VVF 1.6-2C
MS
A

【部分複線図例】

Ⓐ₁：R相の電流測定用
Ⓐ₂：S相の電流測定用
Ⓐ₃：T相の電流測定用

● 電流計切換スイッチ（AS）による切換

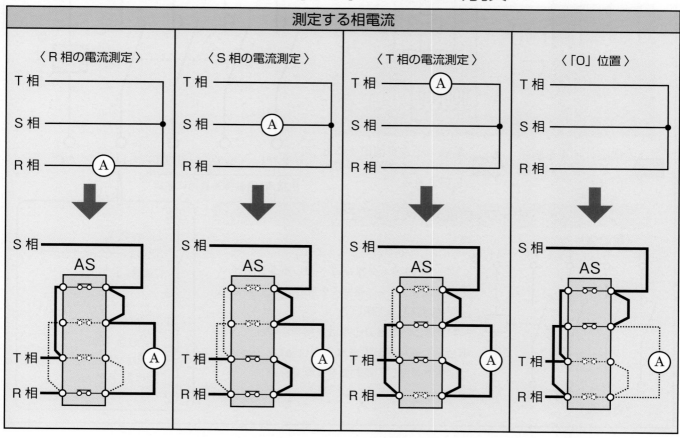

測定する相電流

〈R相の電流測定〉　〈S相の電流測定〉　〈T相の電流測定〉　〈「0」位置〉

⑧ 電磁接触器（MC）について

　電磁接触器（MC）は電磁石の動作によって電路を開閉するもので，熱動継電器（サーマルリレー）と組み合わせて「電磁開閉器（MS）」として使用します．

器具の写真	器具の構成
	**構成**：主接点（大電流を開閉する．接点容量は各種ある．），補助接点（自己保持用 a 接点，インタロック用 b 接点，その他に使用．），電磁コイル，機構部がモールドケースに組み込まれている． **主接点**：電源に結線する． **補助接点**：メーク接点は主接点と同じ動作をする接点である．容量は交流 200V/5A 程度で，制御回路（自己保持回路，インタロック回路，状態表示灯，その他）に使用する．

動作と端子の説明

　電磁コイルを励磁（電流を流す）と，プランジャ（可動鉄心）に連動して可動接点が固定接点に接触して回路を「閉」にする．消磁（電気を流さない）するとスプリングにより可動接点が戻り，回路を「開」にする．

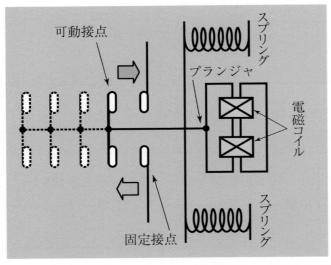

可動接点　スプリング　プランジャ　電磁コイル　固定接点　スプリング

 電磁コイルを励磁すると右方向に吸引される

← 電磁コイルを消磁すると左方向にスプリングで押し戻される

電磁接触器のJIS端子記号

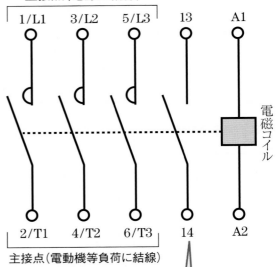

主接点（電源に結線）
1/L1　3/L2　5/L3　13　A1
電磁コイル
2/T1　4/T2　6/T3　14　A2
主接点（電動機等負荷に結線）

技能試験で用いられている図記号

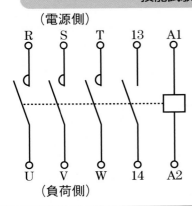

（電源側）
R　S　T　13　A1
U　V　W　14　A2
（負荷側）

・13, 14 のメーク接点は，押しボタンスイッチの PBon（メーク接点）を操作したときに自己保持回路として用いる．
・A1, A2 の電磁コイルは，操作用電圧（この場合 200V）が印加されると付勢し，主回路，補助接点を閉じて電動機を運転する．

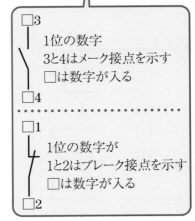

□3
1位の数字
3と4はメーク接点を示す
□は数字が入る
□4

□1
1位の数字が
1と2はブレーク接点を示す
□は数字が入る
□2

9 熱動継電器（サーマルリレー）について

　熱動継電器（サーマルリレー）は，電動機を保護するために過負荷を検出するもので，電磁接触器（MC）と組み合わせて「電磁開閉器（MS）」として使用します.

　電気設備技術基準・解釈では，屋内に施設する電動機（0.2kW を超える電動機）には，電動機が焼損するおそれがある過電流を生じた場合に自動的にこれを阻止し，またはこれを警報する装置を設けること，と定められています.

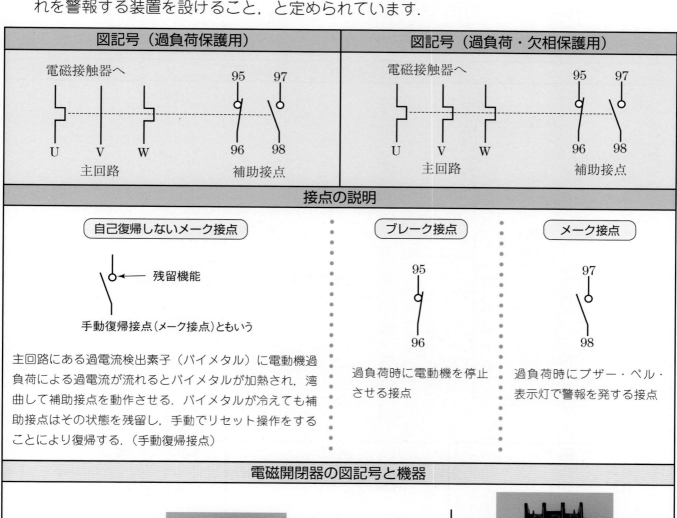

図記号（過負荷保護用）	図記号（過負荷・欠相保護用）
電磁接触器へ　95　97 U　V　W　96　98 主回路　　補助接点	電磁接触器へ　95　97 U　V　W　96　98 主回路　　補助接点

接点の説明

自己復帰しないメーク接点

← 残留機能

手動復帰接点（メーク接点）ともいう

主回路にある過電流検出素子（バイメタル）に電動機過負荷による過電流が流れるとバイメタルが加熱され，湾曲して補助接点を動作させる．バイメタルが冷えても補助接点はその状態を残留し，手動でリセット操作をすることにより復帰する．（手動復帰接点）

ブレーク接点

95

96

過負荷時に電動機を停止させる接点

メーク接点

97

98

過負荷時にブザー・ベル・表示灯で警報を発する接点

電磁開閉器の図記号と機器

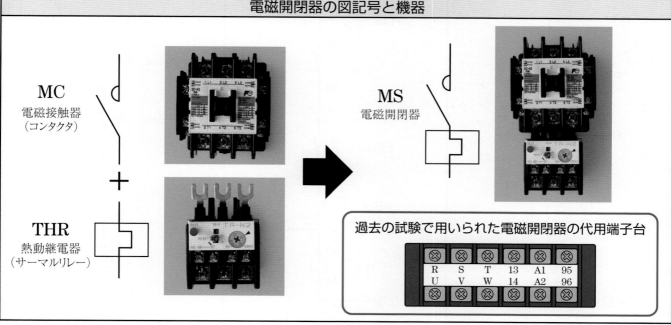

MC
電磁接触器
（コンタクタ）

＋

THR
熱動継電器
（サーマルリレー）

MS
電磁開閉器

過去の試験で用いられた電磁開閉器の代用端子台

R	S	T	13	A1	95
U	V	W	14	A2	96

10 電磁開閉器の展開接続図（制御回路例）

　旧規格では，電磁接触器（MC）の電磁コイル端子（A1，A2）の配置と熱動継電器（サーマルリレー）の補助接点が3端子だったため，H19年度出題の回路が使用されていました．

　現在の電磁接触器（MC）は，上部に電磁コイル端子（A1，A2）が並んで配置され，熱動継電器（サーマルリレー）の補助接点が4端子となったことにより，メーク接点・ブレーク接点を別々に使用できるようになりました．そのため，下記の例1～3の回路のようにS相（白色）側に電磁コイルを配置できるようになっています．

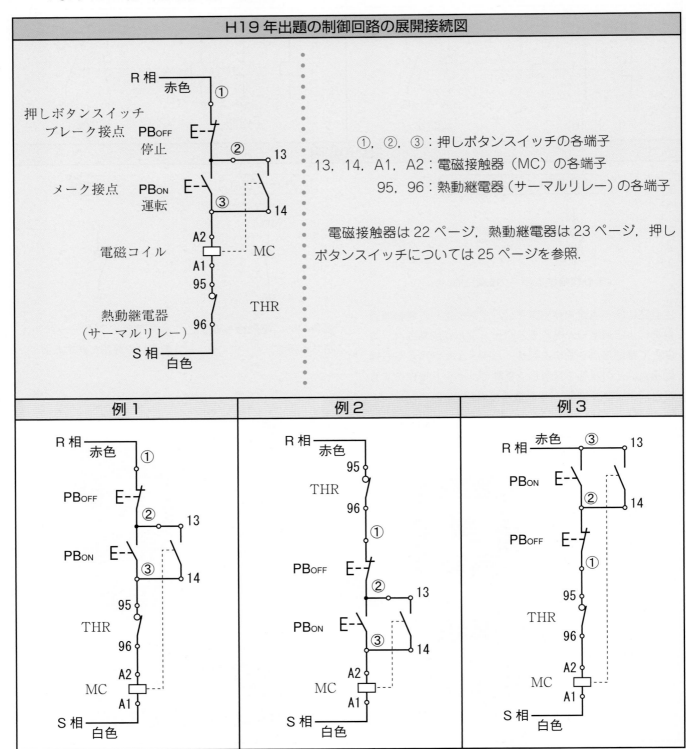

H19年出題の制御回路の展開接続図

①，②，③：押しボタンスイッチの各端子
13，14，A1，A2：電磁接触器（MC）の各端子
95，96：熱動継電器（サーマルリレー）の各端子

電磁接触器は22ページ，熱動継電器は23ページ，押しボタンスイッチについては25ページを参照．

例1	例2	例3

⑪ 押しボタンスイッチについて

接点の図記号	器具の写真

接点の図記号

メーク接点（a接点）

E--/ PBON

「PBON」の記号は，ON
のプッシュボタンを示
す．ONのボタンを押す
と，接点が閉じて電動機
の運転信号になる．

ブレーク接点（b接点）

E--/ PBOFF

「PBOFF」の記号は，OFF
のプッシュボタンを示す．
OFFのボタンを押すと，
接点が開いて電動機を停
止する．

器具の写真

表  裏

技能試験で用いられている図記号と端子配置図

図記号

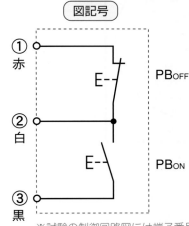

① 赤
② 白
③ 黒
PBOFF
PBON

端子配置図（裏面）

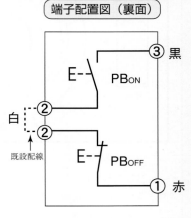

③ 黒
② ②
白
既設配線
① 赤
PBON
PBOFF

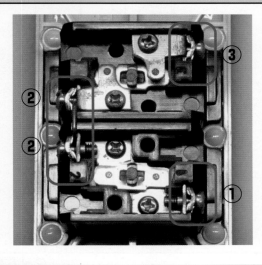

③
②
②
①

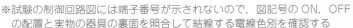

※試験の制御回路図には端子番号が示されないので，図記号のON，OFF
の配置と実物の器具の裏面を照合して結線する電線色別を確認する

押しボタンスイッチの自己保持回路について

　押しボタンPBONを押すと，接点が閉じて電流が流れる（付勢）．下の図Aの状態では，手を離すと接点が
離れて「開」になり消勢する．これでは連続運転できないため，電磁接触器の13-14間のメーク接点（a接
点）をPBONと並列に結線する．図Bは，PBONを押してコイルを励磁し，PBONを元に戻しても電磁接触器
の補助接点が閉じているため，電磁コイルを励磁して電動機の運転を継続する．図Cは，停止用押しボタン
PBOFFを直列に結線した，電磁接触器・押しボタンスイッチを用いた電動機の制御回路となる．ただし，熱動
継電器（サーマルリレー）は省略している．

図 A

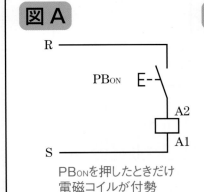

PBONを押したときだけ
電磁コイルが付勢

図 B

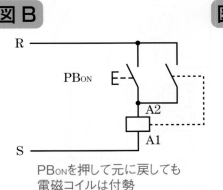

PBONを押して元に戻しても
電磁コイルは付勢

図 C

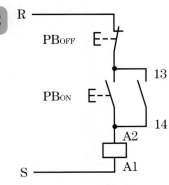

PBOFFを押すことにより電磁コイルは消勢

25

⑫ タイムスイッチ（TS）について

　タイムスイッチ（TS）には，交流モータ式と電子式がありますが，ここでは技能試験で出題されている交流モータ式について述べます．

　交流モータ式のタイムスイッチは，交流モータでダイヤル（24時間目盛り付き円板）を回転させます．そのダイヤルの時刻に「入」及び「切」のセットピン（設定子）をセットすると，設定した時刻に内部の接点が「閉」及び「開」して負荷を「入」，「切」できます．

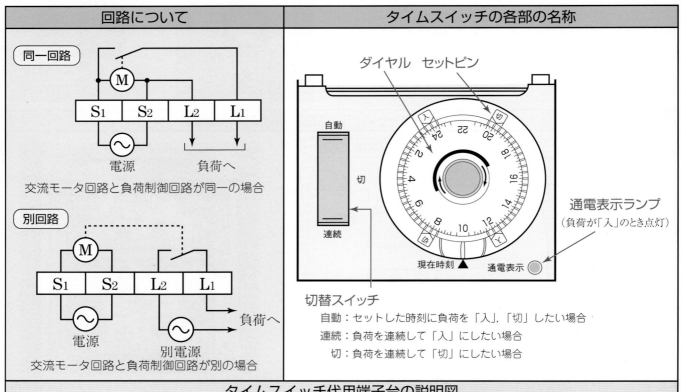

| 回路について | タイムスイッチの各部の名称 |

同一回路

電源　負荷へ

交流モータ回路と負荷制御回路が同一の場合

別回路

電源　別電源　負荷へ

交流モータ回路と負荷制御回路が別の場合

ダイヤル　セットピン

自動

切

連続

現在時刻▲　通電表示

通電表示ランプ
（負荷が「入」のとき点灯）

切替スイッチ
　自動：セットした時刻に負荷を「入」，「切」したい場合
　連続：負荷を連続して「入」にしたい場合
　切：負荷を連続して「切」にしたい場合

タイムスイッチ代用端子台の説明図

　過去の技能試験では，別回路のものを4極の端子台で代用する問題，同一回路のものを3極の端子台で代用する問題の2パターンが出題されています．

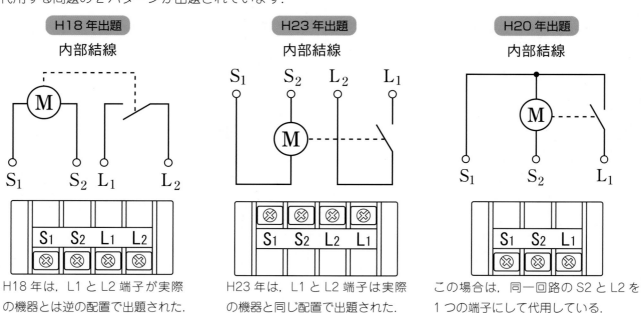

H18年出題

内部結線

H18年は，L1とL2端子が実際の機器とは逆の配置で出題された．

H23年出題

内部結線

H23年は，L1とL2端子は実際の機器と同じ配置で出題された．

H20年出題

内部結線

この場合は，同一回路のS2とL2を1つの端子にして代用している．

26

13 自動点滅器について

　自動点滅器は周囲の明るさを検知し，暗くなれば屋外灯を自動的に点灯し，明るくなると自動的に消灯する点滅器です．自動点滅器には光導電素子とバイメタルスイッチ式と電子式がありますが，ここでは光導電素子とバイメタルスイッチ式について述べます．

内部構造

　光導電素子とバイメタルスイッチ式の自動点滅器は，光センサに硫化カドミウム光導電セル（cds セル）を用い，cds セルに光を受けるとバイメタル加熱抵抗への電流が増え，抵抗の発熱によりバイメタルが湾曲して，接点が「開」になります．

　そのため，昼間に電源を入れた直後1〜2分は，加熱抵抗によりバイメタルが湾曲して接点が「開」になるまでの間，明るいのに点灯します．

内部構造と結線概略図

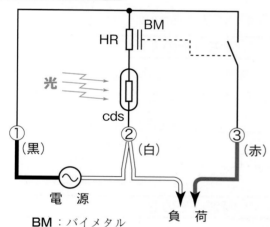

BM：バイメタル
HR：バイメタル加熱抵抗
cds：硫化カドミウム光導電セル

周囲の明るさを検出するために，cds 回路と電源は常につながっている．

動作概略図

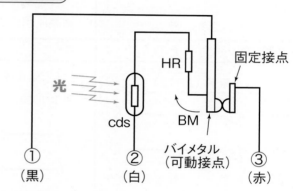

明るいとき	cds セルの抵抗が減少し，バイメタルを加熱して接点が「開」になり消灯．
暗くなると	cds セルの抵抗が増加し，バイメタル加熱抵抗への電流が減少する．するとバイメタルの湾曲が戻り，接点が「閉」になり点灯．

自動点滅器代用端子台の説明図

内部結線

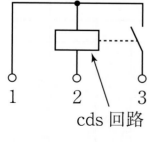

cds 回路

実体参考写真

「1」の端子には，非接地側電線（黒），「2」の端子には，接地側電線（白）を必ず結ぶ．

14 配線用遮断器について

　配線用遮断器とは，JIS によれば「開閉機構・引きはずし装置などを絶縁物の容器内に一体に組み立てたもので，通常の使用状態の電路を手動又は電気操作により開閉することができ，かつ過負荷および短絡などのとき，自動的に電路を遮断する器具をいう」と定義しています．なお，安全ブレーカも配線用遮断器の一種です．

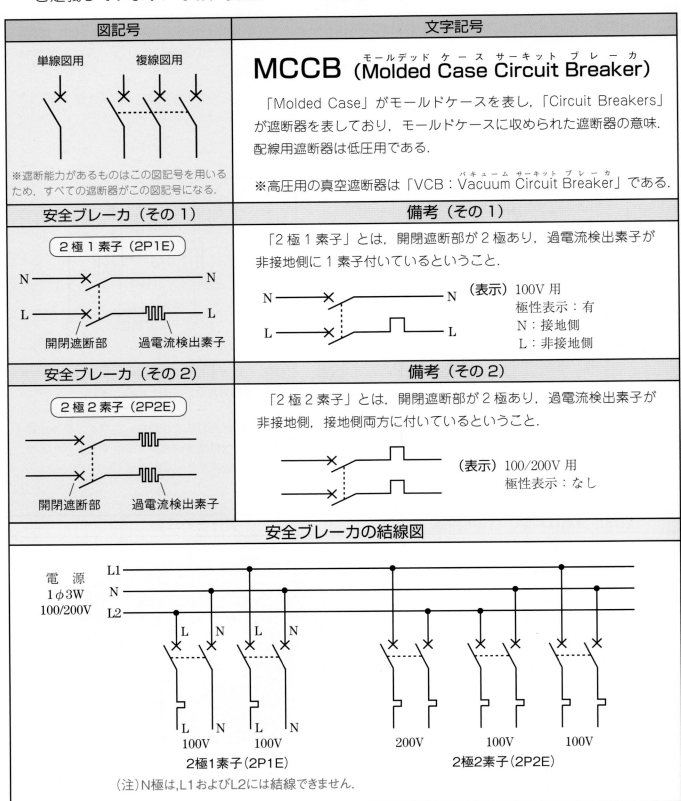

図記号	文字記号
単線図用　　複線図用 ※遮断能力があるものはこの図記号を用いるため，すべての遮断器がこの図記号になる．	### MCCB （モールデッド ケース サーキット ブレーカ） **(Molded Case Circuit Breaker)** 「Molded Case」がモールドケースを表し，「Circuit Breakers」が遮断器を表しており，モールドケースに収められた遮断器の意味．配線用遮断器は低圧用である． ※高圧用の真空遮断器は「VCB：バキューム サーキット ブレーカ Vacuum Circuit Breaker」である．
安全ブレーカ（その1）	**備考（その1）**
2極1素子（2P1E） N ─── N　L ─── L 開閉遮断部　過電流検出素子	「2極1素子」とは，開閉遮断部が2極あり，過電流検出素子が非接地側に1素子付いているということ． N ─── N　L ─── L （表示）100V 用 極性表示：有 N：接地側 L：非接地側
安全ブレーカ（その2）	**備考（その2）**
2極2素子（2P2E） 開閉遮断部　過電流検出素子	「2極2素子」とは，開閉遮断部が2極あり，過電流検出素子が非接地側，接地側両方に付いているということ． （表示）100/200V 用 極性表示：なし

安全ブレーカの結線図

電源　1φ3W　100/200V

L1　N　L2

L　N　L　N　　　　　　L　N　　L　　L
100V　100V　　　200V　100V　100V

2極1素子（2P1E）　　　　　　2極2素子（2P2E）

（注）N極は，L1 および L2 には結線できません．

⑮ 片切スイッチと両切スイッチについて

内線規程により，点滅器の取り付けは電路の電圧側に施設します．単相100V回路は，接地側電線と電路の電圧側である非接地側電線の2線を使用する回路のため，片切スイッチを用いますが，単相200V回路は単相3線式（1φ3W 210V－105V）電路の電圧側（L1，L2）の電線を2線使用する回路のため，片切スイッチではなく両切スイッチが用いられます．

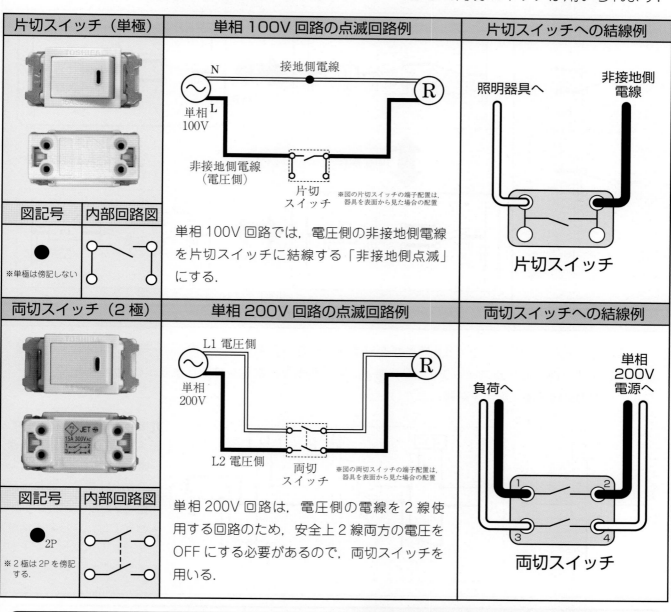

片切スイッチ（単極）	単相100V回路の点滅回路例	片切スイッチへの結線例
	接地側電線 N・・・R 単相100V L 非接地側電線（電圧側）片切スイッチ ※図の片切スイッチの端子配置は，器具を表面から見た場合の配置	照明器具へ　非接地側電線　片切スイッチ
図記号 / 内部回路図 ● ※単極は傍記しない	単相100V回路では，電圧側の非接地側電線を片切スイッチに結線する「非接地側点滅」にする．	
両切スイッチ（2極）	単相200V回路の点滅回路例	両切スイッチへの結線例
	L1 電圧側・・・R 単相200V L2 電圧側 両切スイッチ ※図の両切スイッチの端子配置は，器具を表面から見た場合の配置	負荷へ　単相200V電源へ　1　2　3　4　両切スイッチ
図記号 / 内部回路図 ●2P ※2極は2Pを傍記する．	単相200V回路は，電圧側の電線を2線使用する回路のため，安全上2線両方の電圧をOFFにする必要があるので，両切スイッチを用いる．	

両切スイッチの裏面には，1，2，3，4の端子番号が表記されています．結線時には1，3または2，4の組合せで電源もしくは負荷（照明器具やコンセント）への電線を結線します．

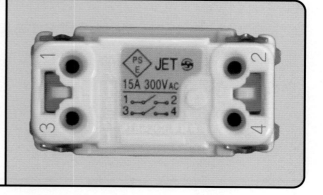

29

⑯ 3路スイッチについて

　3路スイッチは，1つの照明器具の点滅を複数箇所で操作する回路に用いる点滅器です．1つの照明器具を2箇所で操作する場合，3路スイッチを2個使用します．（3箇所で操作する場合は3路スイッチ2個と4路スイッチを1個を使用します．）

スイッチの状態	3路スイッチ2個の場合の動作例

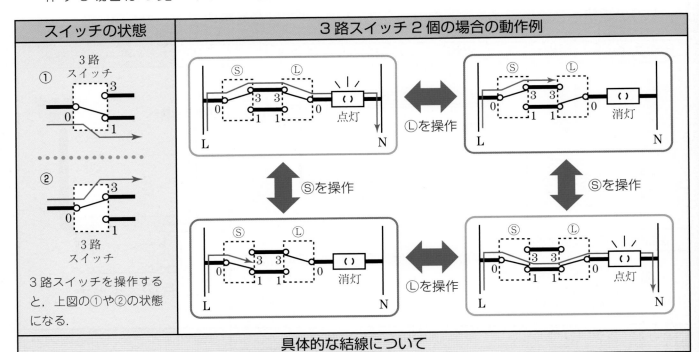

3路スイッチを操作すると，上図の①や②の状態になる．

具体的な結線について

　3路スイッチには「0」，「1」，「3」端子があります．一方の3路スイッチの「0」端子には非接地側電線を結線します．他方の3路スイッチの「0」端子には照明器具の電線を結線します．（いずれも電線，ケーブルの心線の絶縁被覆は黒色を結線します.）

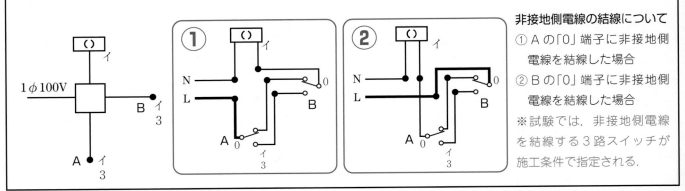

非接地側電線の結線について
① Aの「0」端子に非接地側電線を結線した場合
② Bの「0」端子に非接地側電線を結線した場合
※試験では，非接地側電線を結線する3路スイッチが施工条件で指定される．

　3路スイッチを切替用として使用する場合，「1」，「3」端子は切り替えたい器具（本年度の候補問題No.2の場合は，片切スイッチと自動点滅器）と結線します．この場合，「0」端子に結線する電線の色別は問われません．（黒色でなくてよい.）

切替用として使用する場合

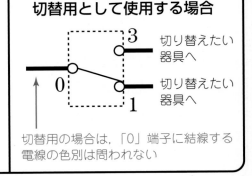

切替用の場合は，「0」端子に結線する電線の色別は問われない

⑰ 4路スイッチについて

　4路スイッチは3路スイッチ間に結線し，照明器具を3箇所以上で操作する場合に使用する点滅器です．3箇所で操作する場合は3路スイッチ2個と4路スイッチを1個，4箇所で操作する場合は3路スイッチ2個，4路スイッチ2個といったように，点滅箇所が増加すると4路スイッチの使用個数も増加します．（※多箇所点滅回路の実際の工事では，リモコンスイッチとリモコンリレーを組み合わせます．）

スイッチの状態	3路スイッチ2個と4路スイッチ1個の場合の動作例

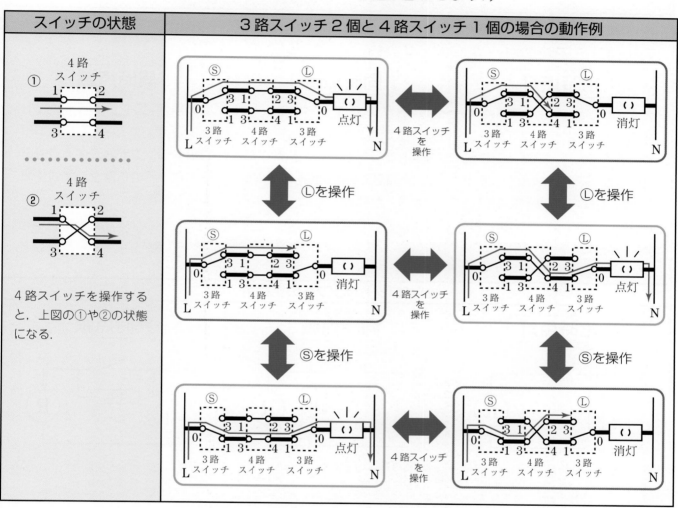

4路スイッチを操作すると，上図の①や②の状態になる．

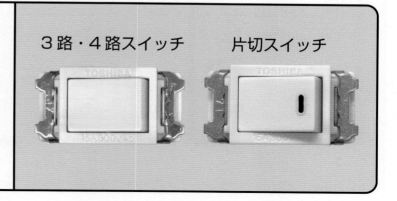

　片切スイッチの表面には，右側が「ON」であることを示す印がありますが，3路，4路スイッチに印はありません．これは，3路，4路スイッチがそれぞれのスイッチの操作により点灯・消灯が切り替わるためです．

3路・4路スイッチ　　　片切スイッチ

⑱ パイロットランプについて

　表示灯として使用するパイロットランプには，電圧がかかると点灯する「電圧検知型」と電流が流れたときに点灯する「電流検知型」があります．これまでの技能試験では「電圧検知型」が材料として支給されています．ここでは「電圧検知型」のパイロットランプについて述べます．

パイロットランプの点灯方法

　パイロットランプを点滅器と連用させ，点滅器の状態をパイロットランプの点灯で示す点灯方法には，「常時点灯」，「同時点滅」，「異時点滅」の３種類がある．

常時点灯	同時点滅	異時点滅
点滅器の「入」，「切」に関係なく，常にパイロットランプが点灯している点灯方法．電源用配線用遮断器が「入」になっているか（充電の有無）を示す「電源表示」が目的．	点滅器が「入」で，パイロットランプが点灯し，「切」でパイロットランプも消灯する点灯方法．点滅器の動作状態を示す「動作表示」が目的．	点滅器が「切」で，パイロットランプが点灯し，「入」でパイロットランプが消灯する点灯方法．点滅器の位置を示す「位置表示」が目的．

※第一種電気工事士の技能試験では点滅器の他に，VCB（真空遮断器）の開閉状態を示す表示灯としてもパイロットランプが使用される．（赤ランプ・緑ランプ）

パイロットランプへの結線例

常時点灯	同時点滅	異時点滅
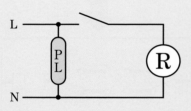	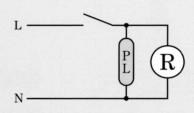	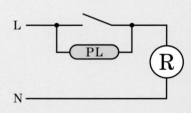
点滅器の「入」，「切」に関係なく，常にパイロットランプが点灯している．	点滅器の「入」，「切」で，パイロットランプが点灯，消灯する．	点滅器が「切」で，パイロットランプが点灯し，「入」で消灯する．
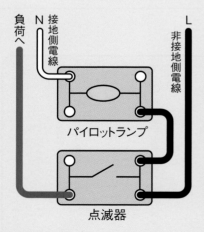	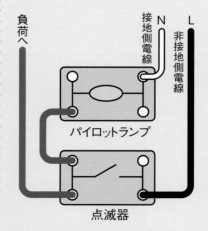	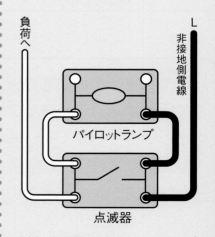
（注）点滅器，パイロットランプの極性指定はない．	（注）点滅器，パイロットランプの極性指定はない．	（注）点滅器，パイロットランプの極性指定はない．

⑲ 200V 用接地極付コンセントについて

　200V 用接地極付コンセントは単相 200V 回路に使用されるコンセントです．器具の表面には「200V 用」と表記されていますが，図記号では定格電圧の「250V」が表記されます．

実　物　写　真	備　　考
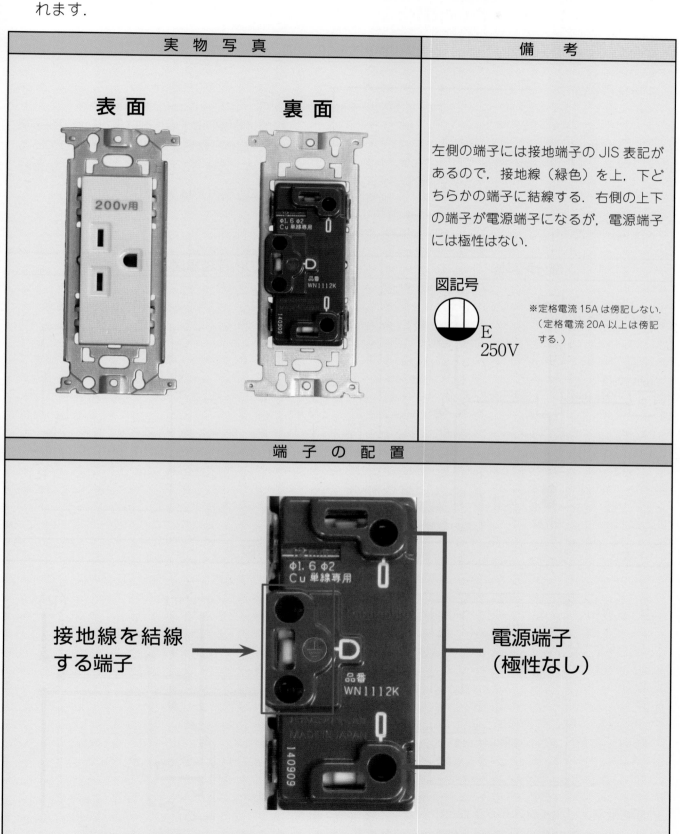	左側の端子には接地端子の JIS 表記があるので，接地線（緑色）を上，下どちらかの端子に結線する．右側の上下の端子が電源端子になるが，電源端子には極性はない． **図記号** ⊖───E 250V ※定格電流 15A は傍記しない． （定格電流 20A 以上は傍記する．）

端　子　の　配　置

表　面　　　　裏　面

φ1.6 φ2
Cu 単線専用

品番
WN1112K

140909

接地線を結線
する端子　→

電源端子
（極性なし）

　展開接続図は，電気回路の動作，各器具・機器の相互関係を容易に把握できるように
した回路図で，第一種電気工事士技能試験では，自動点滅器とタイムスイッチを組合わ
せたシーケンス回路を含む問題などで示されています．

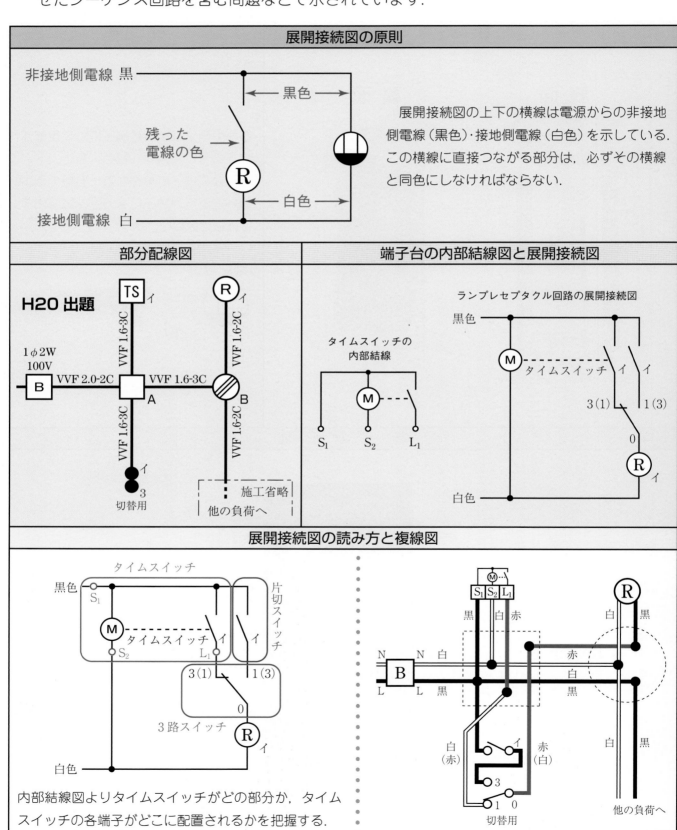

展開接続図の原則

　展開接続図の上下の横線は電源からの非接地側電線（黒色）・接地側電線（白色）を示している．この横線に直接つながる部分は，必ずその横線と同色にしなければならない．

部分配線図

H20 出題

端子台の内部結線図と展開接続図

ランプレセプタクル回路の展開接続図

展開接続図の読み方と複線図

　内部結線図よりタイムスイッチがどの部分か，タイムスイッチの各端子がどこに配置されるかを把握する．

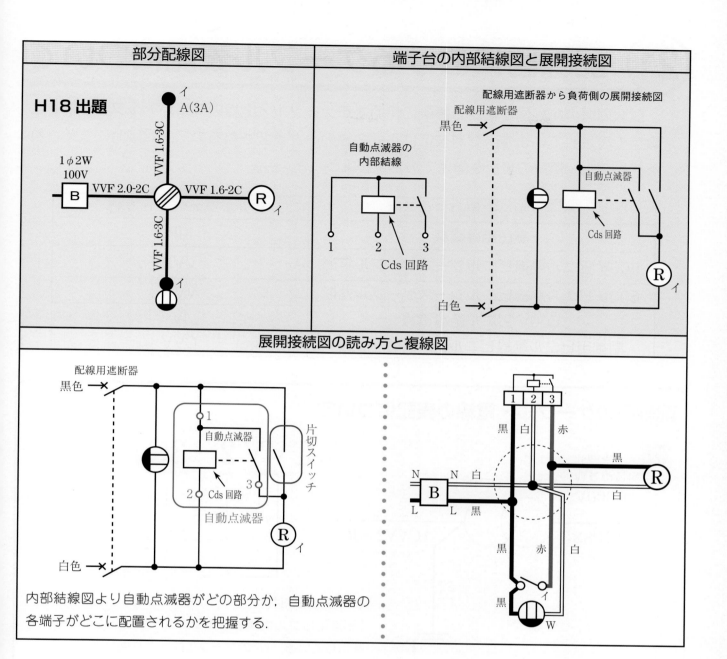

部分配線図

H18 出題

1φ2W
100V

B —— VVF 2.0-2C —— VVF 1.6-3C —— イ A(3A)

VVF 1.6-2C —— Ⓡ イ

VVF 1.6-3C —— イ

端子台の内部結線図と展開接続図

配線用遮断器から負荷側の展開接続図

配線用遮断器

黒色 ——×——

自動点滅器の
内部結線

Cds 回路

1　2　3

自動点滅器

Cds 回路

白色 ——×——

Ⓡ イ

展開接続図の読み方と複線図

配線用遮断器

黒色 ——×——

1
自動点滅器
2 Cds 回路 3
自動点滅器

片切スイッチ

Ⓡ イ

白色 ——×——

内部結線図より自動点滅器がどの部分か，自動点滅器の
各端子がどこに配置されるかを把握する．

1　2　3

黒　白　赤

N　N　白　　　　　黒
B
L　L　黒　　　　　白

黒　赤　白

黒

イ

Ⓡ

W

　過去の出題では，試験問題の展開接続図の中に，タイムスイッチや自動点滅器の端子
番号が示された問題や示されなかった問題など，その形式はまちまちです．
　端子記号が展開接続図の中に示されていなくても，展開接続図のどの部分に内部結線
図の各端子記号が配置されるのか理解できるようにしましょう．

21 配線図におけるケーブル表記について

　試験問題の配線図では，各箇所に使用するケーブル・電線の種類がアルファベットと数字で表されています．材料表には正式名称のみが表記されるので，試験時に支給されるケーブル・電線の表記を覚えておきましょう．

ケーブル・電線の正式名称	アルファベット表記
高圧絶縁電線	KIP
600V ビニル絶縁ビニルシースケーブル平形	VVF
600V ビニル絶縁ビニルシースケーブル丸形	VVR
600V ビニル絶縁電線	IV
制御用ビニル絶縁ビニルシースケーブル	CVV

配線図のケーブル・電線の表記について

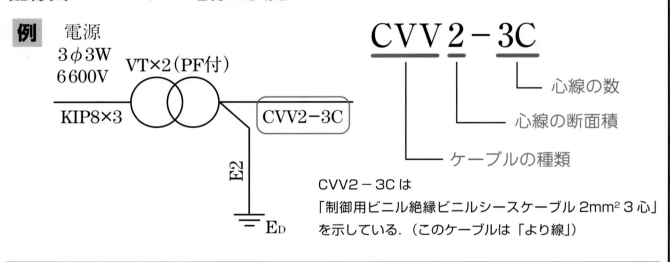

例

電源
3φ3W
6600V

VT×2（PF付）

KIP8×3

CVV2-3C

E2

E_D

CVV 2 - 3C

└ 心線の数
└ 心線の断面積
└ ケーブルの種類

CVV2-3C は
「制御用ビニル絶縁ビニルシースケーブル 2mm² 3 心」
を示している．（このケーブルは「より線」）

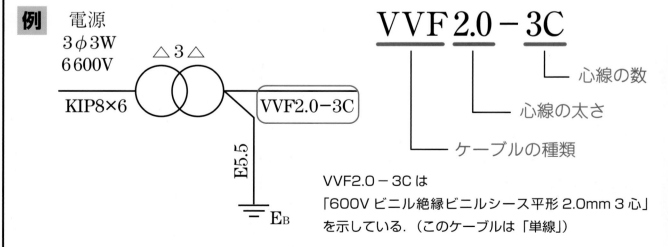

例

電源
3φ3W
6600V

△3△

KIP8×6

VVF2.0-3C

E5.5

E_B

VVF 2.0 - 3C

└ 心線の数
└ 心線の太さ
└ ケーブルの種類

VVF2.0-3C は
「600V ビニル絶縁ビニルシース平形 2.0mm 3 心」
を示している．（このケーブルは「単線」）

　心線が 1 本の導体のものが「単線」，細い導体をより合わせているものが「より線」である．配線図では単位を省略して 2（2mm²）または 2.0（2.0mm）と表示する．

22 三相電源の各相の記号について

三相電源（配線図の電源部分に 3φ3W とあるもの）の問題では，R 相や u 相など，相順についてアルファベットの記号で示されます．施工条件では，「R 相に赤色」，「u 相に赤色」などと電源側と負荷側の相を合わせ，同色の電線を使用するように指定されるので，どの記号がどの記号と対応するのか確認しておきましょう．

		第1相	第2相	第3相
電源記号		R	S	T
変圧器端子	一次側	U	V	W
	二次側	u	v	w
※開閉器端子	電源側	U	V	W
	負荷側	X	Y	Z
電磁開閉器	電源側	R	S	T
	電動機側	U	V	W
動力用コンセント端子		X	Y	Z

電源側	R	S	T
負荷側	U	V	W

※近年の出題では，開閉器の端子台電源側は，R，S，T の記号で出題されている．

代用端子台の説明図と内部結線図

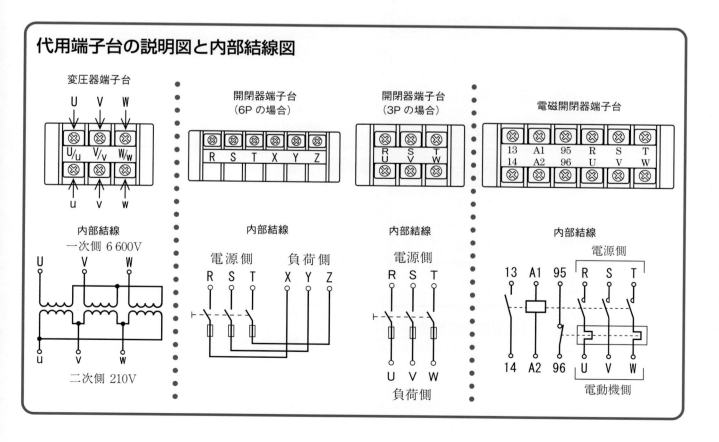

候補問題で必要な重要作業の研究

① 基本的なケーブルの寸法取りとはぎ取り

　　試験問題の配線図に示される各箇所の施工寸法は，器具の中央から器具やジョイントボックス中央までの寸法です．この寸法には器具との結線分，電線相互の接続分が含まれていないので，ケーブルを切断するときは，施工寸法に各作業で必要な長さを加えた寸法で切断する必要があります．また，ケーブルシースのはぎ取りも施工寸法に加えた長さ分をはぎ取ります．

● 各器具への結線・電線相互の接続に必要な長さ

対象の器具・箇所		図記号	加える長さとシースのはぎ取り
露出形器具	ランプレセプタクル	Ⓡ	50mm
	引掛シーリング	( )	
	露出形コンセント	⊕露出形	
端子台（1個使用の場合）		●A(3A) / TS などの代用	
配線用遮断器※1		B	
押しボタンスイッチ※1		◉B	
埋込器具※2	埋込連用タンブラスイッチ各種	● / ●3 / ●4 など	100mm
	埋込連用コンセント各種	⊕ / ⊕E など	
	埋込連用パイロットランプ	○	
動力用コンセント※1		⊕3P250V E	
ジョイントボックス（電線相互の接続）※3		⊘ / □	

　※1：器具に結線するケーブルを切断する必要がない場合は，作業に必要な長さ分のシースをはぎ取るのみでよい．

　※2：埋込器具を2個以上連用する場合も加える長さは100mmでよい．

　※3：電線相互の接続部分は，さらに絶縁被覆を30mm程度はぎ取って心線を出しておく．

● ケーブルの切断・シースはぎ取り寸法例

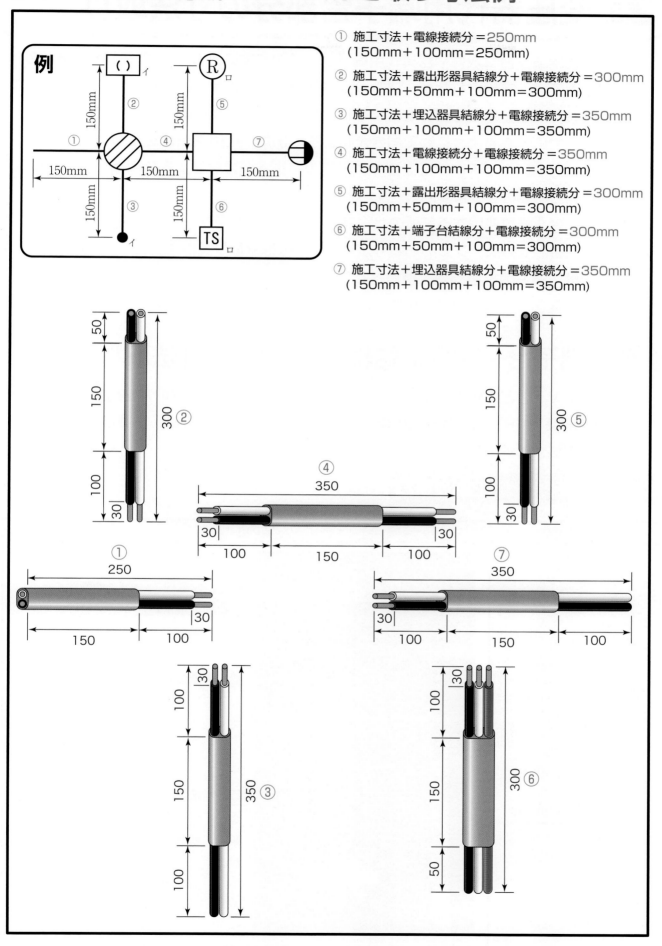

① 施工寸法＋電線接続分＝250mm
（150mm＋100mm＝250mm）

② 施工寸法＋露出形器具結線分＋電線接続分＝300mm
（150mm＋50mm＋100mm＝300mm）

③ 施工寸法＋埋込器具結線分＋電線接続分＝350mm
（150mm＋100mm＋100mm＝350mm）

④ 施工寸法＋電線接続分＋電線接続分＝350mm
（150mm＋100mm＋100mm＝350mm）

⑤ 施工寸法＋露出形器具結線分＋電線接続分＝300mm
（150mm＋50mm＋100mm＝300mm）

⑥ 施工寸法＋端子台結線分＋電線接続分＝300mm
（150mm＋50mm＋100mm＝300mm）

⑦ 施工寸法＋埋込器具結線分＋電線接続分＝350mm
（150mm＋100mm＋100mm＝350mm）

② 変圧器代用端子台部分の寸法取り

　　変圧器代用端子台二次側や器具代用端子台の結線作業には50mmの長さが必要です. 過去の出題では, 支給されたケーブルが, 端子台の結線作業に必要な長さを含んだ全長で支給された問題と, この長さを含まない全長で支給された問題があったため, どちらの場合にも対応できるようにしておきましょう. また, 代用端子台を2個以上使用する場合, 結線方法によって結線に必要なケーブルの長さが異なり, 各代用端子台間に使用する渡り線も必要になります.

　　代用端子台を複数使用する箇所のケーブルは, 支給されるケーブルの長さ, 施工寸法, 結線箇所に合わせ, ケーブルの切断寸法やシースのはぎ取り長さを調節して対応します.

　　ここでは, 過去の出題問題を例題として, 代用端子台に結線するケーブルの寸法取りとはぎ取り長さについて解説します.

● 代用端子台一次側に結線するKIPの寸法取り

　　変圧器やVTなどの代用端子台の一次側には, 高圧絶縁電線（KIP）を結線します. 高圧絶縁電線（KIP）は試験問題の配線図に示された寸法どおりに, 必要な本数に切断して使用します.

変圧器代用端子台が1個の場合

部分配線図	寸法の取り方
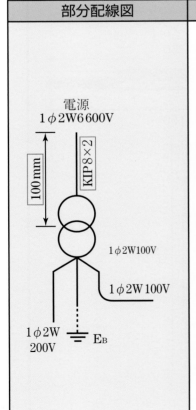	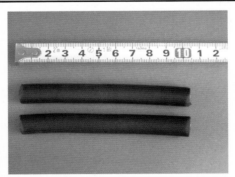 高圧絶縁電線（KIP）を切断するときは, 配線図に示された寸法どおりに切断する. 配線図には「KIP8×○」と表記され, ○に入る数字が導体数となるので, 導体数の本数で切断すればよい.  この寸法取りで切断したKIPを結線すると, KIP端から端子台中央までが配線図に示されている寸法どおりに仕上がる.

40

部分配線図	寸法の取り方

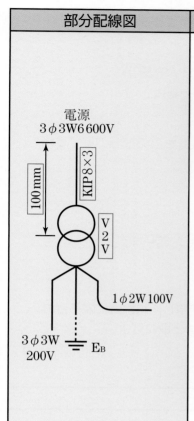

電源
3φ3W6600V

KIP8×3

V2V

1φ2W100V

3φ3W
200V E_B

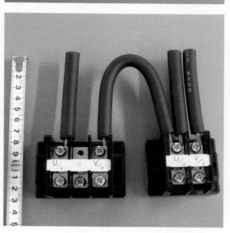

単相変圧器2台のV-V結線など，端子台を複数使用する場合は，配線図に示された寸法どおりの長さで，導体数の本数を切断し，残ったものを渡り線として使用する．

この寸法取りで切断したKIPを結線すると，KIP端から端子台中央までが配線図に示されている寸法どおりに仕上がる．

● 変圧器代用端子台（1個使用）の二次側の寸法取り例

変圧器代用端子台を1個使用する問題は，下図の4パターンが過去に出題されており，それぞれのパターン毎に二次側の寸法取りが異なります．

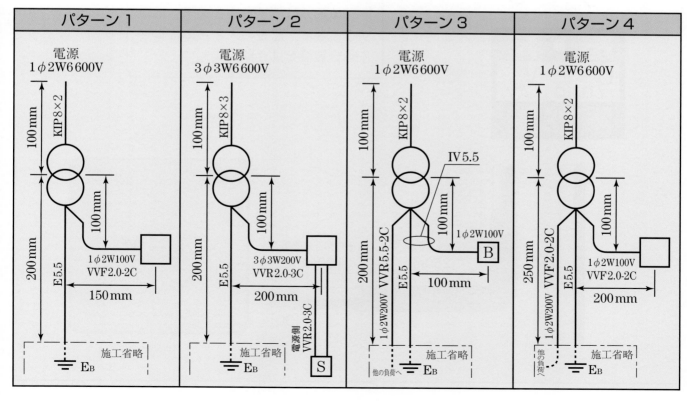

パターン1	パターン2	パターン3	パターン4
電源 1φ2W6600V KIP8×2 100mm 100mm 200mm 1φ2W100V VVF2.0-2C 150mm E5.5 施工省略 E_B	電源 3φ3W6600V KIP8×3 100mm 100mm 200mm 3φ3W200V VVR2.0-3C 200mm E5.5 電源側 VVR2.0-3C 施工省略 E_B S	電源 1φ2W6600V KIP8×2 IV5.5 100mm 100mm 200mm 1φ2W100V B 1φ2W200V VVR5.5-2C 100mm E5.5 他の負荷へ 施工省略 E_B	電源 1φ2W6600V KIP8×2 100mm 100mm 250mm 1φ2W100V VVF2.0-2C 200mm 1φ2W200V VVF2.0-2C E5.5 他の負荷へ 施工省略 E_B

パターン1：二次側に100V回路と接地線のみ結線する場合（切断作業なし）

部分配線図	変圧器二次側に結線する支給材料
 電源 1φ2W6600V **H23 出題** **（単相変圧器）** KIP8×2 100mm 100mm 200mm E5.5 1φ2W100V VVF2.0-2C 150mm 施工省略 E_B	① VVF2.0-2C：約400mm（100V電源用） ② IV5.5（緑）：約200mm（接地線用） ※この出題では①，②のケーブル・電線をこの部分のみで使用するとされたので，切断せずに使用する. ①のケーブル寸法の詳細 50mm＋（100mm＋150mm）＋100mm ＝ 400mm 端子台　　　　　　施工寸法　　　　　　電線相互 結線部　　　　　　　　　　　　　　　　接続部 ②の電線は200mmの長さのままで使用し，結線時に端子台の座金の大きさに合わせて，絶縁被覆をはぎ取ればよい.

結線するケーブルの寸法取り

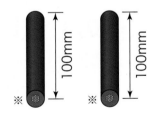

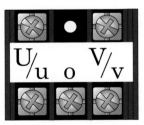

※印の部分は端子台の各端子へ結線するときに，座金の大きさに合わせて絶縁被覆をはぎ取る.

※
200mm

※
50mm 端子台結線部

施工寸法
250mm

電線相互接続部
100mm

|30|

ジョイントボックス
（アウトレットボックス）

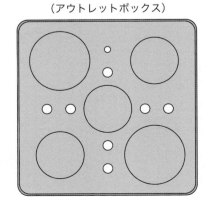

部分配線図	変圧器二次側に結線する支給材料
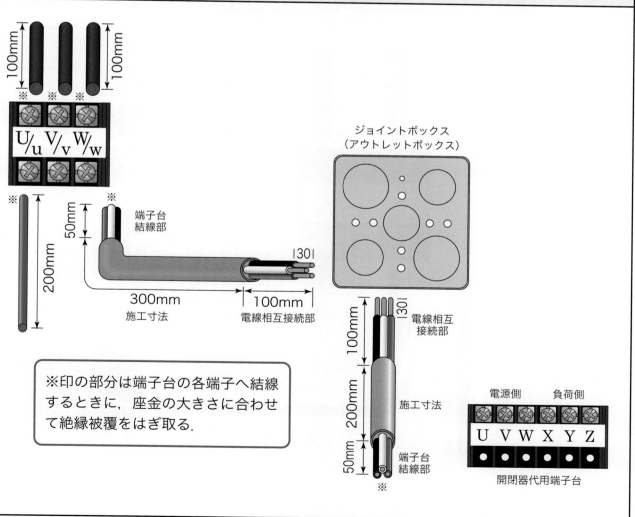	① VVR2.0-3C：約800mm （200V電源用，開閉器電源側用） ② IV5.5（緑）：約200mm（接地線用） ※この出題では①のケーブルを端子台二次側と開閉器電源側の2箇所に使用するとされたので，2本に切断し，②の電線は切断せずに使用する. **①のケーブルを切断する際の寸法取りの詳細** ●端子台二次側に結線するケーブル 50mm＋（100mm＋200mm）＋100mm ＝ 450mm 端子台結線部　　施工寸法　　電線相互接続部 ●開閉器電源側に結線するケーブル 50mm＋200mm＋100mm ＝ 350mm 端子台結線部　施工寸法　電線相互接続部

部分配線図内テキスト

電源
3φ3W6600V

H22 出題
（三相変圧器）

KIP8×3　100mm

100mm

3φ3W200V

VVR2.0-3C
200mm

E5.5　200mm

電源側 VVR2.0-3C　200mm

施工省略　E_B

S

結線するケーブルの寸法取り

100mm　100mm

※　※　※

U/u　V/v　W/w

※

50mm

端子台結線部

200mm

300mm
施工寸法

100mm
電線相互接続部

|30|

ジョイントボックス
（アウトレットボックス）

100mm
電線相互接続部

|30|

200mm
施工寸法

50mm
端子台結線部

※

電源側　負荷側

U V W X Y Z

開閉器代用端子台

※印の部分は端子台の各端子へ結線するときに，座金の大きさに合わせて絶縁被覆をはぎ取る.

パターン3:二次側に100V, 200V回路と接地線を結線する場合（切断作業なし）

部分配線図	変圧器二次側に結線する支給材料

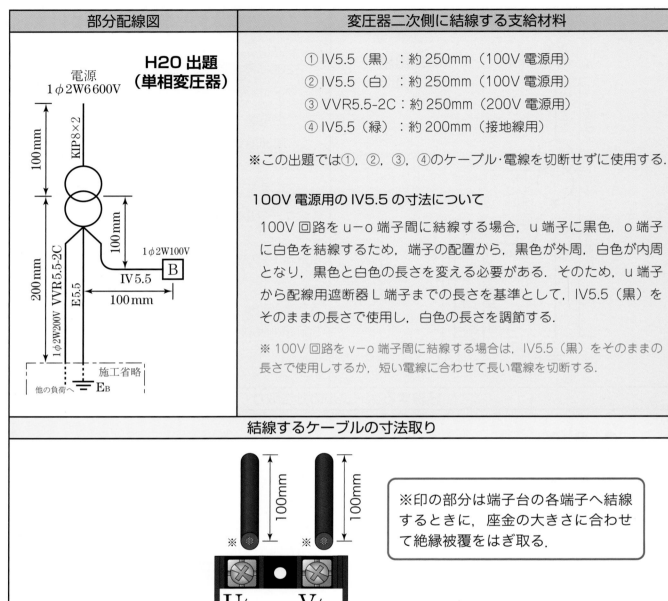

H20 出題
（単相変圧器）

電源
1φ2W6600V

KIP8×2

100mm

1φ2W100V

100mm

B

IV 5.5

100mm

200mm

1φ2W200V VVR5.5-2C

E5.5

他の負荷へ　EB

施工省略

変圧器二次側に結線する支給材料

① IV5.5（黒）：約250mm（100V 電源用）

② IV5.5（白）：約250mm（100V 電源用）

③ VVR5.5-2C：約250mm（200V 電源用）

④ IV5.5（緑）：約200mm（接地線用）

※この出題では①, ②, ③, ④のケーブル・電線を切断せずに使用する.

100V 電源用の IV5.5 の寸法について

100V 回路を u−o 端子間に結線する場合, u 端子に黒色, o 端子に白色を結線するため, 端子の配置から, 黒色が外周, 白色が内周となり, 黒色と白色の長さを変える必要がある. そのため, u 端子から配線用遮断器 L 端子までの長さを基準として, IV5.5（黒）をそのままの長さで使用し, 白色の長さを調節する.

※ 100V 回路を v−o 端子間に結線する場合は, IV5.5（黒）をそのままの長さで使用しするか, 短い電線に合わせて長い電線を切断する.

結線するケーブルの寸法取り

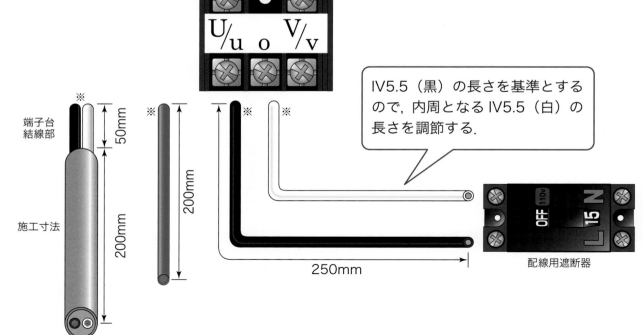

100mm

100mm

※印の部分は端子台の各端子へ結線するときに, 座金の大きさに合わせて絶縁被覆をはぎ取る.

U/u　o　V/v

端子台
結線部

50mm

200mm

施工寸法

200mm

IV5.5（黒）の長さを基準とするので, 内周となる IV5.5（白）の長さを調節する.

OFF　110v　N　L15

250mm

配線用遮断器

部分配線図	変圧器二次側に結線する支給材料

部分配線図

H15出題
(単相変圧器)

電源
1φ2W6600V

KIP8×2

100mm

100mm

250mm

VVF2.0-2C

E5.5

1φ2W200V

1φ2W100V
VVF2.0-2C

200mm

他の負荷へ

施工省略

E_B

変圧器二次側に結線する支給材料

① VVF2.0-2C:約800mm(100V電源用,200V電源用)

② IV5.5(緑):約300mm(接地線用)

※この出題では①のケーブルを100V回路と200V回路の電源用とするため,2本に切断する.②の電線は切断せずに使用する.

①のケーブルを切断する際の寸法取りの詳細

● 100V電源用のケーブル

50mm+(100mm+200mm)+100mm = 450mm

端子台結線部　　施工寸法　　電線相互接続部

● 200V電源用のケーブル

50mm+250mm = 300mm

端子台結線部　施工寸法

※800mmの長さが支給されているので,50mm余る.

②の電線は300mmの長さのままで使用し,結線時に端子台の座金の大きさに合わせて,絶縁被覆をはぎ取ればよい.

結線するケーブルの寸法取り

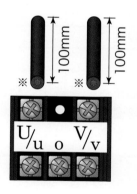

100mm　100mm

U/u　o　V/v

※印の部分は端子台の各端子へ結線するときに,座金の大きさに合わせて絶縁被覆をはぎ取る.

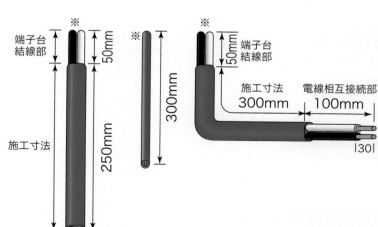

端子台結線部　50mm

施工寸法　250mm

300mm

端子台結線部　50mm

施工寸法　300mm　電線相互接続部　100mm

|30|

ジョイントボックス
(アウトレットボックス)

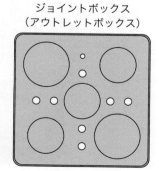

● 変圧器代用端子台（複数使用）の二次側の寸法取り例

過去に出題された V−V 結線と △−△ 結線の問題を例題に寸法取りの解説します.

変圧器を V−V 結線する場合の代用端子台二次側の結線例

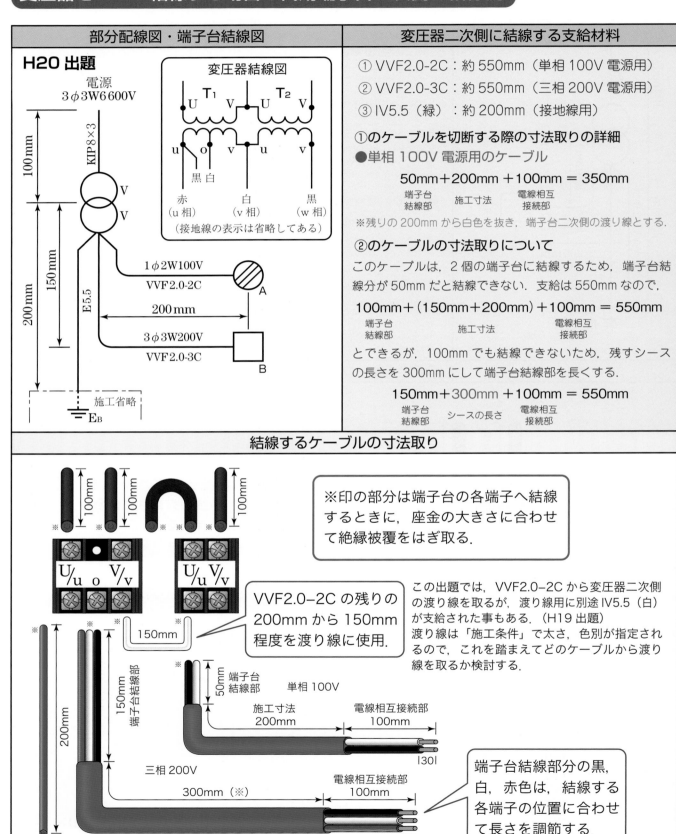

部分配線図・端子台結線図

H20 出題

電源
3φ3W6600V

100mm

KIP8×3

150mm

200mm

V
V

E5.5

1φ2W100V
VVF2.0-2C

200mm

A

3φ3W200V
VVF2.0-3C

B

施工省略
E_B

変圧器結線図

T_1 U　V　U T_2 V

u　o　v　u　v

黒　白

赤
（u相）　白
（v相）　黒
（w相）

（接地線の表示は省略してある）

変圧器二次側に結線する支給材料

① VVF2.0-2C：約550mm（単相100V電源用）
② VVF2.0-3C：約550mm（三相200V電源用）
③ IV5.5（緑）：約200mm（接地線用）

①のケーブルを切断する際の寸法取りの詳細
●単相100V電源用のケーブル

$$50mm + 200mm + 100mm = 350mm$$

端子台　　　施工寸法　　　電線相互
結線部　　　　　　　　　　接続部

※残りの200mmから白色を抜き，端子台二次側の渡り線とする.

②のケーブルの寸法取りについて
このケーブルは，2個の端子台に結線するため，端子台結線分が50mmだと結線できない. 支給は550mmなので，

$$100mm + （150mm + 200mm） + 100mm = 550mm$$

端子台　　　　　施工寸法　　　　電線相互
結線部　　　　　　　　　　　　　接続部

とできるが，100mmでも結線できないため，残すシースの長さを300mmにして端子台結線部を長くする.

$$150mm + 300mm + 100mm = 550mm$$

端子台　　シースの長さ　　電線相互
結線部　　　　　　　　　　接続部

結線するケーブルの寸法取り

100mm　　100mm　　100mm

※　　　※　　　※　　※

U/u　o　V/v　　U/u　V/v

VVF2.0-2C の残りの
200mm から150mm
程度を渡り線に使用.

150mm

200mm

端子台結線部
150mm

※印の部分は端子台の各端子へ結線するときに，座金の大きさに合わせて絶縁被覆をはぎ取る.

端子台
結線部
50mm

単相100V

施工寸法
200mm

電線相互接続部
100mm

|30|

三相200V

300mm（※）

電線相互接続部
100mm

|30|

この出題では，VVF2.0−2Cから変圧器二次側の渡り線を取るが，渡り線用に別途IV5.5（白）が支給された事もある.（H19出題）
渡り線は「施工条件」で太さ，色別が指定されるので，これを踏まえてどのケーブルから渡り線を取るか検討する.

端子台結線部分の黒，白，赤色は，結線する各端子の位置に合わせて長さを調節する.

※施工寸法は，代用端子台の中央からジョイントボックスの中央までなので，
ケーブルシースの長さが施工寸法より短くなっても問題ない.

変圧器を△−△結線する場合の代用端子台二次側の結線例

部分配線図・端子台結線図

H21 出題

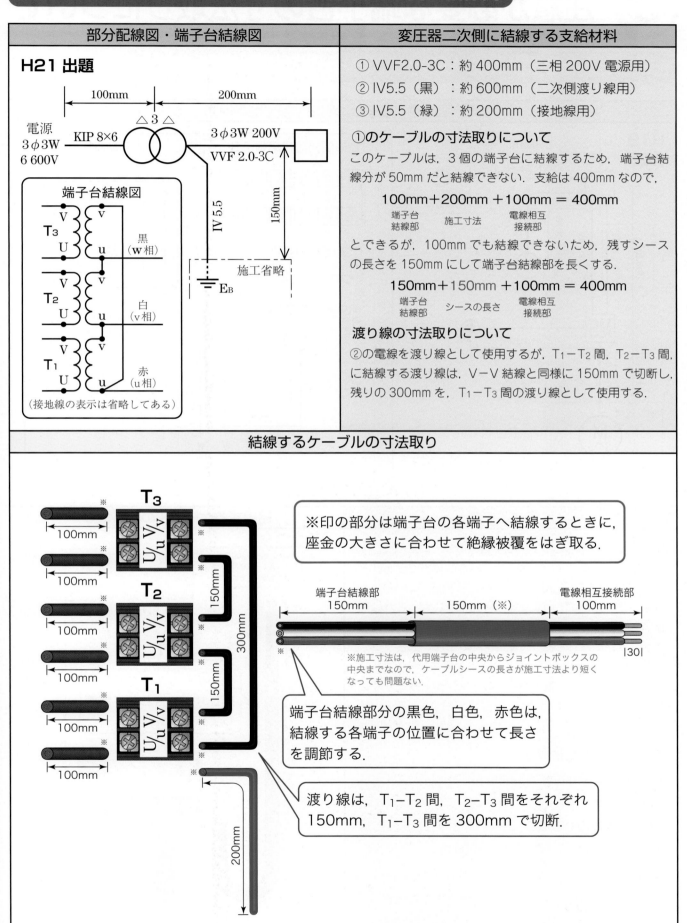

電源
3φ3W
6 600V

KIP 8×6

△ 3 △

3φ3W 200V

VVF 2.0-3C

IV 5.5

150mm

施工省略

E_B

端子台結線図

T_3
V v
U u
黒（w相）

T_2
V v
U u
白（v相）

T_1
V v
U u
赤（u相）

（接地線の表示は省略してある）

変圧器二次側に結線する支給材料

① VVF2.0-3C：約 400mm（三相 200V 電源用）

② IV5.5（黒）：約 600mm（二次側渡り線用）

③ IV5.5（緑）：約 200mm（接地線用）

①のケーブルの寸法取りについて

このケーブルは，3 個の端子台に結線するため，端子台結線分が 50mm だと結線できない．支給は 400mm なので，

$$100mm＋200mm＋100mm＝400mm$$
端子台　　　施工寸法　　　電線相互
結線部　　　　　　　　　　接続部

とできるが，100mm でも結線できないため，残すシースの長さを 150mm にして端子台結線部を長くする．

$$150mm＋150mm＋100mm＝400mm$$
端子台　　　シースの長さ　　電線相互
結線部　　　　　　　　　　　接続部

渡り線の寸法取りについて

②の電線を渡り線として使用するが，T_1−T_2 間，T_2−T_3 間，に結線する渡り線は，V−V 結線と同様に 150mm で切断し，残りの 300mm を，T_1−T_3 間の渡り線として使用する．

結線するケーブルの寸法取り

T_3
100mm
100mm

T_2
100mm
100mm

T_1
100mm
100mm

150mm
150mm
300mm

200mm

※印の部分は端子台の各端子へ結線するときに，座金の大きさに合わせて絶縁被覆をはぎ取る．

端子台結線部
150mm

150mm（※）

電線相互接続部
100mm

|30|

※施工寸法は，代用端子台の中央からジョイントボックスの中央までなので，ケーブルシースの長さが施工寸法より短くなっても問題ない．

端子台結線部分の黒色，白色，赤色は，結線する各端子の位置に合わせて長さを調節する．

渡り線は，T_1−T_2 間，T_2−T_3 間をそれぞれ 150mm，T_1−T_3 間を 300mm で切断．

47

配線図と制御回路の両方を確認しないと寸法取りを間違える箇所

部分配線図・端子台説明図・部分制御回路

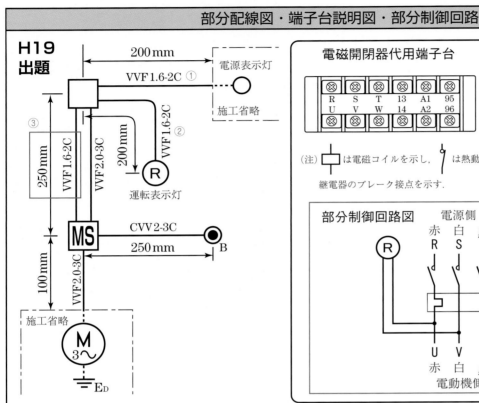

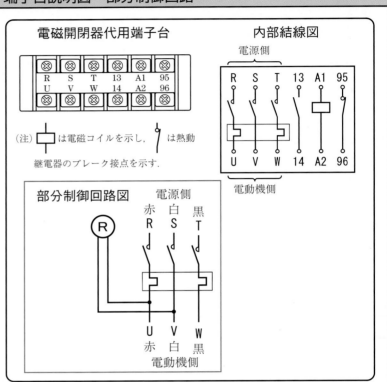

注意する箇所

●ジョイントボックス～ MS 間の VVF1.6－2C
配線図では，ジョイントボックス～ MS 間が 250mm と
なっているので，250mm に電線相互接続分の 100mm
を加えた 350mm で切断すると考えやすいが，これは間
違いとなる．制御回路図を見ると，端子台の下側に運転
表示灯が接続されており，配線図のジョイントボックス
～ MS 間の VVF1.6－2C は，端子台の下側からジョイ
ントボックスへ至り，運転表示灯のケーブルと接続すると
判別する．

※ VVF1.6-2C は，約 1200mm で支給

①のケーブルの寸法取り

100mm＋200mm ＝ 300mm

電線相互　　　施工寸法
接続部

②のケーブルの寸法取り

50mm＋200mm＋100mm ＝ 350mm

器具　　　施工寸法　　　電線相互
結線部　　　　　　　　　接続部

残りの 550mm
を③の箇所に
使用できる．

VVF1.6 － 2C は①，②，③の箇所で使用するので，①
と②を切断して残った長さの 550mm を③に使用する．

結線するケーブルの寸法取り

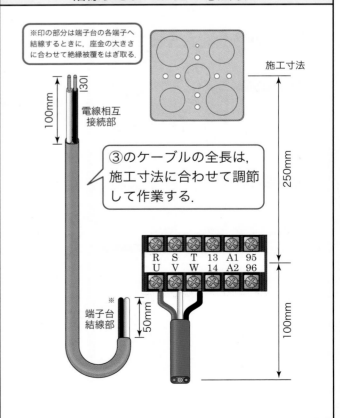

※印の部分は端子台の各端子へ
結線するときに，座金の大きさ
に合わせて絶縁被覆をはぎ取る．

③のケーブルの全長は，
施工寸法に合わせて調節
して作業する．

切断寸法を調節して渡り線を確保しなければいけないケーブル

部分配線図・端子台説明図

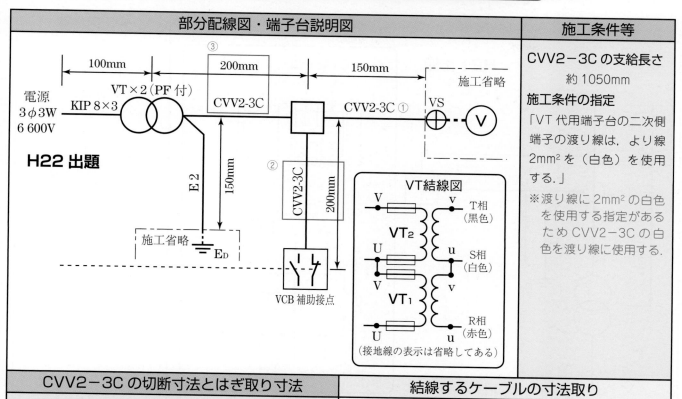

電源
3φ3W
6 600V

H22 出題

KIP 8×3

VT×2（PF 付）

CVV2-3C ③ 200mm

CVV2-3C ① 150mm

施工省略

VS

Ⓥ

E 2

150mm

施工省略　ED

CVV2-3C ② 200mm

VCB 補助接点

VT結線図

VT₂

VT₁

V　v　T相（黒色）
U　u　S相（白色）
V　v
U　u　R相（赤色）

（接地線の表示は省略してある）

施工条件等

CVV2-3C の支給長さ

約 1050mm

施工条件の指定

「VT 代用端子台の二次側端子の渡り線は，より線 2mm² を（白色）を使用する.」

※渡り線に 2mm² の白色を使用する指定があるため CVV2-3C の白色を渡り線に使用する.

CVV2-3C の切断寸法とはぎ取り寸法

通常の寸法取りでは，

①のケーブル

100mm ＋ 150mm ＝ 250mm

電線相互　　施工寸法
接続部

②のケーブル

50mm ＋ 200mm ＋ 100mm ＝ 350mm

端子台　　施工寸法　　電線相互
結線部　　　　　　　接続部

計 950mm
支給長さは
約 1050mm

③のケーブル

50mm ＋ 200mm ＋ 100mm ＝ 350mm

端子台　　施工寸法　　電線相互
結線部　　　　　　　接続部

となり，渡り線に使用できる長さが 100mm となる. しかし，渡り線には 150mm 必要なので，②のケーブルを 50mm 短く切断する.

②のケーブル

50mm ＋ 150mm ＋ 100mm ＝ 300mm

端子台　　シースの長さ　電線相互
結線部　　　　　　　接続部

また，③のケーブルの切断寸法は 350mm でよいが，VT 代用端子台は 2 台あるため，端子台結線部のシースのはぎ取りが 50mm では結線できない. そのため，ケーブルシースのはぎ取りを調節して結線する.

③のケーブル

100mm ＋ 150mm ＋ 100mm ＝ 350mm

端子台　　シースの長さ　電線相互
結線部　　　　　　　接続部

結線するケーブルの寸法取り

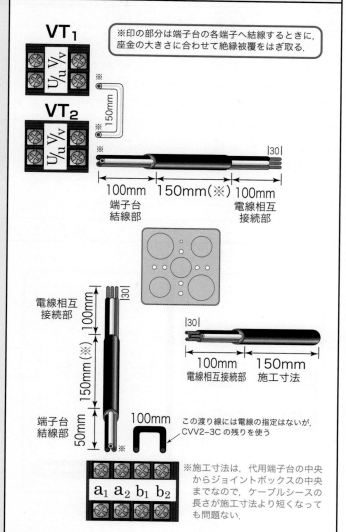

VT₁

U u V v

VT₂

U u V v

※印の部分は端子台の各端子へ結線するときに，座金の大きさに合わせて絶縁被覆をはぎ取る.

150mm

30

100mm　　150mm（※）　100mm
端子台　　　　　　　　電線相互
結線部　　　　　　　　接続部

電線相互
接続部

30

100mm

150mm（※）

端子台
結線部

50mm

100mm

30

100mm　　　150mm
電線相互接続部　施工寸法

この渡り線には電線の指定はないが，CVV2-3C の残りを使う

a₁ a₂ b₁ b₂

※施工寸法は，代用端子台の中央からジョイントボックスの中央までなので，ケーブルシースの長さが施工寸法より短くなっても問題ない.

端子台結線部のはぎ取り寸法を端子台の配置に合わせて決める箇所

部分配線図・端子台説明図

H21 出題

電源
3φ3W
6 600V

KIP 8×3
100mm
250mm
CVV2-3C
CT×2
E 2
100mm
150mm
KIP 8×3
施工省略
E_D

CT端子台

K k

K/L k/l

L l

K ─ k
L ─ l

電源 3φ3W
6 600V **CT結線図**

R S T
赤
黒
白

（接地線の表示は省略してある）

施工条件等

CVV2-3C の支給長さ
約 500mm

施工条件の指定
「CT の二次側端子の渡り
線は，太さ 2mm² （白色）
とする.」

※渡り線に 2mm² の白色
を使用する指定がある
ため CVV2-3C の白
色を渡り線に使用する.

CVV2-3C のはぎ取り

CT 代用の端子台は 2 個あるので，150mm 程度の長さの渡り線が必要になる. CVV2-3C は 500mm で支給されているが，渡り線用に 150mm 切断してしまうと，残りが 350mm となり，この長さでは CT 代用の端子台に結線するのは難しくなる. 渡り線に使用するのは白色だけなので，渡り線用に最初から切り分けてしまうのではなく，CVV2-3C を 500mm の長さのままで端子台結線部と電線相互接続部のシースをはぎ取り，端子台と現物合わせをしながら白色のみ切り分けて作業する.

ケーブルのはぎ取り寸法

残すシースの長さを施工寸法より短くして，端子台結線部のシースを250mm 程度はぎ取る.

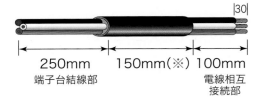

250mm 端子台結線部 ／ 150mm（※） ／ 100mm 電線相互接続部 ／ |30|

※施工寸法は，代用端子台の中央からジョイントボックスの中央までなので，シースの長さが施工寸法より短くなっても問題ない.

端子台との現物合わせ

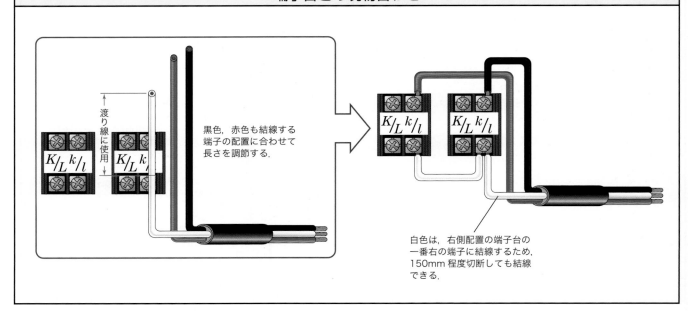

渡り線に使用

K/L k/l   K/L k/l

黒色，赤色も結線する
端子の配置に合わせて
長さを調節する.

K/L k/l   K/L k/l

白色は，右側配置の端子台の
一番右の端子に結線するため，
150mm 程度切断しても結線
できる.

④ 電工ナイフによるケーブルの加工

第一種電気工事士技能試験では高圧絶縁電線（KIP）など，電工ナイフを使用して加工するケーブルが材料として支給されるので，電工ナイフの扱いに慣れておきましょう．

● 絶縁被覆のはぎ取り方 ～高圧絶縁電線（KIP）～

手順1

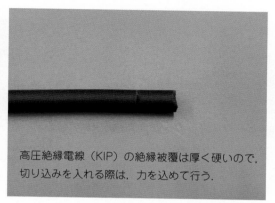

高圧絶縁電線（KIP）の絶縁被覆は厚く硬いので，切り込みを入れる際は，力を込めて行う．

絶縁被覆にナイフの刃を直角に当て，絶縁被覆全周に切り込みを入れる．

手順2

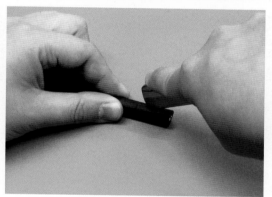

次に，全周に入れた切り込みから絶縁被覆の端まで縦に切り込みを入れる．

手順3

横・縦の切れ込みが重なっている箇所をペンチの角で挟み，切れ込みと絶縁被覆を切り離す．

手順4

心線の周囲に残った絶縁被覆も軽く取り除いて完了．

● ケーブルシース・絶縁被覆のはぎ取り方〜VVR・CVV ケーブル〜

600V ビニル絶縁ビニルシース丸形（VVR）や制御用ビニル絶縁ビニルシースケーブル（CVV）のシースも高圧絶縁電線（KIP）の絶縁被覆と同じ方法ではぎ取って，ケーブル内部の介在物を処理し，絶縁被覆のはぎ取りを行います．ここでは，制御用ビニル絶縁ビニルシースケーブルを使って作業の解説をします．（※ VVR・CVV はケーブルシースは KIP ほど硬くないので，シースのはぎ取りの際は，力加減に注意してください．）

ポイント	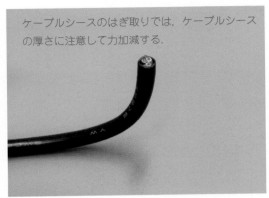 ケーブルシースのはぎ取りでは，ケーブルシースの厚さに注意して力加減する．	作業中にシースが抜けるおそれがあるので，ケーブルの他方を曲げておく． ※ケーブルシースのはぎ取り作業は，51 ページの手順 1，2 と同じ方法で行う．
手順 1	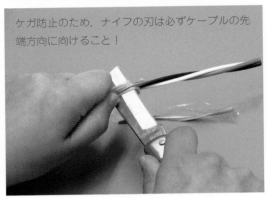 ケガ防止のため，ナイフの刃は必ずケーブルの先端方向に向けること！	ケーブル内部の押さえテープ・介在物を数回に分けて切り取る．（ナイフの刃をケーブルの先端方向に向けて作業すること．） ※ニッパで介在物を切断すると簡単に処理でき，ケーブルシースより電線等が抜けることがない．
手順 2	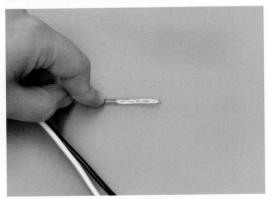	絶縁被覆にナイフの刃を当て，鉛筆を削る要領で絶縁被覆の一面をはぎ取る．
手順 3	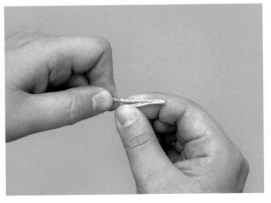	残っている絶縁被覆の全周に切れ込みを入れ，切れ込みから先の絶縁被覆をはぎ取って完了．

※ IV5.5 などの絶縁被覆のはぎ取りも手順 2 〜 3 と同じ方法で行う．

各作業の重要ポイントと作業手順

輪作り

●ランプレセプタクルの場合

はぎ取る

心線の先端を折り曲げてクランク状にする.

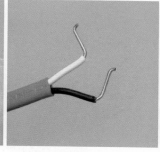

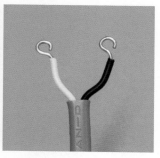

台座とシースの高さを合わせて，端子ねじから先の絶縁被覆をはぎ取る.

絶縁被覆の端から2mm程度離して心線をペンチで挟み，折り曲げる.

折り曲げた角から2mm程度残して切断する.

心線を丸く折り曲げ，端子ねじの大きさに合う輪を作って完了.

●露出形コンセントの場合

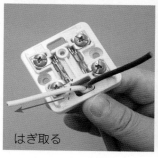

はぎ取る

心線の先端を折り曲げてクランク状にする.

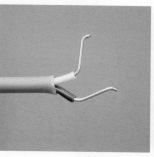

台座とシースの高さを合わせて，端子ねじから先の絶縁被覆をはぎ取る.

絶縁被覆の端から2mm程度離して心線をペンチで挟み，折り曲げる.

折り曲げた角から2mm程度残して切断する.

心線を丸く折り曲げ，端子ねじの大きさに合う輪を作って完了.

ランプレセプタクル

ポイント1
受金ねじ部
→白色

ポイント2
ポイント3
絶縁被覆や
心線の長さ
に注意

ポイント1：極性を間違えない

ポイント2：電線の絶縁被覆を端子ねじに挟まない

ポイント3：端子ねじの端より心線がわずかに見えていること

受金ねじ部の端子には必ず白色を結線する.

露出形コンセント

ポイント1
接地側極端子
→「W」表記

ポイント2
ポイント3
絶縁被覆や
心線の長さ
に注意

ポイント1：極性を間違えない

ポイント2：電線の絶縁被覆を端子ねじに挟まない

ポイント3：端子ねじの端より心線がわずかに見えていること

接地側極端子には必ず白色を結線する.

代用端子台

ポイント1
絶縁被覆の
挟み込みに
注意する.

ポイント2
心線は奥ま
で差し込む
こと.

ポイント1：電線の絶縁被覆を座金に挟まない

ポイント2：座金の奥の端より心線がわずかに見えていること

心線（銅線）が，座金の端から1〜2mm程度見えている状態にしてねじ締めすること.

配線用遮断器

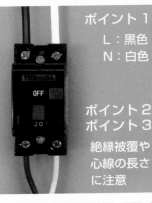

ポイント1
L：黒色
N：白色

ポイント2
ポイント3
絶縁被覆や
心線の長さ
に注意

ポイント1：極性を間違えない

ポイント2：電線の絶縁被覆を配線押さえ座金に挟まない

ポイント3：心線を露出させないこと

100V用には極性表示（N，L）がある.

動力用コンセント

手順1：ストリップゲージに合わせて絶縁被覆をはぎ取る

動力用コンセントの裏面にはストリップゲージがあるので，このストリップゲージに合わせて絶縁被覆をはぎ取る.

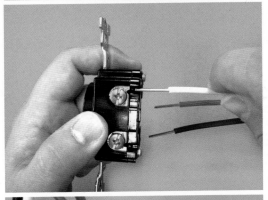

手順2：心線を直線状態のまま各端子の奥まで差し込んで，ねじを締め付ける

電線色別は，施工条件に従い，心線を直線状態のままで各端子に差し込む.（接地側電線の白色はY端子，接地線の緑色は，Gまたは⏚の表示がある端子に結線する.）

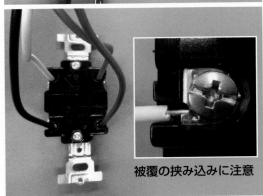

被覆の挟み込みに注意

ポイント1：電線色別を間違えない

ポイント2：電線を引っ張っても抜けないようにねじをしっかり締め付ける

作業の際は，施工条件に示された電線色別に従って各端子に結線する.

※メーカによって各端子の配置が異なる.

押しボタンスイッチ

はぎ取る

手順 1：座金の大きさより少し長めに絶縁被覆をはぎ取る

押しボタンスイッチにストリップゲージはないので，絶縁被覆のはぎ取りは端子台の結線作業時と同じように行う．

既設配線は外さない

手順 2：心線を直線状態のまま，制御回路図に従って各端子の奥まで差し込む

制御回路図に示されたとおりに「1」，「2」，「3」の各端子に結線する．「2」端子は既設配線が結線されているので，いずれか一方に結線する．

裏面の表記はメーカにより見えにくいものもある．表の OFF 表示がブレーク接点（押すと接点が開く）で裏では「1」，表の ON 表示がメーク接点（押すと接点が閉じる）で裏では「3」

手順 3：端子ねじをしっかりと締め付けて完了

絶縁被覆の挟み込み，より線の素線の一部が座金からはみ出していないことを確認して，電線を引っ張っても抜けないように端子ねじをしっかりと締め付ける．

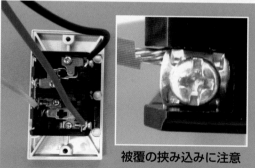

被覆の挟み込みに注意

※制御回路図に従って各端子へ結線すること．

ポイント 1：電線の絶縁被覆を座金に挟まない
ポイント 2：制御回路図に示されている色別に従って各端子に結線する

結線するときは，絶縁被覆の挟み込みやより線の素線の一部のはみ出しに注意する．

引掛シーリング

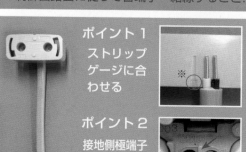

ポイント 1
ストリップゲージに合わせる

ポイント 2
接地側極端子
→白色

ポイント 1：ストリップゲージに心線と絶縁被覆の長さを合わせる
ポイント 2：極性を間違えない

絶縁被覆，心線の長さをストリップゲージに合わせて心線が露出しないように結線する．

絶縁被覆の長さは※部のゲージに合わせるが，矢印で指したセパレータがあるので，心線が露出しないように注意する．

埋込連用取付枠

ポイント1
上下の向きに気を付けて使用する

ポイント2
器具の取付位置に注意する
器具1個→中央
器具2個→上下
器具3個→配線図に従う

ポイント1：取付枠の上下の向きに気を付ける
ポイント2：器具の取付位置を間違えない

器具1個の場合は取付枠の中央，器具2個の場合は取付枠の上下，器具3個の場合は配線図の配置に従って器具を取り付ける.

片切スイッチ

ポイント1
ストリップゲージに合わせる

ポイント2
心線の露出に注意して結線する

ポイント1：心線の長さをストリップゲージに合わせる
ポイント2：心線を露出させないこと

片切スイッチには極性がないでの，白色・黒色を左右どちらの端子に結線してもよい

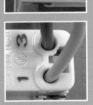

3路スイッチ

「0」端子は黒色を結線

「1」,「3」端子は何色を結線してもよい

ポイント：「0」端子には黒色を結線する

3路スイッチを2つ使用する回路では，「0」端子に黒色を結線する.「1」,「3」端子は白色・赤色どちらの電線を結線してもよい.

※3路スイッチを切替用として使用する場合は,「0」端子に結線する電線の色別は問われない.

4路スイッチ

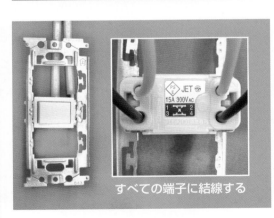

すべての端子に結線する

ポイント1：すべての端子に結線する
ポイント2：3路スイッチの電線との接続を間違えない

4路スイッチは極性がなく，すべての端子に結線する. ジョイントボックス内での3路スイッチの電線との接続に気を付ける.

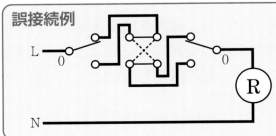

誤接続例

左図のように電線を接続してしまうと，4路スイッチが ⤬ の状態では，3路スイッチを操作しても点灯しない. 4路スイッチを ⤬ に切り替えた状態の時だけ3路スイッチを操作すると点灯する回路となる. ジョイントボックス内での3路スイッチの電線との接続には注意する.

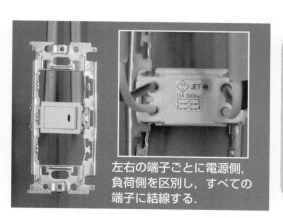

両切スイッチ

左右の端子ごとに電源側，負荷側を区別し，すべての端子に結線する．

ポイント1：すべての端子に結線する

ポイント2：電源側の電線，負荷側の電線との接続を間違えない

施工条件に極性指定がないか注意し，すべての端子に結線する．ジョイントボックス内で電源側の電線，負荷側の電線との接続に気を付ける．

200V 接地極付コンセント

手順1：ストリップゲージに合わせて絶縁被覆をはぎ取る

200V 接地極付コンセントの裏面にはストリップゲージがあるので，このストリップゲージに合わせて絶縁被覆をはぎ取る．

手順2：接地線（緑色）を結線する

器具裏面の左側の端子には，⏚（接地端子のJIS表記）が表示されており，この左側の端子に接地線（緑色）を結線する．接地線（緑色）は左側の上下どちらの端子に結線してもよい．

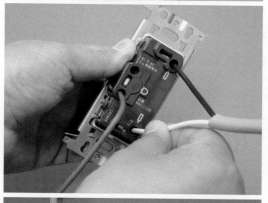

手順3：電源端子に結線して完了

器具裏面の右側の端子が電源端子となる．電源端子には極性はないので，右側の上下の端子に結線する電圧線の電線色別は問われない．

写真では電圧側に VVF1.6－2C，接地線に IV1.6（緑）を使用しているが，VVF1.6－3C（絶縁体：黒，赤，緑）が使用され，電圧線が黒色と赤色になる場合もある．

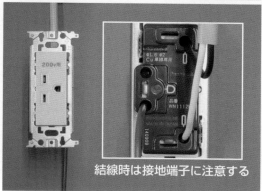

結線時は接地端子に注意する

ポイント1：接地端子を間違えない

ポイント2：心線を露出させないこと

200V 接地極付コンセントは接地端子に注意する．⏚の表記がある端子に接地線（緑色），反対側の端子に電圧線を2本結線する．

埋込コンセント

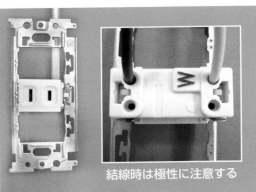

結線時は極性に注意する

ポイント1：極性を間違えない

ポイント2：心線を露出させないこと

埋込コンセントは極性に注意する．「W」の表記がある接地側極端子に白色，反対側の端子に黒色を結線する．

接地極付コンセント

結線時は極性に注意する

ポイント1：極性を間違えない

ポイント2：非接地側電線は右上の端子に結線

接地極付コンセントへの結線は埋込コンセントとは異なるので注意する．「W」表記がある接地側極端子の上の端子に黒色を結線する．

ゴムブッシング

手順1　　　　　　手順2

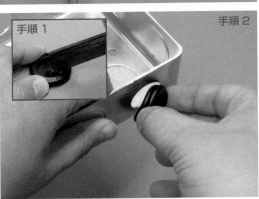

手順1：ゴムブッシングに切れ込みを入れる

ゴムブッシングにケーブルを通すための切れ込みを入れる．切れ込みは十字・横一本どちらでも構わない．

手順2：アウトレットボックスのノックアウト穴に取り付ける

アウトレットボックスのノックアウト穴に外側から押し込み，アウトレットボックスの側面にゴムブッシングの溝をはめる．

ケーブルを通す
切れ込みを入れ，
取り付ける

ポイント1：取り付けの向きは問わない

ポイント2：はずれないように取り付ける

ゴムブッシングの取り付けの向きは欠陥の対象にならないが，ボックスの穴の径とゴムブッシングの大きさが相違していると欠陥となる．

ねじなし電線管

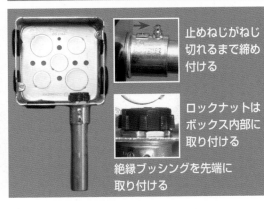

止めねじがねじ切れるまで締め付ける

ロックナットはボックス内部に取り付ける

絶縁ブッシングを先端に取り付ける

ポイント1：ねじなしボックスコネクタの止めねじをねじ切れるまで締め付ける

ポイント2：ロックナットはアウトレットボックス内部に取り付ける

ポイント3：絶縁ブッシングを必ず取り付ける

止めねじのねじ切り忘れ，ロックナットの取付箇所の誤り，絶縁ブッシングの未取付は欠陥となる．

<table>
<tr>
<td rowspan="2">

リングスリーブ接続

</td>
<td>

ポイント1,2
圧着マークの間違いと被覆の挟み込みに注意

ポイント3
先端を切断して端末処理を行う

</td>
<td>

ポイント1：圧着時の圧着マークを間違えない
ポイント2：電線の絶縁被覆を挟み込まない
ポイント3：必ず端末処理を行う

圧着マークの間違い，絶縁被覆の挟み込み，端末の未処理（心線が5mm以上露出）は起こりやすい欠陥のため，十分注意する．

</td>
</tr>
</table>

<table>
<tr>
<td>

差込形コネクタ接続

</td>
<td>

ポイント1
差込形コネクタの奥まで差し込む

ポイント2
心線を差込形コネクタの外部に露出させない

</td>
<td>

ポイント1：心線は先端まで差し込む
ポイント2：心線を外部に露出させない

差込形コネクタの先端から見えるまで，心線を奥まで差し込む．見えていないと欠陥になるので注意．心線の外部露出も欠陥となるので注意．

</td>
</tr>
</table>

欠陥の判定基準のうち，「電線の損傷」，「圧着接続部分」，「器具への結線部分（ねじ止め端子の器具）」，「金属管工事部分」は特に欠陥項目が多いので，気を付けて作業しましょう．

●電線の損傷
・ケーブル外装を損傷したもの
　イ．ケーブルを折り曲げたときに絶縁被覆が露出するもの
　ロ．外装縦われが20mm以上のもの
　ハ．VVR，CVVの介在物が抜けたもの
・絶縁被覆の損傷で，電線を折り曲げたときに心線が露出するもの
　ただし，リングスリーブの下端から10mm以内の絶縁被覆の傷は欠陥としない
・心線を折り曲げたときに心線が折れる程度の傷があるもの
・より線を減線したもの
●リングスリーブ（E形）による圧着接続部分
・リングスリーブ用圧着工具の使用方法等が適切でないもの
　イ．リングスリーブの選択を誤ったもの（JIS C 2806準拠）
　ロ．圧着マークが不適正のもの（JIS C 2806準拠）
　ハ．リングスリーブを破損したもの
　ニ．リングスリーブの先端または末端で，圧着マークの一部が欠けたもの
　ホ．1つのリングスリーブに2つ以上の圧着マークがあるもの
　ヘ．1箇所の接続に2個以上のリングスリーブを使用したもの
・心線の端末処理が適切でないもの
　イ．リングスリーブを上から目視して，接続する心線の先端が1本でも見えないもの
　ロ．リングスリーブの上端から心線が5mm以上露出したもの
　ハ．絶縁被覆のむき過ぎで，リングスリーブの下端から心線が10mm以上露出したもの
　ニ．ケーブル外装のはぎ取り不足で，絶縁被覆が20mm以下のもの
　ホ．絶縁被覆の上から圧着したもの
　ヘ．より線の素線の一部がリングスリーブに挿入されていないもの
●器具への結線部分
[ねじ締め端子の器具への結線部分]
（端子台，配線用遮断器，ランプレセプタクル，露出形コンセント等）
・心線を締め付けていないもの
　イ．単線での結線にあっては，電線を引っ張って外れるもの
　ロ．より線での結線にあっては，作品を持ち上げる程度で外れるもの
　ハ．巻き付けによる結線にあっては，心線をねじで締め付けていないもの
・より線の素線の一部が端子に挿入されていないもの
・結線部分の絶縁被覆をむき過ぎたもの
　イ．端子台の高圧側の結線にあっては，端子台の端から心線が

20mm以上露出したもの
　ロ．端子台の低圧側の結線にあっては，端子台の端から心線が5mm以上露出したもの
　ハ．配線用遮断器又は押しボタンスイッチ等の結線にあっては，器具の端から心線が5mm以上露出したもの
　ニ．ランプレセプタクル又は露出形コンセントの結線にあっては，ねじの端から心線が5mm以上露出したもの
・絶縁被覆を締め付けたもの
・ランプレセプタクル又は露出形コンセントへの結線で，ケーブルを台座のケーブル引込口を通さずに結線したもの
・ランプレセプタクル又は露出形コンセントへの結線で，ケーブル外装が台座の中に入っていないもの
・ランプレセプタクル又は露出形コンセント等の巻き付けによる結線部分の処理が適切でないもの
　イ．心線の巻き付けが不足（3/4周以下），又は重ね巻きしたもの
　ロ．心線を左巻きにしたもの
　ハ．心線がねじの端から5mm以上はみ出したもの
　ニ．カバーが締まらないもの
●金属管工事部分
・構成部品（「金属管」，「ねじなしボックスコネクタ」，「ボックス」，「ロックナット」，「絶縁ブッシング」，「ねじなし絶縁ブッシング」）が正しい位置に使用されていないもの
・構成部品間の接続が適切でないもの
　イ．「管」を引っ張って外れるもの
　ロ．「絶縁ブッシング」が外れているもの
　ハ．「管」と「ボックス」との接続部分を目視して隙間があるもの
・「ねじなし絶縁ブッシング」又は「ねじなしボックスコネクタ」の止めねじをねじ切っていないもの
・ボンド工事を行っていない又は施工条件に相違してボンド線以外の電線で結線したもの
・ボンド線のボックスへの取り付けが適切でないもの
　イ．ボンド線を引っ張って外れるもの
　ロ．巻き付けによる結線部分で，ボンド線をねじで締め付けていないもの
　ハ．接地用取付ねじ穴以外に取り付けたもの
・ボンド線のねじなしボックスコネクタの接地用端子への取り付けが適切でないもの
　イ．ボンド線をねじで締め付けていないもの
　ロ．ボンド線が他端から出ていないもの
　ハ．ボンド線を正しい位置以外に取り付けたもの

⑥ リングスリーブの種類と圧着マーク

　接続する電線の太さや本数の組み合わせにより，接続時に使用するリングスリーブの種類と圧着マークが変わります．電線の組み合わせについては多数ありますが，ここでは，技能試験で必要な組み合わせをまとめました．

使用最大電流 [A]	電線の組み合わせ（本数）			過去に出題された組み合わせ	圧着マーク	リングスリーブの種類
	単線（mm）		より線（mm²）			
	1.6mm	2.0mm	2mm²			
20A	2	−	−	1.6 × 2本	○	小
	−	−	2	2mm² × 2本		
	1	−	1	1.6 × 1本と2mm² × 1本		
	3	−	−	1.6 × 3本	小	
	4	−	−	1.6 × 4本		
	−	2	−	2.0 × 2本		
	−	−	3	2mm² × 3本		
	1	1	−	1.6 × 1本と2.0 × 1本		
	2	1	−	1.6 × 2本と2.0 × 1本		
	1	−	2	1.6 × 1本と2mm² × 2本		
30A	1	2	−	1.6 × 1本と2.0 × 2本	中	中
	3	1	−	1.6 × 3本と2.0 × 1本		

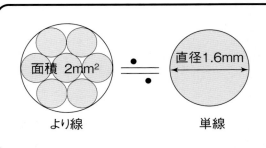

より線 ・ 単線

　より線の心線の太さは，断面積で示されます．2mm² のより線は，断面積から直径を換算すると，およそ 1.6mm となり，直径 1.6mm の単線と同一と見なしています．

円の面積の公式：半径×半径×3.14（π）より
2mm² ＝ 半径×半径×3.14
半径の2乗 ＝ 2 ÷ 3.14 ≒ 0.637
半径 ≒ 0.8　∴ 直径（半径×2）＝ 約 1.6mm

●圧着ペンチと圧着マーク

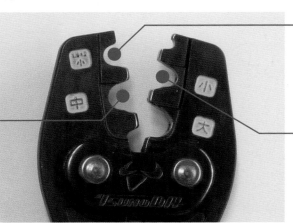

「中」の圧着マーク

「○」の圧着マーク

「小」の圧着マーク

⑦ 圧着接続を間違えた場合の対処法

　刻印を間違えて圧着してしまったり，絶縁被覆を挟み込んで圧着してしまった場合には，誤った圧着部分を切り取って作業をやり直しますが，ケーブルシースから出ている絶縁被覆の長さを極力短くさせないように圧着部分を切り取ります．

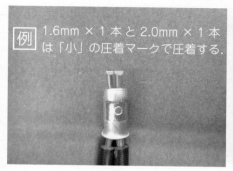

例 1.6mm × 1 本と 2.0mm × 1 本は「小」の圧着マークで圧着する．

「小」で圧着するのを間違えて「○」で圧着してしまった．

① 赤線より先の部分を切り取る．（絶縁被覆の長さに余裕があれば，リングスリーブの根元から切り取る．）

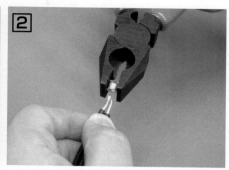

② リングスリーブをペンチで挟みながら引っ張り，心線からはずす．

③ リングスリーブがはずれたら，絶縁被覆をもう一度はぎ取り，新たなリングスリーブを使って圧着をやり直します

⑧ 本書で使用している器具について

端子台 2P（大）

IDEC 製：BTBH50C2 または
パトライト製：TXUM30 02

端子台 3P（小）

IDEC 製：BTBH30C3 または
パトライト製：TXUM20 03

端子台 3P（大）

IDEC 製：BTBH50C3 または
パトライト製：TXUM30 03

端子台 4P（小）
IDEC 製：BTBH30C4 または
パトライト製：TXUM20 04

端子台 6P（小）
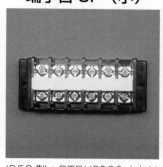
IDEC 製：BTBH30C6 または
パトライト製：TXUM20 06

押しボタンスイッチ

パナソニック製：BL82111 または
パトライト製：BSH222（箱なし）

動力用コンセント
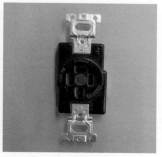
パナソニック製：WF1415BK
または明光社製：MU2818

材　　料	総　数	No.1	No.2	No.3	No.4	No.5	No.6	No.7	No.8	No.9	No.10
高圧絶縁電線 8mm² (KIP8)	約3.95m	200mm	200mm	500mm	200mm	500mm	600mm	750mm	300mm	200mm	500mm
制御用ビニル絶縁ビニルシースケーブル 2mm², 2心 (CVV2-2C)	約1.35m	―	―	―	―	―	―	850mm	―	―	500mm
制御用ビニル絶縁ビニルシースケーブル 2mm², 3心 (CVV2-3C)	約2.05m	―	―	―	―	―	―	500mm	350mm	―	1200mm
600Vビニル絶縁ビニルシースケーブル丸形 2.0mm, 3心 (VVR2.0-3C)	約75cm	―	―	―	―	―	400mm	―	350mm	―	―
600Vビニル絶縁ビニルシースケーブル平形 1.6mm, 2心 (VVF1.6-2C)	約10.25m	2200mm	550mm	1650mm	1100mm	1000mm	850mm	―	1100mm	1800mm	―
600Vビニル絶縁ビニルシースケーブル平形 1.6mm, 3心 (VVF1.6-3C, 黒, 白, 赤)	約4.6m	750mm	1100mm	450mm	―	1000mm	500mm	―	500mm	300mm	―
600Vビニル絶縁ビニルシースケーブル平形 1.6mm, 4心 (VVF1.6-4C, 黒, 白, 赤, 緑)	約45cm	―	―	―	450mm	―	―	―	―	―	―
600Vビニル絶縁ビニルシースケーブル平形 2.0mm, 2心 (VVF2.0-2C, シース青色)	約2.95m	800mm	500mm	450mm	500mm	―	―	―	―	700mm	―
600Vビニル絶縁ビニルシースケーブル平形 2.0mm, 3心 (VVF2.0-3C, シース青色)	約1.3m	―	―	400mm	―	600mm	―	300mm	―	―	―
600Vビニル絶縁ビニルシースケーブル平形 2.0mm, 3心 (VVF2.0-3C, 黒・白・緑)	約30cm	―	―	―	300mm	―	―	―	―	―	―
600Vビニル絶縁電線 5.5mm² (IV5.5, 黒)	約80cm	―	200mm	―	―	―	600mm	―	―	―	―
600Vビニル絶縁電線 5.5mm² (IV5.5, 白)	約20cm	―	200mm	―	―	―	―	―	―	―	―
600Vビニル絶縁電線 5.5mm² (IV5.5, 緑)	約1.9m	200mm	200mm	200mm	200mm	200mm	200mm	300mm	200mm	200mm	―
600Vビニル絶縁電線 2mm² (IV2, 緑)	約40cm	―	―	―	―	―	―	200mm	―	―	200mm
600Vビニル絶縁電線 2mm² (IV2, 黄)	約50cm	―	―	―	―	―	―	―	500mm	―	―
600Vビニル絶縁電線 2.0mm (IV2.0, 緑)	約20cm	―	―	―	200mm	―	―	―	―	―	―
600Vビニル絶縁電線 1.6mm (IV1.6, 黒)	約30cm	―	―	―	―	―	300mm	―	―	―	―
600Vビニル絶縁電線 1.6mm (IV1.6, 白)	約30cm	―	―	―	―	―	300mm	―	―	―	―
600Vビニル絶縁電線 1.6mm (IV1.6, 緑)	約50cm	200mm	―	150mm	―	150mm	―	―	―	―	―
2P端子台【大】(変圧器・VT・CT代用)	3個	―	―	1個	―	2個	3個	2個	―	―	2個
3P端子台【大】(変圧器・開閉器代用)	1個	1個	1個	1個	1個	―	1個	1個	1個	1個	―
3P端子台【小】(自動点滅器・配線用遮断器及び接地端子・表示灯代用)	1個	―	1個	―	1個	―	―	―	―	1個	1個
4P端子台 (過電流継電器・タイムスイッチ・VCB補助接点代用)	1個	―	―	―	―	―	―	1個	―	1個	1個
6P端子台 (開閉器・電磁開閉器代用)	1個	―	―	―	―	1個	―	―	1個	―	―
配線用遮断器 (2P1E 20A)	1個	―	1個	―	―	―	―	―	―	―	―
押しボタンスイッチ (接点1a, 1b, 既設配線付)	1個	―	―	―	―	―	―	―	1個	―	―
埋込連用タンブラスイッチ (片切)	2個	―	1個	2個	1個	―	―	―	―	―	―
埋込連用タンブラスイッチ (両切)	1個	1個	―	―	―	―	―	―	―	―	―
埋込連用タンブラスイッチ (3路)	2個	2個	1個	―	―	―	―	―	―	―	―
埋込連用パイロットランプ (赤)	1個	―	―	―	―	1個	―	―	―	―	―
埋込連用パイロットランプ (白)	1個	―	―	―	1個	1個	―	―	―	―	―
埋込連用コンセント	1個	1個	―	―	―	―	―	―	―	―	―
埋込連用接地極付コンセント	1個	―	―	1個	1個	―	―	―	―	―	―
埋込コンセント (15A250V接地極付)	1個	1個	―	―	―	―	―	―	―	―	―
埋込コンセント3P接地極付 250V15A (動力用コンセント)	1個	―	―	―	―	1個	―	―	―	―	―
埋込連用取付枠	1枚	1枚	1枚	1枚	1枚	1枚	―	―	―	―	―
ランプレセプタクル	1個	1個	1個	1個	1個	―	―	1個	―	1個	―
露出形コンセント	1個	―	―	―	―	―	―	―	―	1個	―
引掛シーリングローゼット (引掛シーリング角形)	1個	―	―	1個	1個	―	―	―	―	―	―
アウトレットボックス	1個	1個	1個	1個	1個	1個	1個	1個	1個	1個	1個
ねじなし電線管 (E19) 約90mm	1本	―	―	―	―	―	1本	―	―	―	―
ねじなしボックスコネクタ (E19)	1個	―	―	―	―	―	1個	―	―	―	―
絶縁ブッシング (19)	1個	―	―	―	―	―	1個	―	―	―	―
ゴムブッシング (19)	4個	2個	4個	4個	2個	3個	2個	2個	2個	4個	4個
ゴムブッシング (25)	4個	4個	―	―	3個	3個	2個	2個	3個	―	―
リングスリーブ (小)	45個	8個	4個	3個	3個	4個	6個	4個	6個	2個	5個
リングスリーブ (中)	6個	―	―	1個	1個	2個	―	―	―	2個	―
差込形コネクタ (2本用)	4個	4個	1個	4個	―	―	―	―	―	3個	―
差込形コネクタ (3本用)	2個	―	2個	―	―	―	―	―	―	1個	―

※ケーブル・絶縁電線，リングスリーブは10問題で使用する総合計の長さ，個数です．端子台，配線器具，差込形コネクタ等は使い回しを前提とした最低数です．練習用の材料をご準備される際にお役立て下さい．

寸法・工事種別・施工条件等を想定して，候補問題を練習しよう

〔試験時間は 60 分とします〕

(注) これらの候補問題は実際の試験問題ではありません．公表された候補問題は，5，6ページにあるように配線種別，寸法，施工条件，接続方法，材料器具等が示されておりません．したがって本書では，以下にこれらを問題形式に想定し，その解説をいたしました．

図1に示す配線工事を想定した材料を使用し，「施工条件」に従って完成させなさい. なお，
1. 変圧器は端子台で代用する.
2. ─・─・─ で示した部分は施工を省略する.
3. VVF用ジョイントボックス及びスイッチボックスは準備していないので，その取り付けは省略する.
4. 電線接続箇所のテープ巻きや絶縁キャップによる絶縁処理は省略する.
5. ジョイントボックス（アウトレットボックス）の接地工事は省略する.
6. 作品は保護板（板紙）に取り付けないものとする.

図1. 配線図

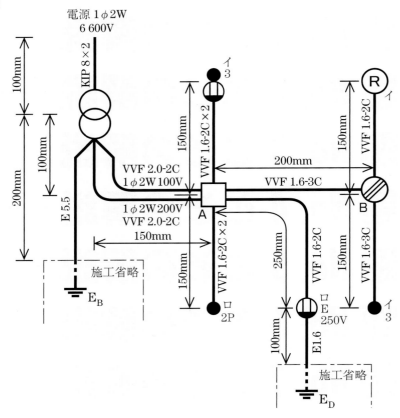

(注)
1. 図記号は，原則として JIS C 0617-1～13 及び JIS C 0303:2000 に準拠して示してある.
   また，作業に直接関係のない部分等は，省略又は簡略化してある.
2. (R) はランプレセプタクルを示す.

図2. 変圧器代用の端子台説明図

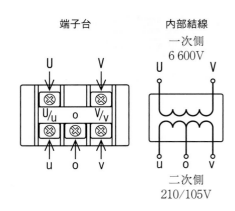

端子台　　内部結線
一次側
6 600V

二次側
210/105V

図3. 変圧器結線図

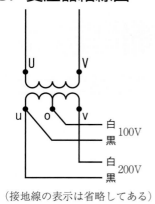

(接地線の表示は省略してある)

■想定した施工条件

1. 配線及び器具の配置は，**図1**に従って行うこと．
2. 変圧器代用の端子台は，**図2**に従って使用すること．
3. 変圧器代用の端子台の結線は，**図3**に従って行うこと．
4. スイッチの配線方法は，次によること．
   - 3路スイッチの記号「0」の端子には電源側又は負荷側の電線を結線し，
     記号「1」と「3」の端子にはスイッチ相互間の電線を結線する．
   - 100V回路においては電源から3路スイッチ（イ）とコンセントの組合せ部分に至る電源側電線には，
     2心ケーブル1本を使用すること．
   - 200V回路においては電源からスイッチ（ロ）に至る電源側電線には，2心ケーブル1本を使用すること．
5. 電線の色別（ケーブルの場合は絶縁被覆の色）は，次によること．
   - ① 接地線は，**緑色**を使用する．
   - ② 接地側電線は，すべて**白色**を使用する．
   - ③ 100V回路の3路スイッチ及びコンセントの組合せ部分に至る非接地側電線は，すべて**黒色**を使用する．
   - ④ 200V回路の変圧器u相からコンセントに至る配線は，すべて**黒色**を使用する．
   - ⑤ 次の器具の端子には，**白色**の電線を結線する．
     - ランプレセプタクルの受金ねじ部の端子
     - コンセントの接地側極端子（Wと表示）
6. ジョイントボックスA及びVVF用ジョイントボックスB部分を経由する電線は，その部分ですべて接続箇所を設け，その接続方法は，次によること．
   - ① A部分は，リングスリーブによる接続とする．
   - ② B部分は，差込形コネクタによる接続とする．
7. ジョイントボックスは，**打抜き済みの穴だけ**をすべて使用すること．
8. 埋込連用取付枠は，3路スイッチ（イ）及びコンセントの組合せ部分に使用すること．

※材料を揃える際は，ケーブルの本数をよくお確かめ下さい．

想定した材料表	
1. 高圧絶縁電線（KIP），8mm²，長さ約200mm ・・・・・・・・・・・・・・・・・・	1本
2. 600Vビニル絶縁ビニルシースケーブル平形（シース青色），2.0mm，2心，長さ約800mm ・・・・・	1本
3. 600Vビニル絶縁ビニルシースケーブル平形，1.6mm，3心，長さ約750mm ・・・・・・・・・・	1本
4. 600Vビニル絶縁ビニルシースケーブル平形，1.6mm，2心，長さ約1100mm ・・・・・・・・・・・・	2本
5. 600Vビニル絶縁電線，5.5mm²，緑色，長さ約200mm ・・・・・・・・・・・・・・・・・	1本
6. 600Vビニル絶縁電線，1.6mm，緑色，長さ約200mm ・・・・・・・・・・・・・・・・・・・	1本
7. 端子台（変圧器の代用），3P，大 ・・・・・・・・・・・・・・・・・・・・・・・・・・・・・	1個
8. ランプレセプタクル（カバーなし）・・・・・・・・・・・・・・・・・・・・・・・・・・・・・	1個
9. 埋込連用取付枠 ・・・・・・・・・・・・・・・・・・・・・・・・・・・・・・・・・・・・・・	1枚
10. 埋込連用タンブラスイッチ（3路）・・・・・・・・・・・・・・・・・・・・・・・・・・・・	2個
11. 埋込連用タンブラスイッチ（両切）・・・・・・・・・・・・・・・・・・・・・・・・・・・・	1個
12. 埋込連用コンセント ・・・・・・・・・・・・・・・・・・・・・・・・・・・・・・・・・・・	1個
13. 埋込コンセント（15A250V接地極付）・・・・・・・・・・・・・・・・・・・・・・・・・	1個
14. ジョイントボックス（アウトレットボックス 19mm2箇所，25mm4箇所 ノックアウト打抜き済み）・・・・	1個
15. ゴムブッシング（19）・・・・・・・・・・・・・・・・・・・・・・・・・・・・・・・・・	2個
16. ゴムブッシング（25）・・・・・・・・・・・・・・・・・・・・・・・・・・・・・・・・・	4個
17. リングスリーブ（小）・・・・・・・・・・・・・・・・・・・・・・・・・・・・・・・・・・	8個
18. 差込形コネクタ（2本用）・・・・・・・・・・・・・・・・・・・・・・・・・・・・・・・・	4個

（注）上記の想定した材料表のリングスリーブの個数には予備品の数は含まれていません．実際の試験では，材料表には予備品を含んだリングスリーブの総数が示され，材料箱内にはリングスリーブの予備品もセットされて支給されます．

参考指定工具・用具
1. ペンチ　2. ドライバ（プラス，マイナス）　3. ナイフ　4. スケール　5. ウォータポンププライヤ
6. リングスリーブ用圧着工具（手動片手式工具，JIS C 9711：1982，1990，1997適合品）　7. 筆記用具

手順1 変圧器結線と 1φ2W200V 回路を描く

※ 200V 回路は図3と施工条件5.④により，変圧器二次側のu-v端子間に結線し，変圧器二次側u端子からコンセントに至る電線は，すべて黒色を使用する.

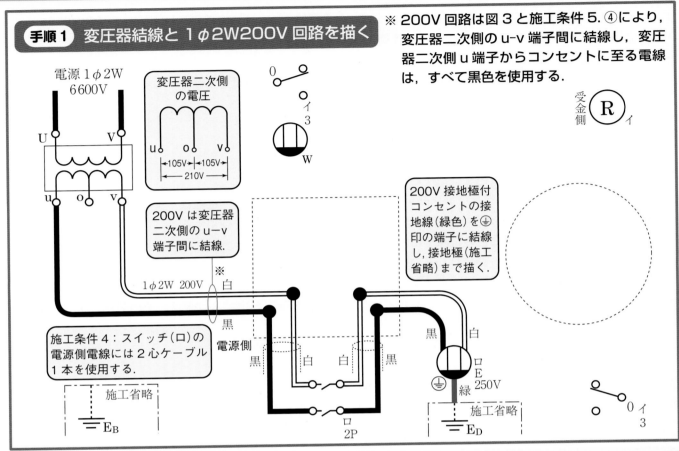

電源1φ2W
6600V

変圧器二次側の電圧

|←105V→|←105V→|
|←210V→|

200V は変圧器二次側のu-v端子間に結線.

1φ2W 200V　白

黒

施工条件4：スイッチ(ロ)の電源側電線には2心ケーブル1本を使用する.

電源側

黒　白　白　黒

施工省略

E_B

ロ
2P

200V 接地極付コンセントの接地線(緑色)を⏚印の端子に結線し，接地極(施工省略)まで描く.

黒　白

ロ
E
250V

緑

施工省略

E_D

受金側 Ⓡ イ

手順2 1φ2W100V 回路を描く

● 図3．変圧器結線図により，1φ2W100V 回路の接地側電線を描く.

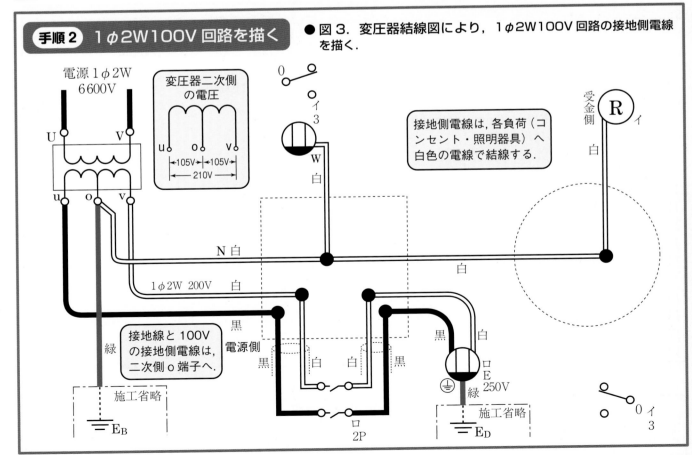

電源1φ2W
6600V

変圧器二次側の電圧

|←105V→|←105V→|
|←210V→|

接地側電線は，各負荷(コンセント・照明器具)へ白色の電線で結線する.

白

N　白

白

1φ2W 200V　白

黒

接地線と100Vの接地側電線は，二次側o端子へ.

緑

電源側

黒　白　白　黒

施工省略

E_B

ロ
2P

黒　白

ロ
E
250V

緑

施工省略

E_D

受金側 Ⓡ イ

白

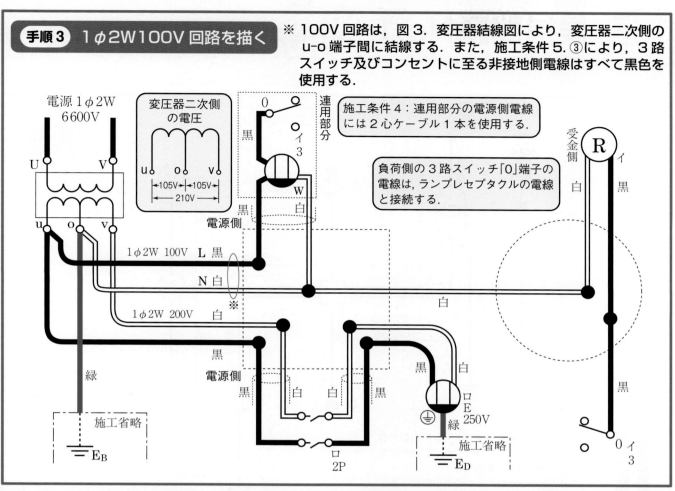

手順3 1φ2W100V 回路を描く

※ 100V回路は，図3．変圧器結線図により，変圧器二次側のu-o端子間に結線する．また，施工条件5．③により，3路スイッチ及びコンセントに至る非接地側電線はすべて黒色を使用する．

施工条件4：連用部分の電源側電線には2心ケーブル1本を使用する．

負荷側の3路スイッチ「0」端子の電線は，ランプレセプタクルの電線と接続する．

手順4 3路スイッチ間を描いて完了

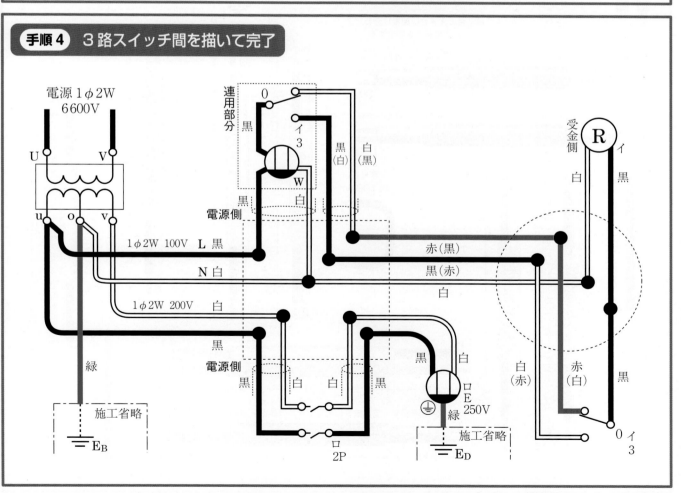

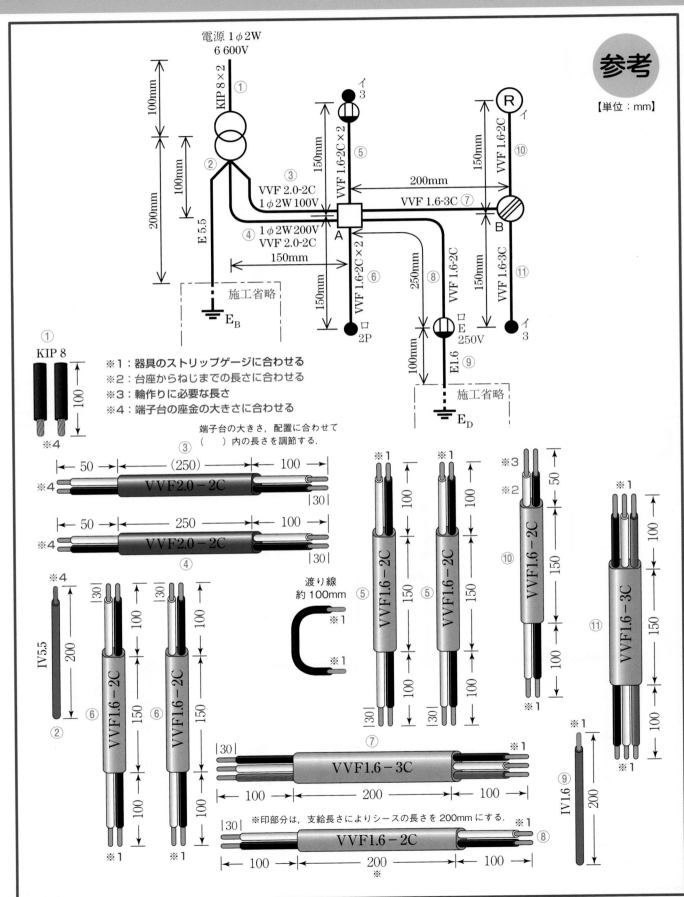

参考

【単位：mm】

電源 1φ2W
6 600V

KIP 8×2 ①

② E 5.5

③ VVF 2.0-2C
1φ2W 100V

④ 1φ2W 200V
VVF 2.0-2C

A

⑤ VVF 1.6-2C×2

⑥ VVF 1.6-2C×2

⑦ VVF 1.6-3C

⑧ VVF 1.6-2C

⑨ E1.6

⑩ VVF 1.6-2C

⑪ VVF 1.6-3C

B

R イ

イ 3

ロ 2P

ロ E 250V

イ 3

施工省略 E_B

施工省略 E_D

① KIP 8
※4

※1：器具のストリップゲージに合わせる
※2：台座からねじまでの長さに合わせる
※3：輪作りに必要な長さ
※4：端子台の座金の大きさに合わせる

端子台の大きさ，配置に合わせて
（　）内の長さを調節する．

③ 50 (250) 100 VVF2.0-2C ※4 30

④ 50 250 100 VVF2.0-2C ※4 30

② IV5.5 ※4 200

⑥ VVF1.6-2C 30 100 150 100 ※1

⑥ VVF1.6-2C 30 100 150 100 ※1

渡り線
約100mm
※1
※1

⑤ VVF1.6-2C ※1 100 150 30 100

⑤ VVF1.6-2C ※1 100 150 30 100

⑩ VVF1.6-2C ※3 ※2 50 150 100 ※1

⑪ VVF1.6-3C ※1 100 150 100 ※1

⑨ IV1.6 ※1 200

⑦ 30 100 200 100 VVF1.6-3C ※1

※印部分は，支給長さによりシースの長さを200mmにする．

⑧ 30 100 200 100 VVF1.6-2C ※1 ※

·········· 変圧器代用の端子台 ··········

● ポイント①

· 1φ2W100V の二次側への結線は，変圧器結線図より，u-o 端子間（黒色：u 端子，白色：o 端子）に結線する.

· 1φ2W200V の二次側への結線は，変圧器結線図より，u-v 端子間（黒色：u 端子，白色：v 端子）に結線する.

· B 種接地工事の接地線は，o 端子に結線する.想定問題では接地線に IV5.5（緑）を使用.

··· ３路スイッチ（電源側連用部分・負荷側）部分 ···

● ポイント②

【電源側】
· 電源側電線には，２心ケーブル１本を使用し，接地側電線（白色）は，埋込コンセントの「W」の表示がある端子に結線する.

· 非接地側電線（黒色）は，埋込コンセントに結線し，黒色の渡り線を３路スイッチの「0」端子に結線する.「1」,「3」端子は色別不問のため，白色，黒色のどちらを結線してもよい.

【負荷側】
·「0」端子には黒色，「1」,「3」端子は色別不問のため，白色・赤色のどちらかを結線する.

 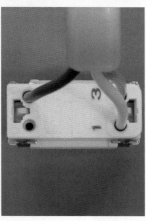

··· ２極スイッチ（両切スイッチ）への結線 ···

● ポイント③

·「2」,「4」端子には電源側電線の２心ケーブル１本を，「1」,「3」端子には負荷側電線の２心ケーブル１本を結線する.

· 変圧器二次側 u 端子よりジョイントボックス，点滅器（２極用），そしてコンセントまでの黒色は，同じ極に結線すること.（施工条件５.④）（両切スイッチの電源側，負荷側で黒色を交差させないこと.）

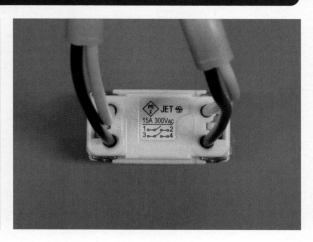

…… 15A250V 接地極付コンセントへの結線 ……

●ポイント④

・200V 接地極付コンセントの ⏚ の接地極端子（左側）には，接地線（緑色）を結線する．（上下どちらの端子に結線してもよい．）

・電圧線の黒色と白色は，右側の電源端子に結線する．（上下どちらの端子に黒色，白色のどちらを結線してもよい．）

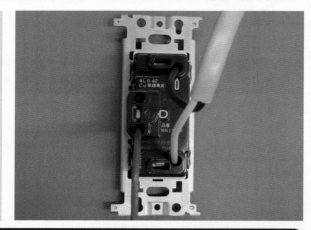

……… ランプレセプタクル ………

●ポイント⑤

・ケーブルは台座の下部から挿入して，シースが台座の位置になるようにすること．

・結線部分の絶縁被覆をむき過ぎないこと．

・接地側電線の白色は，受金側の端子ねじに結線する．

・ランプレセプタクルへの結線は，欠陥項目が多いので十分注意する．

… 電線の終端接続（リングスリーブ・差込形コネクタ）…

●ポイント⑥

※リングスリーブ接続では，充電部の露出が 10mm 未満であれば，絶縁被覆の端が多少不揃いでもよい．また，リングスリーブ先端から出ている心線の余分な長さの切断（端末処理をして 5mm 未満にする）を必ず行う．

・接地側電線（白色）は 2.0mm1 本と 1.6mm2 本の接続，非接地側電線（黒色）は 2.0mm1 本と 1.6mm1 本の接続．（圧着マークは「小」．）

・両切スイッチの左側の電線は，200V の電源側線と接続する．2 箇所とも 2.0mm1 本と 1.6mm1 本の接続．（圧着マークは「小」．）

・両切スイッチの右側の電線は，200V 接地極付コンセントの電線と接続する．2 箇所とも 1.6mm2 本の接続．（圧着マークは「○」．）

・3 路スイッチの電線は，ジョイントボックス間の電線と接続する．2 箇所とも 1.6mm2 本の接続．（圧着マークは「○」．）

・差込形コネクタ接続は，心線を奥まで差し込み，被覆はコネクタ内部まで挿入する．端子の先から心線が見えていないと欠陥になる．

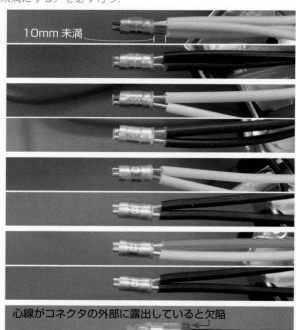

10mm 未満

心線がコネクタの外部に露出していると欠陥

心線がここに見えるまで差し込む

70

No.1 完成参考写真

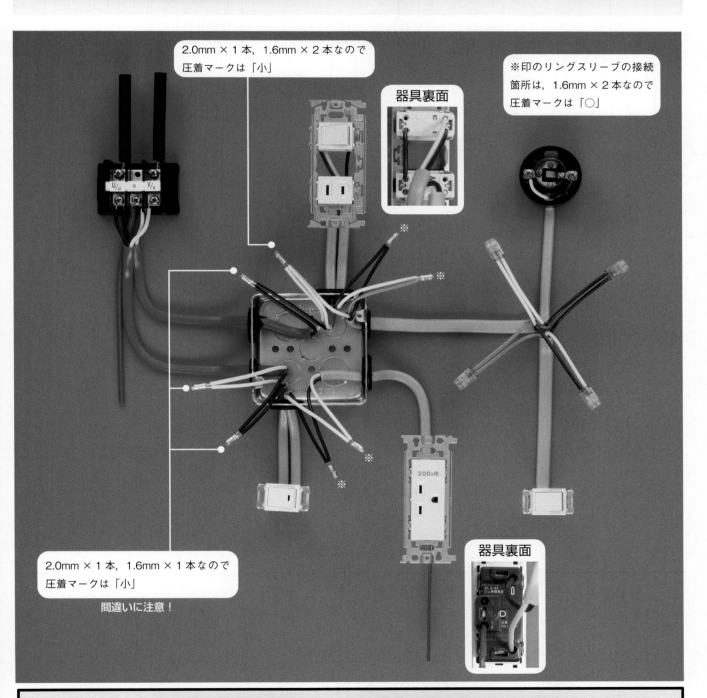

2.0mm × 1本, 1.6mm × 2本なので
圧着マークは「小」

器具裏面

※印のリングスリーブの接続
箇所は, 1.6mm × 2本なので
圧着マークは「○」

2.0mm × 1本, 1.6mm × 1本なので
圧着マークは「小」

間違いに注意!

200v用

器具裏面

※67ページ下の複線図をもとに完成参考写真を紹介しました.

注意! 本年度公表された候補問題（本書5ページ参照）には, 注記5.に「電源・機器・器具の配置については変更する場合がある.」とあるため, 公表された候補問題の電源・機器・器具の配置が変更されて出題される可能性があります.

※図2は64ページと同じです.

図1. 配線図

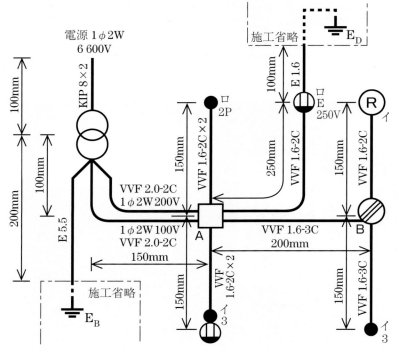

電源1φ2W
6 600V

KIP 8×2

100mm

100mm

200mm

E 5.5

VVF 2.0-2C
1φ2W200V

1φ2W100V
VVF 2.0-2C

150mm

施工省略

E_B

A

150mm

VVF
1.6-2C×2

VVF 1.6-2C×2

150mm

ロ
2P

施工省略　E_D

100mm

E 1.6

250mm

VVF 1.6-2C

ロ
E
250V

VVF 1.6-2C

イ

R

150mm

VVF 1.6-2C

150mm

B

VVF 1.6-3C
200mm

150mm

VVF 1.6-3C

イ
3

イ
3

※両切スイッチ，15A250V 接地極付コンセント，連用部分の配置が入れ替わっています.

図2. 変圧器代用の端子台説明図

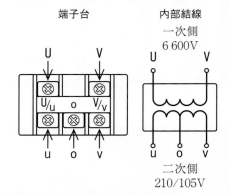

端子台　　　　内部結線
一次側
6 600V

二次側
210/105V

図3. 変圧器結線図

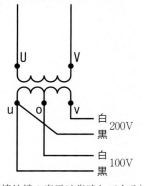

白 200V
黒
白 100V
黒

（接地線の表示は省略してある）

■別想定の施工条件

1. 配線及び器具の配置は，図1に従って行うこと.
2. 変圧器代用の端子台は，図2に従って使用すること.
3. 変圧器代用の端子台の結線は，図3に従って行うこと.
4. 3路スイッチの配線方法は，次によること.
   ・3路スイッチの記号「0」の端子には電源側又は負荷側の電線を結線し，記号「1」と「3」の端子にはスイッチ相互間の電線を結線する.
5. 電線の色別（ケーブルの場合は絶縁被覆の色）は，次によること.
   ① 接地線は，**緑色**を使用する.
   ② 接地側電線は，すべて**白色**を使用する.
   ③ 100V回路の3路スイッチ及びコンセントに至る非接地側電線は，すべて**黒色**を使用する.
   ④ 200V回路の変圧器u相からコンセントに至る配線は，すべて**黒色**を使用する.
   ⑤ 次の器具の端子には，**白色**の電線を結線する.
   ・ランプレセプタクルの受金ねじ部の端子
   ・コンセントの接地側極端子（Wと表示）
6. ジョイントボックスA及びVVF用ジョイントボックスB部分を経由する電線は，その部分ですべて接続箇所を設け，その接続方法は，次によること.
   ① A部分は，リングスリーブによる接続とする.
   ② B部分は，差込形コネクタによる接続とする.
7. ジョイントボックスは，**打抜き済みの穴だけ**をすべて使用すること.
8. 埋込連用取付枠は，3路スイッチ（イ）及びコンセント部分に使用すること.

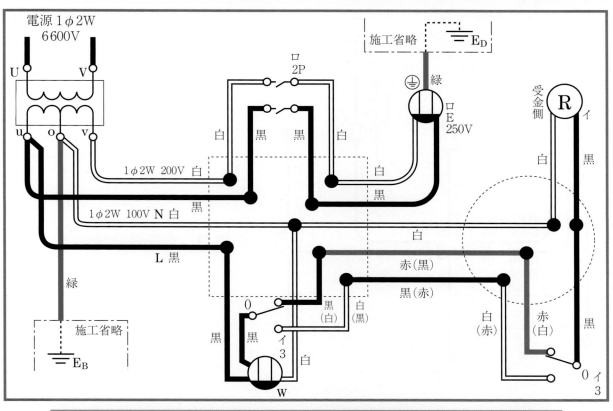

	接続する電線の本数	圧着マーク	リングスリーブ
※	2本	1.6mm × 2	○	小
★	2本	2.0mm × 1 と 1.6mm × 1	小	小
♠	3本	2.0mm × 1 と 1.6mm × 2		

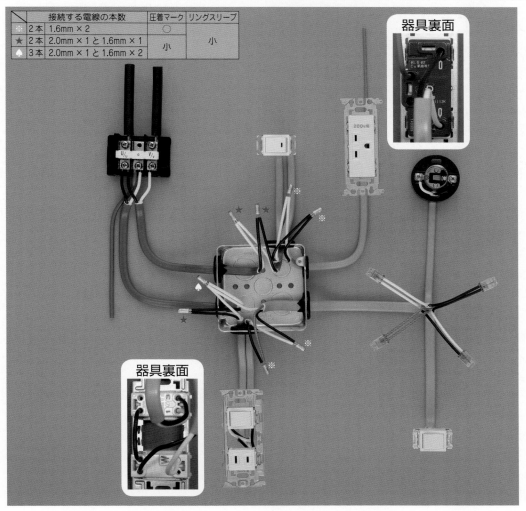

器具裏面

器具裏面

※図2，図3，施工条件は 64 〜 65 ページと同じです．

図1．配線図

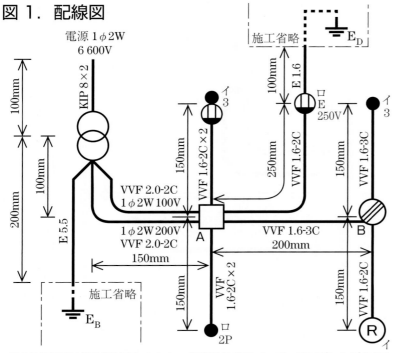

電源1φ2W
6 600V

KIP 8×2

100mm

100mm

200mm

E 5.5

施工省略

E$_B$

VVF 2.0-2C
1φ2W 100V

1φ2W 200V
VVF 2.0-2C

150mm

A

150mm

VVF
1.6-2C×2

ロ
2P

VVF 1.6-2C×2

150mm

イ
3

施工省略

E$_D$

E 1.6

100mm

250mm

VVF 1.6-2C

ロ
E
250V

150mm

VVF 1.6-3C

VVF 1.6-3C
200mm

B

150mm

VVF 1.6-2C

イ
3

R
イ

※ 15A250V 接地極付コンセント，負荷側3路スイッチ，ランプレセプタクル
の配置が変更されています．

図2．変圧器代用の端子台説明図

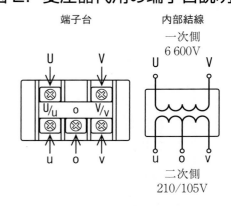

端子台

内部結線
一次側
6 600V

U　　V

U　　V

U/u　o　V/v

u　o　v

u　o　v

二次側
210/105V

図3．変圧器結線図

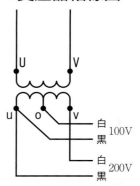

U　　　V

u　o　v

白　100V
黒

白　200V
黒

（接地線の表示は省略してある）

■想定した施工条件

1．配線及び器具の配置は，図1に従って行うこと．

2．変圧器代用の端子台は，図2に従って使用すること．

3．変圧器代用の端子台の結線は，図3に従って行うこと．

4．スイッチの配線方法は，次によること．

　・3路スイッチの記号「0」の端子には電源側又は負荷側の電線を結線し，
　　記号「1」と「3」の端子にはスイッチ相互間の電線を結線する．

　・100V回路においては電源から3路スイッチ（イ）とコンセントの組合せ部分に至る電源側電線には，
　　2心ケーブル1本を使用すること．

　・200V回路においては電源からスイッチ（ロ）に至る電源側電線には，2心ケーブル1本を使用すること．

5．電線の色別（ケーブルの場合は絶縁被覆の色）は，次によること．

　① 接地線は，緑色を使用する．

　② 接地側電線は，すべて白色を使用する．

　③ 100V回路の3路スイッチ（イ）とコンセントの組合せ部分に至る非接地側電線は，すべて黒色を使用する．

　④ 200V回路の変圧器u相からコンセントに至る配線は，すべて黒色を使用する．

　⑤ 次の器具の端子には，白色の電線を結線する．

　　・ランプレセプタクルの受金ねじ部の端子

　　・コンセントの接地側極端子（Wと表示）

6．ジョイントボックスA及びVVF用ジョイントボックスB部分を経由する電線は，その部分ですべて接続箇
　所を設け，その接続方法は，次によること．

　① A部分は，リングスリーブによる接続とする．

　② B部分は，差込形コネクタによる接続とする．

7．ジョイントボックスは，打抜き済みの穴だけをすべて使用すること．

8．埋込連用取付枠は，3路スイッチ（イ）とコンセントの組合せ部分に使用すること．

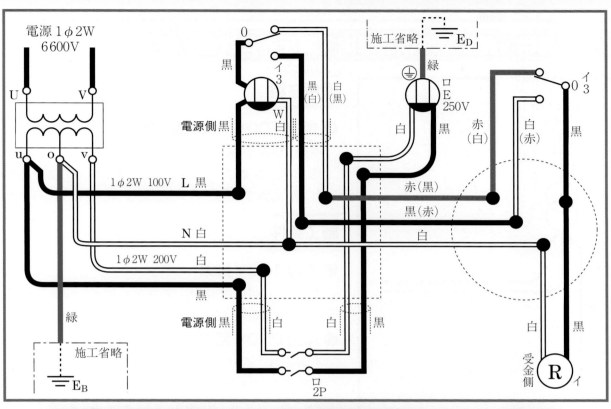

電源1φ2W
6600V

施工省略 ≡E_D

U　V

u　o　v

0
黒
イ
3
黒（白）　白（黒）
電源側　黒　W　白
緑
ロ
E
250V
白　黒
赤（白）　白（赤）
イ
0
3
黒

1φ2W 100V　L　黒
赤（黒）
黒（赤）

N　白
白

1φ2W 200V　白
黒

緑

施工省略
≡E_B

電源側　黒　白　白　黒

ロ
2P

受
金
側　R　イ
白　黒

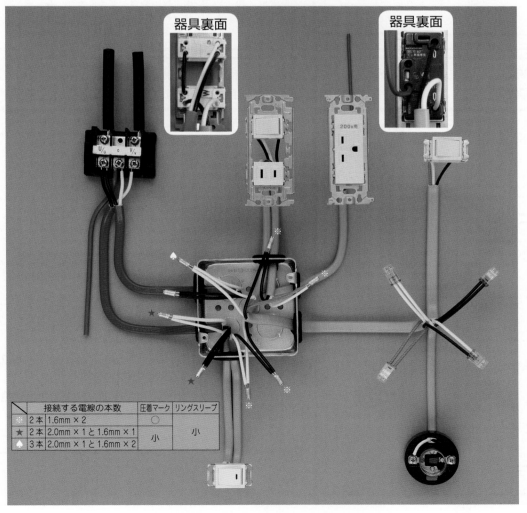

器具裏面　器具裏面

200v用

	接続する電線の本数	圧着マーク	リングスリーブ
※	2本 1.6mm×2	○	小
★	2本 2.0mm×1と1.6mm×1	小	小
♣	3本 2.0mm×1と1.6mm×2		

様々な出題への対応

◆ 使用材料・施工条件の別想定（変圧器二次側）◆

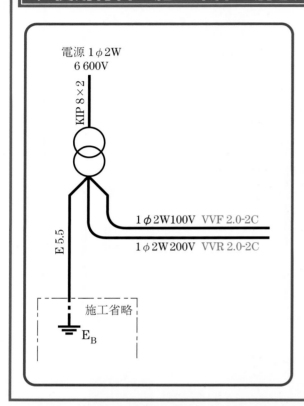

使用材料

● 単相 100V・200V 回路

単相 100V 回路，200V 回路ともに VVF2.0−2C を使用すると本書では想定したが，単相 100V 回路と単相 200V 回路で使用ケーブルが異なることも考えられる．

施工条件

● 単相 100V 回路

本書では，100V 回路の黒色を u 端子，白色を o 端子に結線する指定だが，v-o 端子間の指定も考えられる．

● 単相 200V 回路

本書では，200V 回路の黒色を u 端子，白色を v 端子に結線する指定だが，電線色別が逆の指定も考えられる．

※単相 3 線式分岐回路は専用回路とする．また，中性線と電圧側電線間の片寄せ配線はコンセントに限ると内線規程にあるので，本書では 100V と 200V を別回路と想定した．

別想定①

上図に示した別想定のケーブルが支給され，単相 100V 回路を「変圧器の v-o の端子」に，単相 200V 回路を「変圧器の u 端子に白色，v 端子に黒色に結線する．」と指定された場合．

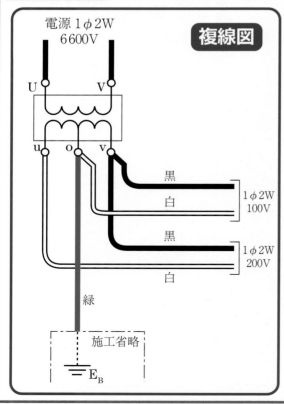

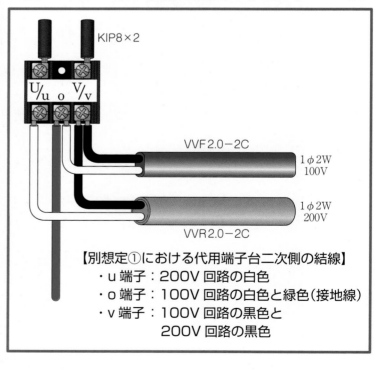

【別想定①における代用端子台二次側の結線】
・u 端子：200V 回路の白色
・o 端子：100V 回路の白色と緑色（接地線）
・v 端子：100V 回路の黒色と
　　　　　200V 回路の黒色

別想定② 単相 100V 回路に VVR2.0－2C, 単相 200V 回路に VVF2.0－2C を使用し, 単相 100V 回路は「変圧器の u-o 端子間」, 単相 200V 回路は「u 端子:黒色, v 端子:白色」の指定の場合.

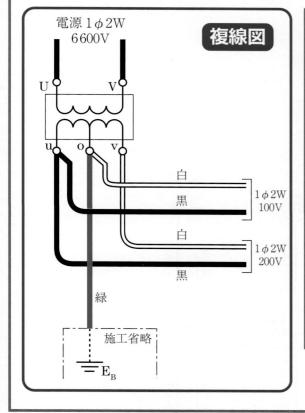

電源 1φ2W
6600V

U   V

u   o   v

白
黒   } 1φ2W 100V

白
黒   } 1φ2W 200V

緑

施工省略

E_B

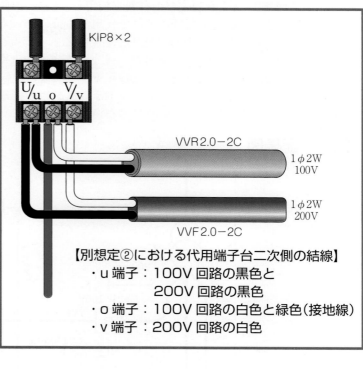

複線図

KIP8×2

U/u o V/v

VVR2.0－2C   } 1φ2W 100V

} 1φ2W 200V

VVF2.0－2C

【別想定②における代用端子台二次側の結線】
・u 端子:100V 回路の黒色と
         200V 回路の黒色
・o 端子:100V 回路の白色と緑色(接地線)
・v 端子:200V 回路の白色

別想定③ 単相 100V 回路, 単相 200V 回路ともに VVF2.0－2C を使用し, 単相 100V 回路は「変圧器の v-o 端子間」, 単相 200V 回路は「u 端子:白色, v 端子:黒色」の指定の場合.

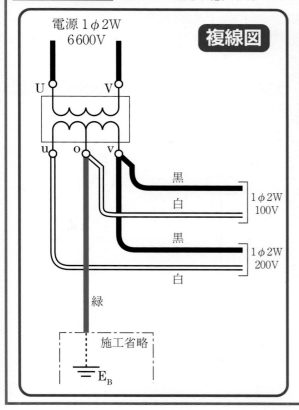

電源 1φ2W
6600V

U   V

u   o   v

黒
白   } 1φ2W 100V

黒
白   } 1φ2W 200V

緑

施工省略

E_B

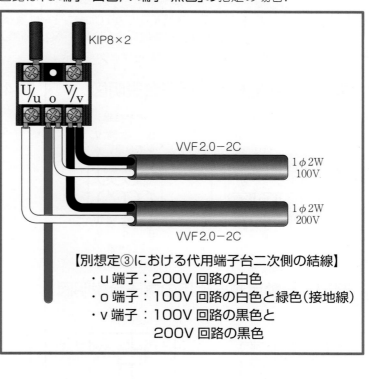

複線図

KIP8×2

U/u o V/v

VVF2.0－2C   } 1φ2W 100V

} 1φ2W 200V

VVF2.0－2C

【別想定③における代用端子台二次側の結線】
・u 端子:200V 回路の白色
・o 端子:100V 回路の白色と緑色(接地線)
・v 端子:100V 回路の黒色と
         200V 回路の黒色

図1に示す配線工事を想定した材料を使用し，「施工条件」に従って完成させなさい．なお，

1. 変圧器及び自動点滅器は端子台で代用する．
2. ——・——・—— で示した部分は施工を省略する．
3. VVF用ジョイントボックス及びスイッチボックスは準備していないので，その取り付けは省略する．
4. 電線接続箇所のテープ巻きや絶縁キャップによる絶縁処理は省略する．
5. ジョイントボックス（アウトレットボックス）の接地工事は省略する．
6. 作品は保護板（板紙）に取り付けないものとする．

図1．配線図

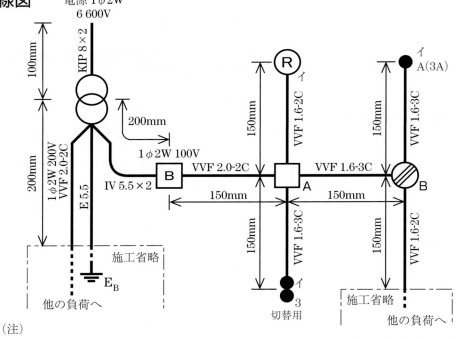

（注）

1. 図記号は，原則として JIS C 0617−1〜13 及び JIS C 0303：2000 に準拠して示してある．
   また，作業に直接関係のない部分等は，省略又は簡略化してある．

2. Ⓡ はランプレセプタクルを示す．

図2．変圧器代用の端子台説明図

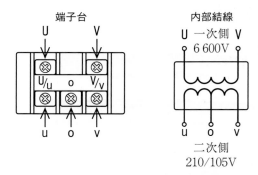

図3．自動点滅器代用の端子台説明図

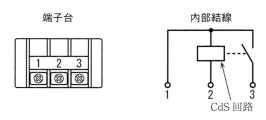

図4．ランプレセプタクル回路の展開接続図

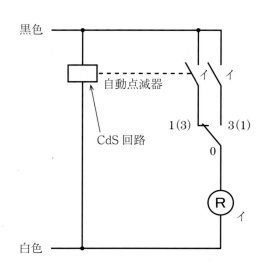

■想定した施工条件

1. 配線及び器具の配置は，**図1**に従って行うこと．
2. 変圧器代用の端子台は，**図2**に従って使用すること．
3. 自動点滅器代用の端子台は，**図3**に従って使用すること．
4. ランプレセプタクル回路の接続は，**図4**に従って行うこと．
5. 電線の色別（ケーブルの場合は絶縁被覆の色）は，次によること．
    - ① 接地線は，**緑色**を使用する．
    - ② 接地側電線は，すべて**白色**を使用する．
    - ③ 変圧器二次側から点滅器イ，自動点滅器及び他の負荷（1φ2W 100V）に至る非接地側電線は，**黒色**を使用する．
    - ④ 次の器具の端子には，**白色**の電線を結線する．
        - ・配線用遮断器の接地側極端子（Nと表示）
        - ・ランプレセプタクルの受金ねじ部の端子
6. ジョイントボックスA及びVVF用ジョイントボックスB部分を経由する電線は，その部分ですべて接続箇所を設け，その接続方法は，次によること．
    - ① A部分は，リングスリーブによる接続とする．
    - ② B部分は，差込形コネクタによる接続とする．
7. ジョイントボックスは，**打抜き済みの穴だけをすべて使用する**こと．

想定した材料表	
1. 高圧絶縁電線（KIP），8mm²，長さ約200mm ・・・・・・・・・・・・・・・・・・・・・・・・・・・・・・・・・・・・・	1本
2. 600Vビニル絶縁ビニルシースケーブル平形（シース青色），2.0mm，2心，長さ約500mm ・・・・・	1本
3. 600Vビニル絶縁ビニルシースケーブル平形，1.6mm，3心，長さ約1100mm ・・・・・・・・・・・・	1本
4. 600Vビニル絶縁ビニルシースケーブル平形，1.6mm，2心，長さ約550mm ・・・・・・・・・・・・・・	1本
5. 600Vビニル絶縁電線，5.5mm²，黒色，長さ約200mm ・・・・・・・・・・・・・・・・・・・・・・・・・・・	1本
6. 600Vビニル絶縁電線，5.5mm²，白色，長さ約200mm ・・・・・・・・・・・・・・・・・・・・・・・・・・・	1本
7. 600Vビニル絶縁電線，5.5mm²，緑色，長さ約200mm ・・・・・・・・・・・・・・・・・・・・・・・・・・・	1本
8. 端子台（変圧器の代用），3P，大 ・・	1個
9. 端子台（自動点滅器の代用），3P，小 ・・	1個
10. 配線用遮断器（100V，2極1素子）・・	1個
11. ランプレセプタクル（カバーなし）・・	1個
12. 埋込連用タンブラスイッチ（片切）・・	1個
13. 埋込連用タンブラスイッチ（3路）・・	1個
14. 埋込連用取付枠・・	1枚
15. ジョイントボックス（アウトレットボックス 19mm 4箇所 ノックアウト打抜き済み）・・・・・・・・	1個
16. ゴムブッシング（19）・・・	4個
17. リングスリーブ（小）・・・	4個
18. 差込形コネクタ（2本用）・・・	1個
19. 差込形コネクタ（3本用）・・・	2個

（注）上記の想定した材料表のリングスリーブの個数には予備品の数は含まれていません．実際の試験では，材料表には予備品を含んだリングスリーブの総数が示され，材料箱内にはリングスリーブの予備品もセットされて支給されます．

参考指定工具・用具
1. ペンチ　2. ドライバ（プラス，マイナス）　3. ナイフ　4. スケール　5. ウォータポンププライヤ
6. リングスリーブ用圧着工具（手動片手式工具，JIS C 9711：1982，1990，1997 適合品）　7. 筆記用具

手順1 変圧器回路を描く

※ 100Vは変圧器二次側のu-o端子間又はv-o端子間に結線する.
施工条件,変圧器結線図で指定される場合があるので注意する.

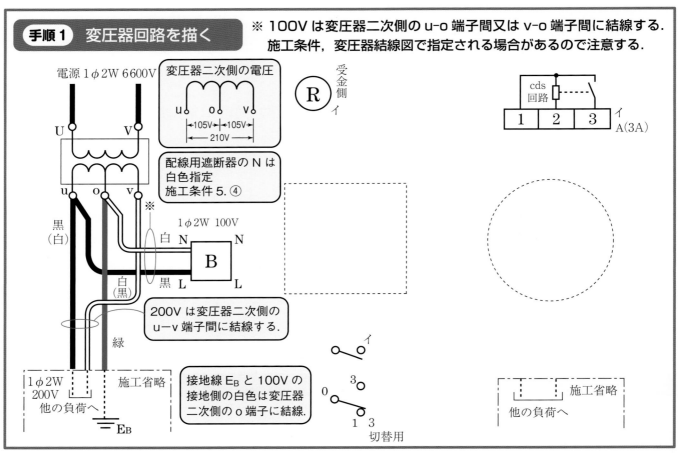

変圧器二次側の電圧

u o v
|←105V→|←105V→|
|←─── 210V ───→|

配線用遮断器のNは
白色指定
施工条件5.④

200Vは変圧器二次側の
u−v端子間に結線する.

接地線 E_B と100Vの
接地側の白色は変圧器
二次側のo端子に結線.

手順2 配線用遮断器から負荷側を描く

● 施工条件5.②により展開接続図（図4）の白色
（接地側電線）を描く

自動点滅器の「2」端子
は接地側になる.

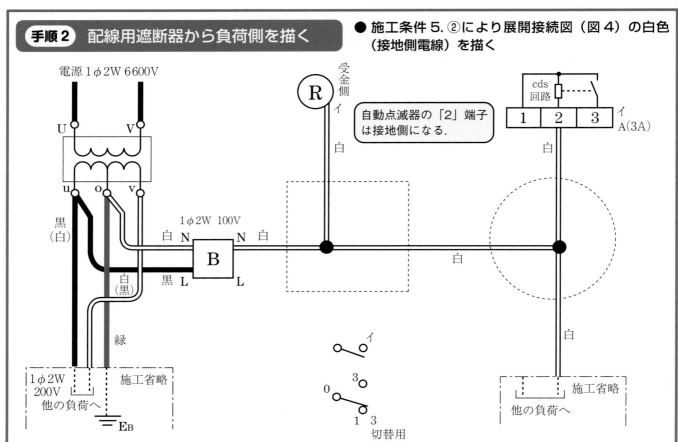

手順3 配線用遮断器から負荷側を描く

● 施工条件5.③により展開接続図（図4）の黒色（非接地側電線）を描く

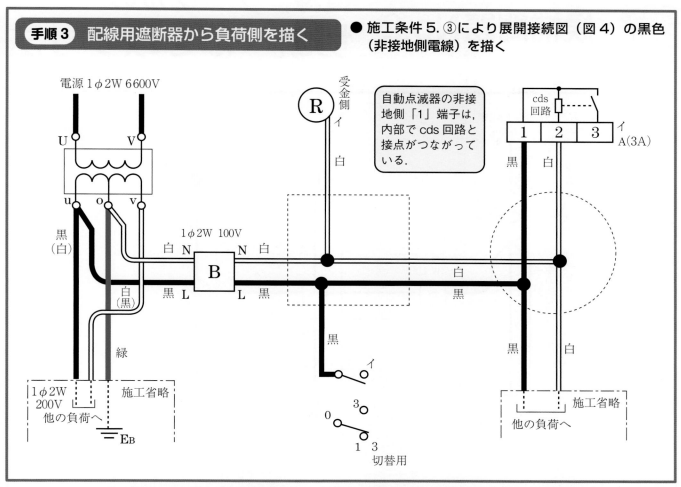

電源 1φ2W 6600V

受金側 イ

自動点滅器の非接地側「1」端子は，内部でcds回路と接点がつながっている.

cds回路

1 2 3 イ A(3A)

1φ2W 100V

黒（白）

白（黒）

緑

白 N N 白

黒 L L 黒

黒

0 3
1 3
切替用

1φ2W 200V 施工省略
他の負荷へ
E_B

他の負荷へ 施工省略

黒 白

黒 白

手順4 ①，②，③を描いて完了

① 点滅器イより，切替用3路スイッチの3(1)端子に渡り線を描く.
② 自動点滅器「3」端子より,切替用3路スイッチの1(3)端子間を描く.
③ 切替用3路スイッチの「0」端子より,ランプレセプタクル間を描く.

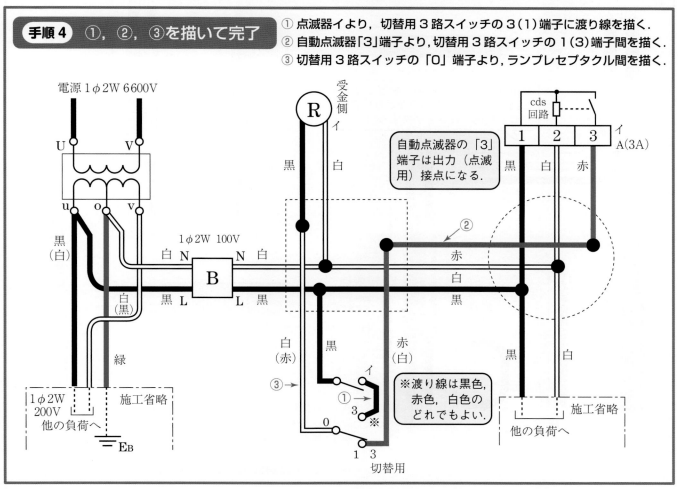

電源 1φ2W 6600V

受金側 イ

自動点滅器の「3」端子は出力（点滅用）接点になる.

cds回路

1 2 3 イ A(3A)

黒 白

1φ2W 100V

黒（白）

白（黒）

緑

白 N N 白

黒 L L 黒

②

赤

白

黒

白（赤）

黒

赤（白）

③→

①→

イ

3

0

※

1 3
切替用

※渡り線は黒色,赤色,白色のどれでもよい.

1φ2W 200V 施工省略
他の負荷へ
E_B

他の負荷へ 施工省略

黒 白 赤

黒 白

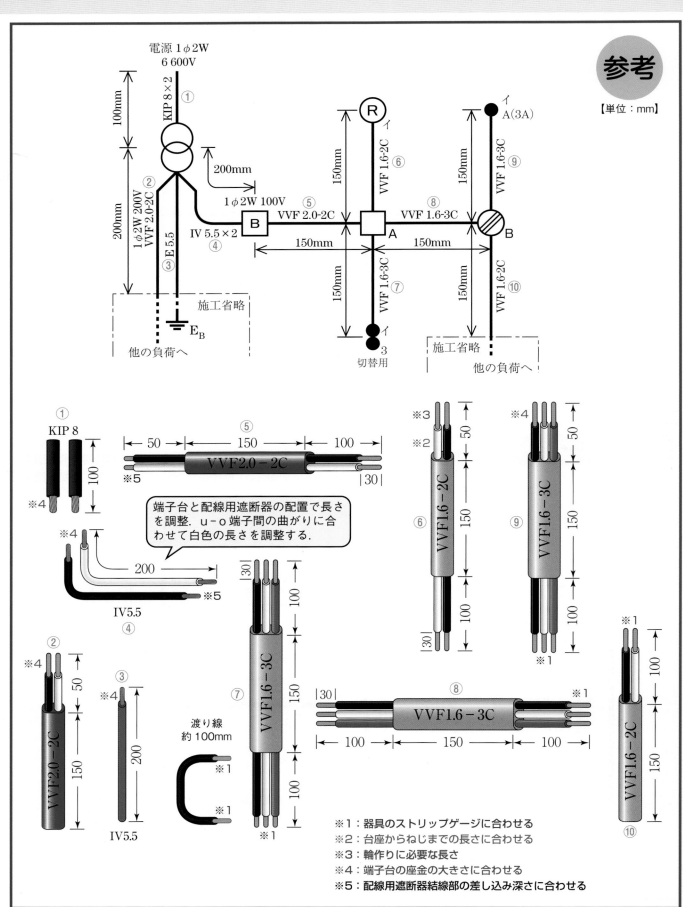

参考
【単位：mm】

電源 1φ2W
6 600V

KIP 8×2 ①

100mm

200mm

1φ2W 200V
VVF 2.0-2C ②

IV 5.5×2
④

E 5.5
③

E_B

施工省略

他の負荷へ

1φ2W 100V
VVF 2.0-2C ⑤

R イ

VVF 1.6-2C ⑥

150mm

A

150mm

VVF 1.6-3C ⑧

150mm

イ A(3A)

VVF 1.6-3C ⑨

150mm

B

150mm

VVF 1.6-3C ⑦

イ

3
切替用

150mm

VVF 1.6-2C ⑩

施工省略

他の負荷へ

① KIP 8
100
※4

⑤
50　150　100
VVF2.0 – 2C
※5　　　　　|30|

端子台と配線用遮断器の配置で長さ
を調整．u－o端子間の曲がりに合
わせて白色の長さを調整する．

IV5.5
④
※4
200
※5

※3
※2
50
VVF1.6 – 2C ⑥
150
100
|30|

※4
50
VVF1.6 – 3C ⑨
150
100
※1

② VVF2.0 – 2C
※4
50
150

③ IV5.5
※4
200

⑦ VVF1.6 – 3C
|30|
100
150
100
※1

渡り線
約100mm
※1
※1

⑧
|30|　　VVF1.6 – 3C　　※1
100　　150　　100

VVF1.6 – 2C ⑩
※1
100
150

※1：器具のストリップゲージに合わせる
※2：台座からねじまでの長さに合わせる
※3：輪作りに必要な長さ
※4：端子台の座金の大きさに合わせる
※5：配線用遮断器結線部の差し込み深さに合わせる

候補問題No.2　完成作品のポイントを見る

‥‥‥‥‥ 変圧器代用の端子台 ‥‥‥‥‥

●ポイント①

・1φ2W100V の二次側への結線は，指定されることがあるので注意する．
（写真は u-o 端子間に結線したもの）

・1φ2W200V の二次側への結線は，u-v 端子間に結線する．想定問題には色別の指定はないが，本試験では施工条件に注意．

・B 種接地工事の接地線は，o 端子結線する．想定問題では接地線に IV5.5（緑）を使用．

‥‥‥‥‥ 配線用遮断器の部分 ‥‥‥‥‥

●ポイント②

・結線する端子部の長さに合わせて絶縁被覆をはぎ取る．（1cm 程度を目安とする）

・はぎ取り長さが長いと，心線が露出し，短いと抜けたり，端子部に絶縁被覆を挟み込んで欠陥となる．

〈主な欠陥例〉

　・電線を引っ張って外れるもの．

　・器具の端から心線が 5mm 以上露出したもの．

　・絶縁被覆を締め付けたもの．

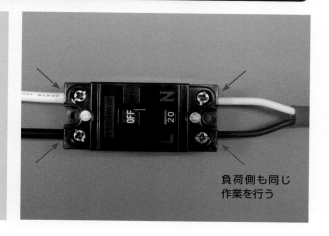

負荷側も同じ作業を行う

‥‥‥‥ 自動点滅器代用の端子台 ‥‥‥‥

●ポイント③

・黒，白，赤の 3 本を同時に端子に差し込むために，電線の形を整える．

・電線の形を整えると，黒色と赤色は曲げた分短くなるので，電線の端の長さを揃えて切断する．

・座金の大きさより，少し長く心線を出し，直線状態のまま端子の奥まで差し込んで，ねじをしっかりと締め付ける．

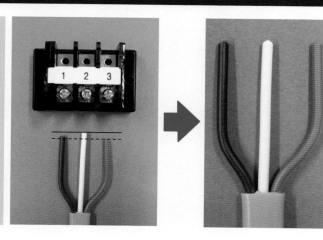

··· 片切・3路スイッチ(切替用)連用部分 ···

●ポイント④

・展開接続図（図4）より，非接地側の黒色を片切スイッチに結線する．

・片切スイッチと切替用スイッチの「3」端子間を渡り線で結線する．

・切替用スイッチの「1」端子に自動点滅器代用端子台「3」端子からの赤色を結線する．

・切替用スイッチの「0」端子にランプレセプタクルからの白色を結線する．

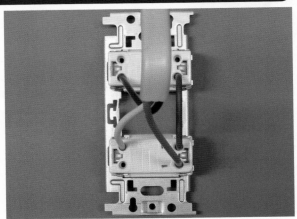

··· 電線の終端接続(リングスリーブ・差込形コネクタ)···

※リングスリーブ接続では，充電部の露出が10mm未満であれば，絶縁被覆の端が多少不揃いでもよい．また，リングスリーブ先端から出ている心線の余分な長さの切断（端末処理をして5mm未満にする）を必ず行う．

●ポイント⑤

・配線用遮断器からの白色（2.0mm）とランプレセプタクル，ジョイントボックス間の白色（1.6mm）の3本をリングスリーブ小を用い，「小」の圧着マークで圧着する．

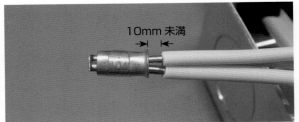
10mm未満

・配線用遮断器からの黒色（2.0mm），点滅器イ，ジョイントボックス間の黒色（1.6mm）の3本をリングスリーブ小を用い，「小」の圧着マークで圧着する．

・ランプレセプタクルの黒色（1.6mm）と3路スイッチ「0」端子の白色（1.6mm）の2本をリングスリーブ小を用い，「○」の圧着マークで圧着する．

・3路スイッチ「1」端子の赤色（1.6mm）とジョイントボックス間の赤色（1.6mm）の2本をリングスリーブ小を用い，「○」の圧着マークで圧着する．

・差込形コネクタ接続は，心線の長さをストリップゲージに合わせて奥まで差し込み，絶縁被覆はコネクタ内部まで挿入する．端子の先から心線が見えていなかったり、外部に心線が露出していると欠陥になるので注意．

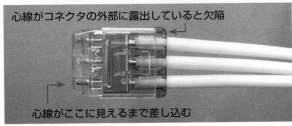
心線がコネクタの外部に露出していると欠陥
心線がここに見えるまで差し込む

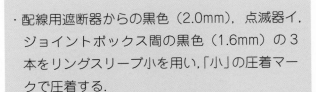
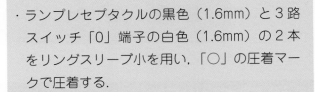

公表された候補問題

No.2 完成参考写真

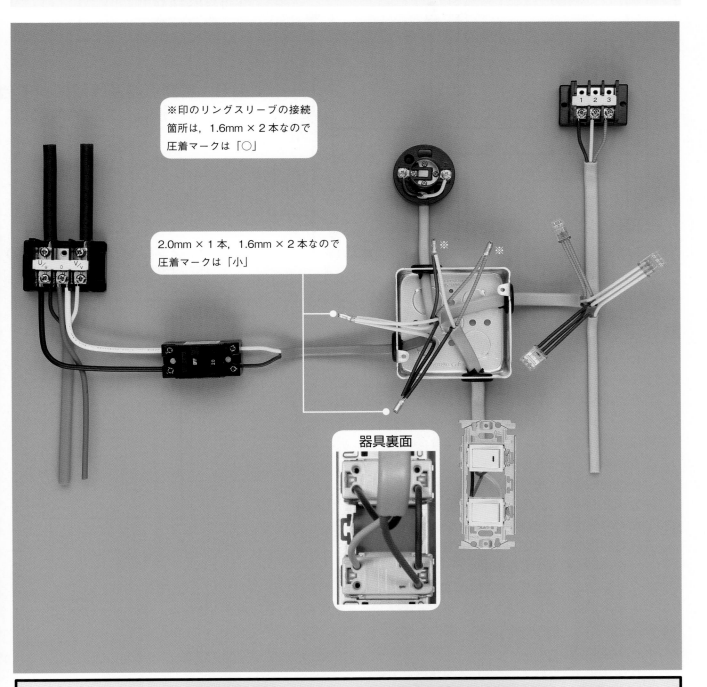

※印のリングスリーブの接続
箇所は，1.6mm×2本なので
圧着マークは「○」

2.0mm×1本，1.6mm×2本なので
圧着マークは「小」

器具裏面

※81ページ下の複線図をもとに完成参考写真を紹介しました．

※81ページ下の複線図をもとに完成参考写真を紹介しました．

 注意！　本年度公表された候補問題（本書5ページ参照）には，注記5.に「電源・機器・器具の配置については変更する場合がある．」
とあるため，公表された候補問題の電源・機器・器具の配置が変更されて出題される可能性があります．

※図2,図3,図4,施工条件は78〜79ページと同じです.

図1. 配線図

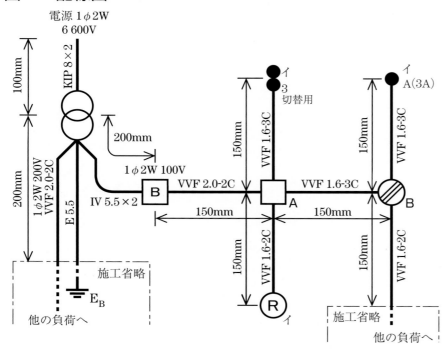

電源 1φ2W
6 600V

100mm

KIP 8×2

200mm

1φ2W 200V
VVF 2.0-2C

IV 5.5×2

200mm

E 5.5

施工省略

E_B

他の負荷へ

1φ2W 100V

B

VVF 2.0-2C

150mm

A

150mm

VVF 1.6-3C

VVF 1.6-3C

イ
3
切替用

VVF 1.6-3C

150mm

150mm

VVF 1.6-2C

150mm

R
イ

イ
A(3A)

VVF 1.6-3C

150mm

B

VVF 1.6-2C

150mm

施工省略

他の負荷へ

※連用部分とランプレセプタクルの配置が入れ替わっています.

図2. 変圧器代用の端子台説明図

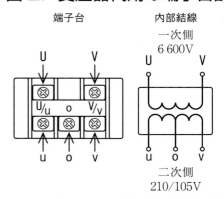

端子台　　　　　　　内部結線

U　　　V　　　　　　一次側
　　　　　　　　　　6 600V
U/u　o　V/v　　　　U　　　V

u　o　v

二次側
210/105V

図3. 自動点滅器代用の端子台説明図

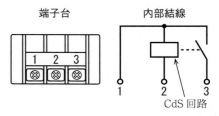

端子台　　　　　　　内部結線

1　2　3

1　2　3
CdS 回路

図4. ランプレセプタクル回路の展開接続図

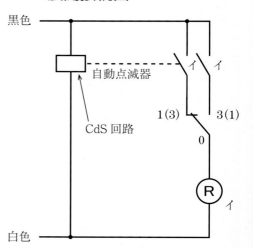

黒色

自動点滅器

CdS 回路

イ　イ

1(3)　　3(1)
0

R
イ

白色

■想定した施工条件

1. 配線及び器具の配置は,図1に従って行うこと.
2. 変圧器代用の端子台は,図2に従って使用すること.
3. 自動点滅器代用の端子台は,図3に従って使用すること.
4. ランプレセプタクル回路の接続は,図4に従って行うこと.
5. 電線の色別(ケーブルの場合は絶縁被覆の色)は,次によること.
   ① 接地線は,緑色を使用する.
   ② 接地側電線は,すべて白色を使用する.
   ③ 変圧器二次側から点滅器イ,自動点滅器及び他の負荷(1φ2W 100V)
   　　に至る非接地側電線は,黒色を使用する.
   ④ 次の器具の端子には,白色の電線を結線する.
   　　・配線用遮断器の接地側極端子(Nと表示)
   　　・ランプレセプタクルの受金ねじ部の端子
6. ジョイントボックスA及びVVF用ジョイントボックスB部分を経由する電線は,その部分ですべて
   接続箇所を設け,その接続方法は,次によること.
   ① A部分は,リングスリーブによる接続とする.
   ② B部分は,差込形コネクタによる接続とする.
7. ジョイントボックスは,打抜き済みの穴だけをすべて使用すること.

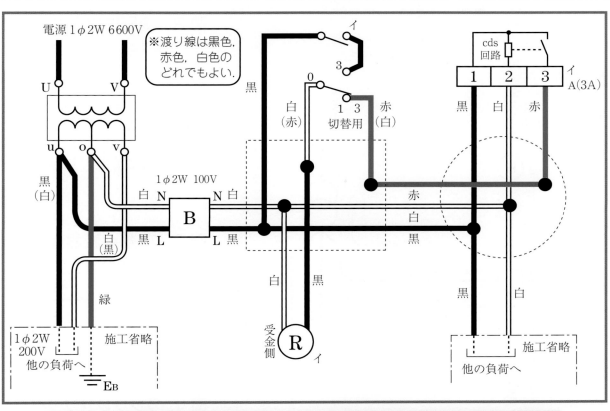

電源1φ2W 6600V

※渡り線は黒色,赤色,白色のどれでもよい.

U　V

u　o　v

黒(白)

1φ2W 100V

白N　B　N白

黒L　L黒

白(黒)

緑

1φ2W 200V 他の負荷へ

施工省略

E_B

黒

白(赤)　0　1　3　赤(白)

切替用

白　黒

受金側　R　イ

イ 3

cds回路

1　2　3　イ A(3A)

黒　白　赤

赤

白

黒

黒　白

他の負荷へ

施工省略

	接続する電線の本数	圧着マーク	リングスリーブ
※	2本 1.6mm × 2	○	小
♠	3本 2.0mm × 1 と 1.6mm × 2	小	

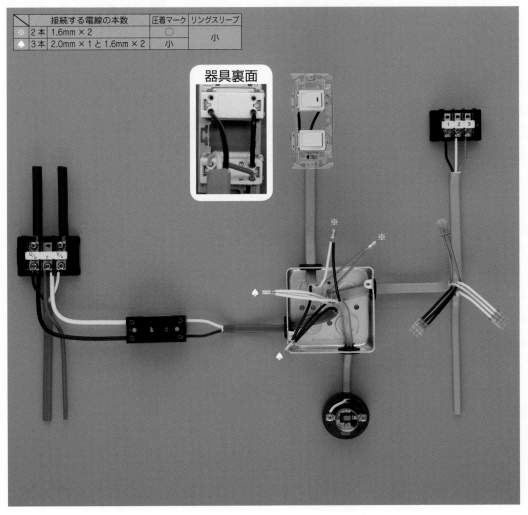

器具裏面

※図2,図3,図4,施工条件は78〜79ページと同じです.

図1. 配線図

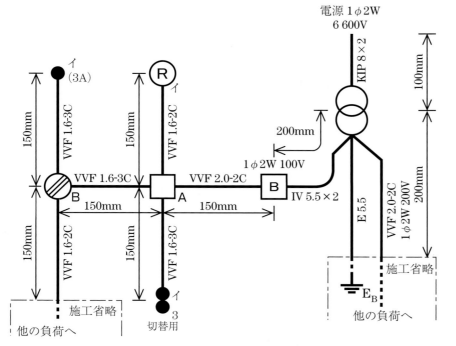

※配線図の左右の配置が反転しています.

図2. 変圧器代用の端子台説明図

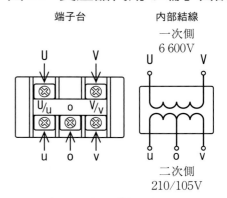

図3. 自動点滅器代用の端子台説明図

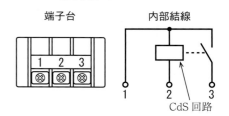

図4. ランプレセプタクル回路の展開接続図

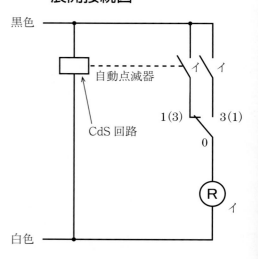

■想定した施工条件

1. 配線及び器具の配置は, 図1に従って行うこと.

2. 変圧器代用の端子台は, 図2に従って使用すること.

3. 自動点滅器代用の端子台は, 図3に従って使用すること.

4. ランプレセプタクル回路の接続は, 図4に従って行うこと.

5. 電線の色別 (ケーブルの場合は絶縁被覆の色) は, 次によること.

　①接地線は, **緑色**を使用する.

　②接地側電線は, すべて**白色**を使用する.

　③変圧器二次側から点滅器イ, 自動点滅器及び他の負荷 (1φ2W 100V) に至る非接地側電線は, **黒色**を使用する.

　④次の器具の端子には, **白色**の電線を結線する.

　　・配線用遮断器の接地側極端子 (Nと表示)

　　・ランプレセプタクルの受金ねじ部の端子

6. ジョイントボックスA及びVVF用ジョイントボックスB部分を経由する電線は, その部分ですべて接続箇所を設け, その接続方法は, 次によること.

　①A部分は, リングスリーブによる接続とする.

　②B部分は, 差込形コネクタによる接続とする.

7. ジョイントボックスは, **打抜き済みの穴だけ**をすべて使用すること.

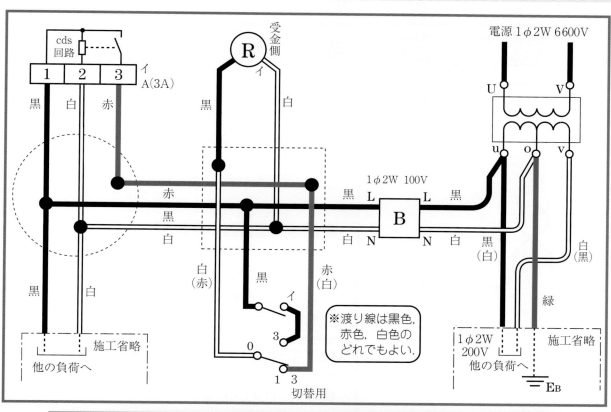

受金側

R イ

電源 1φ2W 6600V

cds
回路

1　2　3　イ
A(3A)

黒　白　赤

U　　V

u　o　v

黒　赤　白

1φ2W 100V

赤

黒　L　　　L　黒

黒

白

B

白　N　　　N　白

黒
(白)

白
(黒)

黒　白

白
(赤)

黒

赤
(白)

緑

白　黒　イ
(赤)　　3
0
1　3
切替用

※渡り線は黒色,
赤色, 白色の
どれでもよい.

1φ2W
200V

施工省略

施工省略

他の負荷へ

他の負荷へ

E_B

	接続する電線の本数	圧着マーク	リングスリーブ
✳	2本 1.6mm × 2	○	小
♧	3本 2.0mm × 1 と 1.6mm × 2	小	小

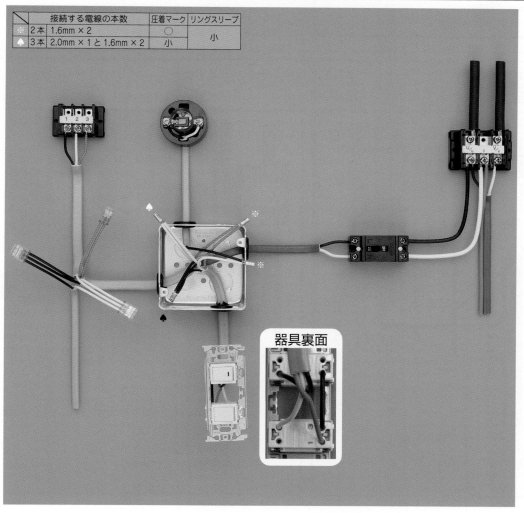

器具裏面

89

候補問題 No.2　応用力をつける　様々な出題への対応

◆ 使用材料・施工条件の別想定（変圧器・配線用遮断器）◆

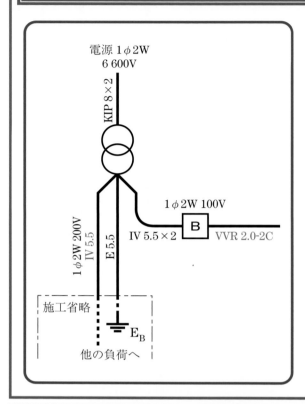

使用材料

● **単相200V回路**

本書ではVVF2.0-2Cと想定したが，過去にはIV5.5を使用する問題も出題されている．（この場合は黒色のIV5.5を2本結線する．）

● **配線用遮断器の負荷側**

本書においてはVVF2.0-2Cと想定したが，過去にはVVR2.0-2Cを使用する問題も出題されている．また，CV，EM－EEF等その他のケーブルを使用することも考えられる．

施工条件

● **単相100V回路**

本書で想定した施工条件には100V回路を結線する端子の指定はないが，指定される場合もあるので注意する．

別想定①

上図に示した別想定のケーブルが支給され，単相100V回路を「変圧器のu-oの端子に結線する．」と指定された場合．

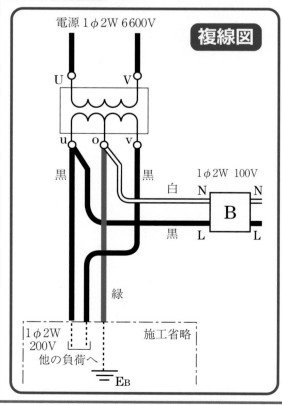

複線図

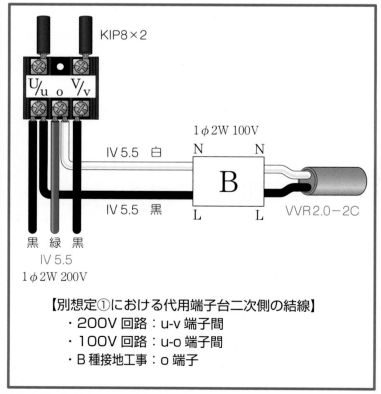

【別想定①における代用端子台二次側の結線】
・200V回路：u-v端子間
・100V回路：u-o端子間
・B種接地工事：o端子

前ページに示した別想定のケーブルが支給され，単相100V回路を「変圧器のv-oの端子に結線する.」と指定された場合.

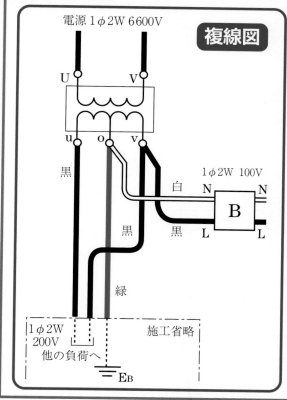

電源1φ2W 6600V

複線図

U V
u o v
黒
白 N N
B
黒 黒 L L
緑
1φ2W 200V
他の負荷へ
施工省略
EB

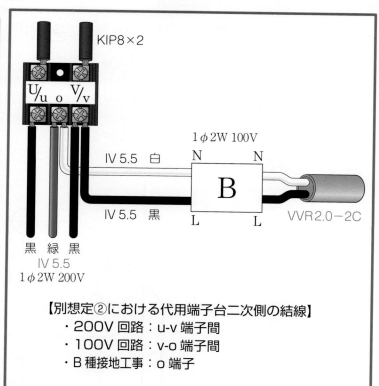

KIP8×2

U/u o V/v

IV 5.5 白
1φ2W 100V
N N
B
IV 5.5 黒
L L
VVR2.0-2C

黒 緑 黒
IV 5.5
1φ2W 200V

【別想定②における代用端子台二次側の結線】
・200V回路：u-v端子間
・100V回路：v-o端子間
・B種接地工事：o端子

◆ 自動点滅器代用の端子台説明図と展開接続図ついて ◆

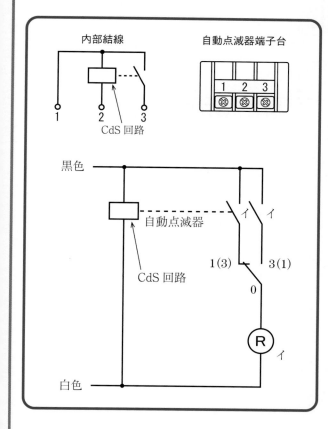

内部結線

自動点滅器端子台

1 2 3

1 2 3

CdS回路

黒色

自動点滅器

CdS回路

1(3) 3(1)

0

R イ

白色

自動点滅器代用の端子台への結線

過去の出題では，自動点滅器の内部結線図と展開接続図を読み取って，自動点滅器代用端子台に結線しなければならなかったため，内部結線図と展開接続図の読み取り方を理解しておく必要がある.

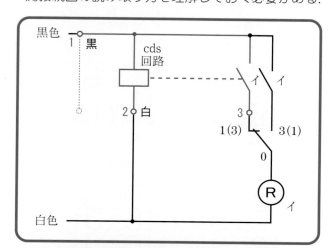

黒色
1 黒
cds回路
2 白 3
イ イ
1(3) 3(1)
0
R イ
白色

展開接続図の自動点滅器の箇所に内部結線図を重ねた図をイメージすれば，結線する電線色別が判別する.（「1」端子の位置はずらして考える）

図1に示す配線工事を想定した材料を使用し，「施工条件」に従って完成させなさい. なお，

1. 変圧器は端子台で代用する.
2. ─ · ─ · ─ で示した部分は施工を省略する.
3. VVF用ジョイントボックス及びスイッチボックスは準備していないので，その取り付けは省略する.
4. 電線接続箇所のテープ巻きや絶縁キャップによる絶縁処理は省略する.
5. ジョイントボックス（アウトレットボックス）の接地工事は省略する.
6. 作品は保護板（板紙）に取り付けないものとする.

図1. 配線図

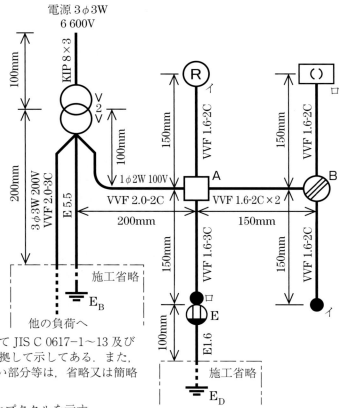

（注）

1. 図記号は，原則として JIS C 0617-1～13 及び JIS C 0303:2000 に準拠して示してある. また，作業に直接関係のない部分等は，省略又は簡略化してある.

2. ⓇＲ はランプレセプタクルを示す.

図2. 変圧器代用の端子台説明図

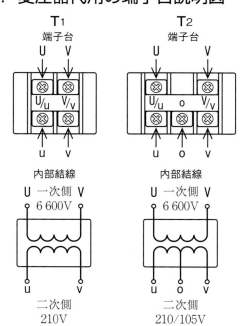

図3. 変圧器結線図

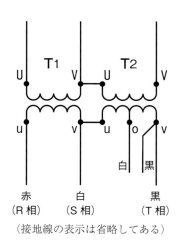

（接地線の表示は省略してある）

■想定した施工条件

1. 配線及び器具の配置は，図1に従って行うこと．
2. 変圧器代用の端子台は，図2に従って使用すること．
3. 変圧器代用の端子台の結線及び配置は，図3に従い，かつ，次のように行うこと．
   ① 変圧器二次側の単相負荷回路は，変圧器 T₂ の o，v の端子に結線する．
   ② 接地線は，変圧器 T₂ の o 端子に結線する．
   ③ 変圧器代用の端子台の二次側端子の**渡り線**は，太さ 2.0mm（白色）を使用する．
4. 電線の色別（ケーブルの場合は絶縁被覆の色）は，次によること．
   ① 接地線は，**緑色**を使用する．
   ② 接地側電線は，すべて**白色**を使用する．
   ③ 変圧器二次側から点滅器及びコンセントに至る非接地側電線は，すべて**黒色**を使用する．
   ④ 三相負荷回路の配線は，R 相に**赤色**，S 相に**白色**，T 相に**黒色**を使用する．
   ⑤ 次の器具の端子には，**白色**の電線を結線する．
      ・ランプレセプタクルの受金ねじ部の端子
      ・コンセントの接地側極端子（W と表示）
      ・引掛シーリングローゼットの接地側極端子（W 又は接地側と表示）
5. ジョイントボックスA及びVVF用ジョイントボックスB部分を経由する電線は，その部分ですべて接続箇所を設け，その接続方法は，次によること．
   ① A部分は，**リングスリーブ**による接続とする．
   ② B部分は，**差込形コネクタ**による接続とする．
6. ジョイントボックスは，**打抜き済みの穴だけ**をすべて使用すること．
7. 埋込連用取付枠は，点滅器（ロ）及びコンセント部分に使用すること．

想定した材料表		
1. 高圧絶縁電線（KIP），8mm²，長さ約 500mm	......	1本
2. 600V ビニル絶縁ビニルシースケーブル平形（シース青色），2.0mm，3心，長さ約 400mm	......	1本
3. 600V ビニル絶縁ビニルシースケーブル平形（シース青色），2.0mm，2心，長さ約 450mm	......	1本
4. 600V ビニル絶縁ビニルシースケーブル平形，1.6mm，3心，長さ約 450mm	......	1本
5. 600V ビニル絶縁ビニルシースケーブル平形，1.6mm，2心，長さ約 1650mm	......	1本
6. 600V ビニル絶縁電線，5.5mm²，緑色，長さ約 200mm	......	1本
7. 600V ビニル絶縁電線，1.6mm，緑色，長さ約 150mm	......	1本
8. 端子台（変圧器の代用），2P，大	......	1個
9. 端子台（変圧器の代用），3P，大	......	1個
10. ランプレセプタクル（カバーなし）	......	1個
11. 引掛シーリングローゼット（ボディのみ）	......	1個
12. 埋込連用タンブラスイッチ（片切）	......	2個
13. 埋込連用接地極付コンセント	......	1個
14. 埋込連用取付枠	......	1枚
15. ジョイントボックス（アウトレットボックス 19mm 4箇所ノックアウト打抜き済み）	......	1個
16. ゴムブッシング（19）	......	4個
17. リングスリーブ（小）	......	3個
18. リングスリーブ（中）	......	1個
19. 差込形コネクタ（2本用）	......	4個

（注）上記の想定した材料表のリングスリーブの個数には予備品の数は含まれていません．実際の試験では，材料表には予備品を含んだリングスリーブの総数が示され，材料箱内にはリングスリーブの予備品もセットされて支給されます．

参考指定工具・用具
1. ペンチ 2. ドライバ（プラス，マイナス） 3. ナイフ 4. スケール 5. ウォータポンププライヤ
6. リングスリーブ用圧着工具（手動片手式工具，JIS C 9711：1982，1990，1997 適合品） 7. 筆記用具

手順1　変圧器の V 結線，3φ3W200V 回路を描く

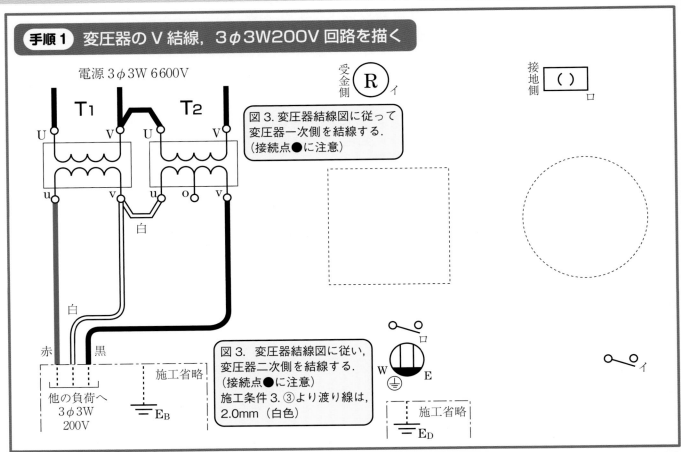

電源 3φ3W 6600V

T₁　T₂

U　V　U　V

u　v　u　o　v

白

赤　黒

施工省略

他の負荷へ
3φ3W
200V

E_B

受金側　Ⓡ　イ

図3. 変圧器結線図に従って
変圧器一次側を結線する.
(接続点●に注意)

図3. 変圧器結線図に従い,
変圧器二次側を結線する.
(接続点●に注意)
施工条件3.③より渡り線は,
2.0mm（白色）

接地側　（　）　ロ

W　E

施工省略

E_D

手順2　1φ2W100V 回路の接地側と接地線を描く

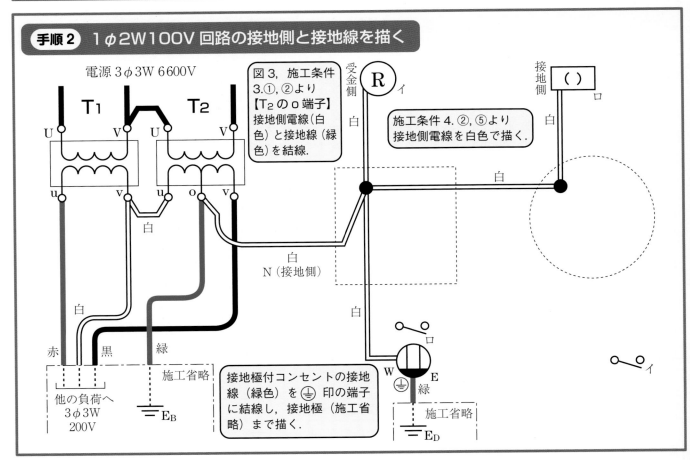

電源 3φ3W 6600V

T₁　T₂

U　V　U　V

u　v　u　o　v

白

赤　黒　緑

施工省略

他の負荷へ
3φ3W
200V

E_B

図3, 施工条件
3.①, ②より
【T₂のo端子】
接地側電線（白
色）と接地線（緑
色）を結線.

受金側　Ⓡ　イ

白

白

白
N（接地側）

白

施工条件4.②, ⑤より
接地側電線を白色で描く.

接地側　（　）　ロ

白

白

W　E

緑

接地極付コンセントの接地
線（緑色）を⏚印の端子
に結線し, 接地極（施工省
略）まで描く.

施工省略

E_D

94

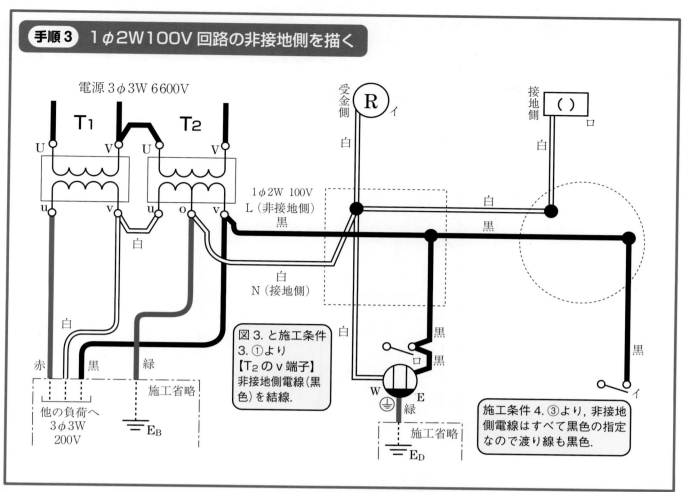

手順3 1φ2W100V 回路の非接地側を描く

電源 3φ3W 6600V

T₁ T₂

受金側 Ⓡ イ

接地側 ( ) ロ

白

白

黒

1φ2W 100V
L（非接地側）
黒

白

N（接地側）

黒

白

U V U V

u v u o v

白

図 3. と施工条件
3. ①より
【T₂のv端子】
非接地側電線（黒
色）を結線.

白

黒

ロ

W E

緑

施工省略

E_D

施工条件 4. ③より, 非接地
側電線はすべて黒色の指定
なので渡り線も黒色.

赤 黒 緑

施工省略

他の負荷へ
3φ3W
200V

E_B

黒

イ

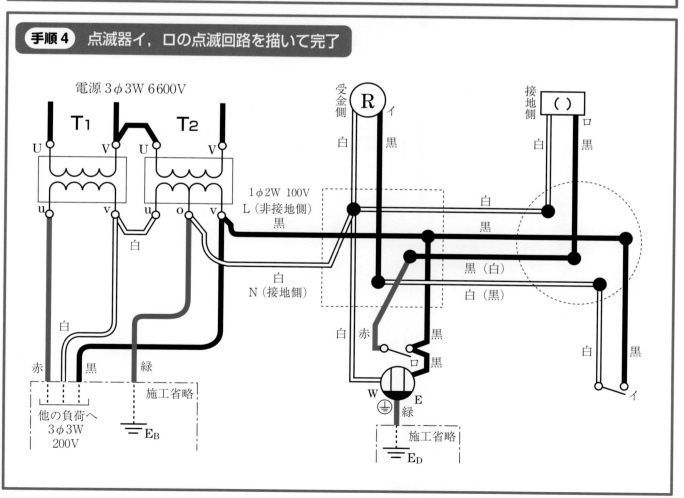

手順4 点滅器イ, ロの点滅回路を描いて完了

電源 3φ3W 6600V

T₁ T₂

受金側 Ⓡ イ

接地側 ( ) ロ

白 黒

白 黒

1φ2W 100V
L（非接地側）
黒

白

黒

N（接地側）

黒（白）

白（黒）

U V U V

u v u o v

白

白 赤

黒

ロ

黒

W E

緑

施工省略

E_D

白 黒

イ

赤 黒 緑

施工省略

他の負荷へ
3φ3W
200V

E_B

95

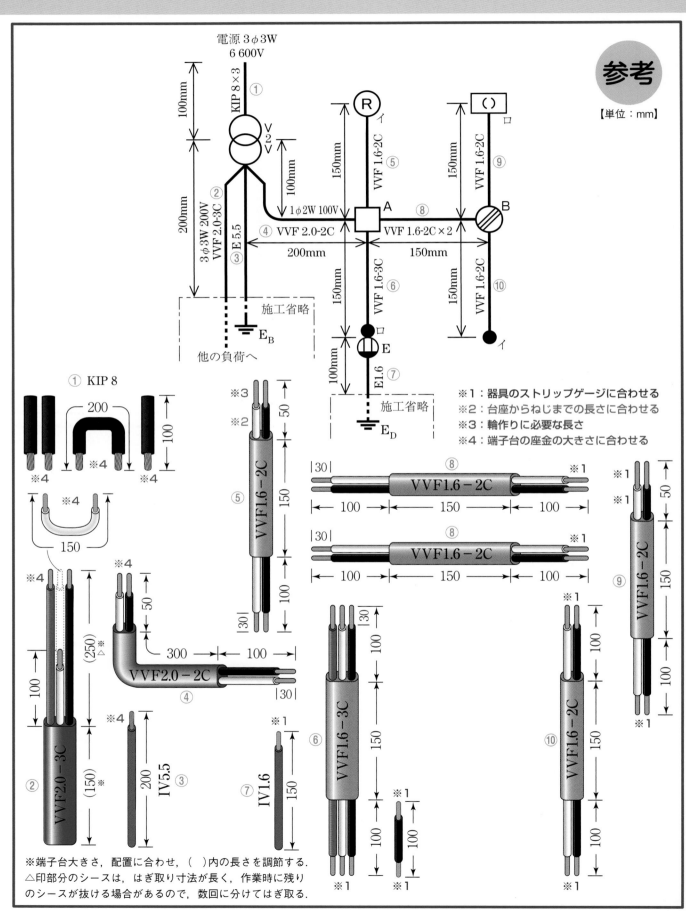

参考

【単位：mm】

電源3φ3W 6 600V

KIP 8×3 ①

② 3φ3W 200V VVF2.0-3C ③

E 5.5

1φ2W 100V

④ VVF 2.0-2C　⑧ VVF 1.6-2C×2

R イ VVF1.6-2C ⑤

( ) ロ VVF1.6-2C ⑨

A　B

VVF1.6-3C ⑥

VVF1.6-2C ⑩

E1.6 ⑦ ロ E イ

他の負荷へ

施工省略 E_B

施工省略 E_D

※1：器具のストリップゲージに合わせる
※2：台座からねじまでの長さに合わせる
※3：輪作りに必要な長さ
※4：端子台の座金の大きさに合わせる

① KIP 8

VVF1.6-2C ⑤

VVF2.0-2C ④

VVF1.6-2C ⑧ VVF1.6-2C

VVF2.0-3C ②

IV5.5 ③

IV1.6 ⑦

VVF1.6-3C ⑥

VVF1.6-2C ⑩

VVF1.6-2C ⑨

※端子台大きさ，配置に合わせ，（　）内の長さを調節する．
△印部分のシースは，はぎ取り寸法が長く，作業時に残り
のシースが抜ける場合があるので，数回に分けてはぎ取る．

96

完成作品の
ポイントを見る

‥‥‥‥‥ 変圧器代用の端子台 ‥‥‥‥‥

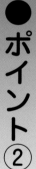

● ポイント①

・T1 と T2 の配置と結線は，変圧器結線図での配置，結線箇所，電線色別に従って結線する.

・変圧器結線図の図記号「●」で示された接続箇所が電線を結線する端子となる.

・図 3. 変圧器結線図と施工条件 3. ①，②，③に従わずに結線した場合，施工条件相違の誤結線として欠陥になるので注意.

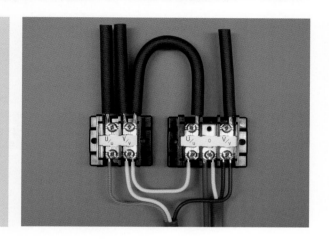

T₁ 端子台【左側】

● ポイント②

・一次側 U 端子に KIP1 本，V 端子に電源へのKIP と T2 一次側 U 端子への渡り線（KIP）の 2 本を結線する.

・二次側 u 端子には三相 200V 回路の赤色を結線する.

・二次側 v 端子には三相 200V 回路の白色と T2 二次側 u 端子への渡り線（白色, 太さ 2.0mm）を結線する.

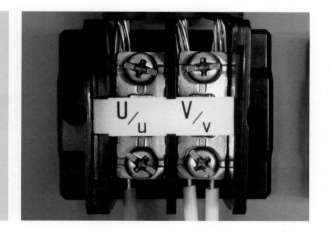

T₂ 端子台【右側】

● ポイント③

・一次側 U 端子に T1 一次側 V 端子からの渡り線（KIP），V 端子に KIP1 本を結線する.

・二次側 u 端子には T1 二次側 v 端子からの渡り線（白色, 太さ 2.0mm）を結線する.

・二次側 o 端子には接地線（IV5.5mm²：緑色）と単相 100V 回路の白色を結線する.

・二次側 v 端子には三相 200V 回路の黒色と単相 100V 回路の黒色を結線する.

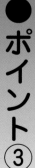

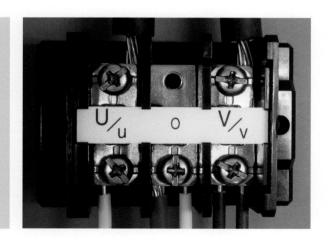

········· ランプレセプタクル ·········

●ポイント④

- ケーブルは台座の下部から挿入して，シースが台座の位置になるようにすること．
- 結線部分の絶縁被覆をむき過ぎないこと．
- 接地側電線の白色は，受金側の端子ねじに結線する．
- ランプレセプタクルへの結線は，欠陥項目が多いので十分注意する．

··· 片切スイッチ・接地極付コンセント連用部分 ···

●ポイント⑤

- 接地側電線の白色は，接地極付コンセントのW表示の端子に結線する．
- 非接地側の黒色は片切スイッチに結線し，黒色の渡り線で接地極付コンセントに結線する．
- 引掛シーリングに至る赤色を片切スイッチ（左側端子）に結線する．
- 施工省略の接地極の接地線（緑色）は⏚の印がある接地極端子のいずれかに結線する．

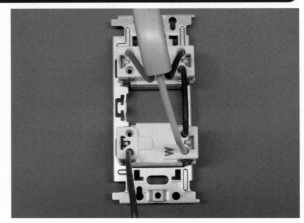

··· 電線の終端接続（リングスリーブ・差込形コネクタ） ···

※リングスリーブ接続では，充電部の露出が10mm未満であれば，絶縁被覆の端が多少不揃いでもよい．また，リングスリーブ先端から出ている心線の余分な長さの切断（端末処理をして5mm未満にする）を必ず行う．

●ポイント⑥

- 変圧器二次側 o 端子の白色（2.0mm），各照明器具と接地極付コンセントの白色（1.6mm）の4本を中スリーブを用い，「中」マークで圧着．

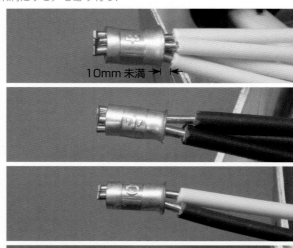

10mm 未満

- 変圧器二次側 v 端子（2.0mm），ジョイントボックス間（1.6mm：点滅器イへ），点滅器ロ（1.6mm）の黒色3本を小スリーブを用い，「小」マークで圧着．

- ランプレセプタクルの黒色（1.6mm）とジョイントボックス間の白色（1.6mm：点滅器イへ）の2本を小スリーブを用い，「○」マークで圧着．

- 点滅器ロの赤色（1.6mm）とジョイントボックス間の黒色（1.6mm：引掛シーリングへ）の2本を小スリーブを用い，「○」マークで圧着．

- 差込形コネクタ接続は，心線を奥まで差し込み，被覆はコネクタ内部まで挿入する．端子の先から心線が見えていないと欠陥になる．

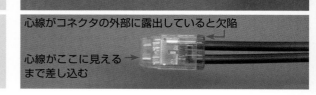

心線がコネクタの外部に露出していると欠陥

心線がここに見える→まで差し込む

98

公表された候補問題

No.3 完成参考写真

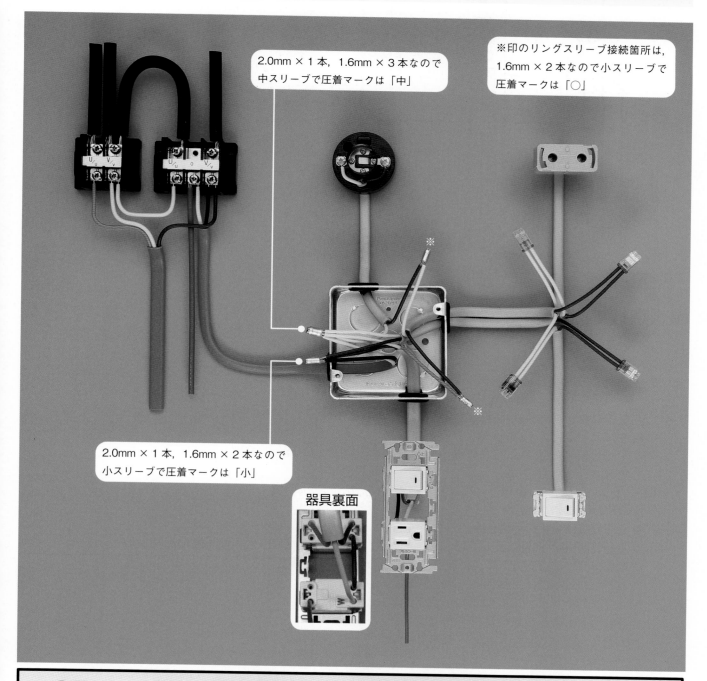

2.0mm × 1本, 1.6mm × 3本なので
中スリーブで圧着マークは「中」

※印のリングスリーブ接続箇所は,
1.6mm × 2本なので小スリーブで
圧着マークは「○」

2.0mm × 1本, 1.6mm × 2本なので
小スリーブで圧着マークは「小」

器具裏面

※95ページ下の複線図をもとに完成参考写真を紹介しました.

注意! 本年度公表された候補問題（本書5ページ参照）には, 注記5.に「電源・機器・器具の配置については変更する場合がある.」
とあるため, 公表された候補問題の電源・機器・器具の配置が変更されて出題される可能性があります.

※図2，図3，施工条件は92～93ページと同じです．

図1．配線図

電源3φ3W
6 600V

KIP 8×3

施工省略 E_D

E1.6

100mm

100mm

100mm

200mm

100mm

V_2V

ロ E

3φ3W 200V
VVF 2.0-3C

E 5.5

1φ2W 100V

150mm

VVF 1.6-3C

150mm

A

B

VVF 1.6-2C

VVF 2.0-2C

VVF 1.6-2C×2

200mm

150mm

施工省略

E_B

150mm

VVF 1.6-2C

150mm

VVF 1.6-2C

他の負荷へ

R イ

イ

( ) ロ

※連用部分とランプレセプタクル，引掛シーリングローゼットと
片切スイッチの配置が入れ替わっています．

図2．変圧器代用の端子台説明図

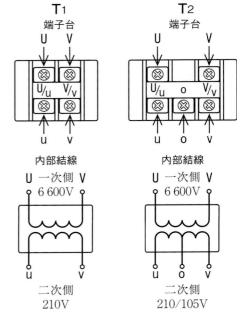

T_1　端子台
U　V
U/u　V/v
u　v

T_2　端子台
U　V
U/u　o　V/v
u　o　v

内部結線
U　一次側　V
6 600V
u　v
二次側
210V

内部結線
U　一次側　V
6 600V
u　o　v
二次側
210/105V

図3．変圧器結線図

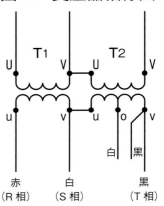

T_1　T_2
U　V　V
u　v　u　o　v
白　黒

赤
(R相)　白
(S相)　黒
(T相)

（接地線の表示は省略してある）

■想定した施工条件

1．配線及び器具の配置は，図1に従って行うこと．
2．変圧器代用の端子台は，図2に従って使用すること．
3．変圧器代用の端子台の結線及び配置は，図3に従い，かつ，次のように
行うこと．
　① 変圧器二次側の単相負荷回路は，変圧器 T_2 の o，v の端子に結線する．
　② 接地線は，変圧器 T_2 の o 端子に結線する．
　③ 変圧器代用の端子台の二次側端子の渡り線は，太さ 2.0mm（白色）
　　を使用する．
4．電線の色別（ケーブルの場合は絶縁被覆の色）は，次によること．
　① 接地線は，緑色を使用する．
　② 接地側電線は，すべて白色を使用する．
　③ 変圧器二次側から点滅器及びコンセントに至る非接地側電線は，すべて黒色を使用する．
　④ 三相負荷回路の配線は，R 相に赤色，S 相に白色，T 相に黒色を使用する．
　⑤ 次の器具の端子には，白色の電線を結線する．
　　・ランプレセプタクルの受金ねじ部の端子
　　・コンセントの接地側極端子（W と表示）
　　・引掛シーリングローゼットの接地側極端子（W 又は接地側と表示）
5．ジョイントボックス A 及び VVF 用ジョイントボックス B 部分を経由する電線は，その部分ですべて接続
箇所を設け，その接続方法は，次によること．
　① A 部分は，リングスリーブによる接続とする．
　② B 部分は，差込形コネクタによる接続とする．
6．ジョイントボックスは，打抜き済みの穴だけをすべて使用すること．
7．埋込連用取付枠は，点滅器（ロ）及びコンセント部分に使用すること．

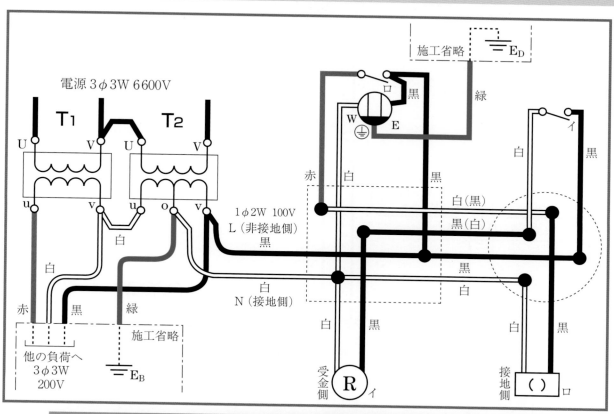

電源 3φ3W 6600V

T₁　T₂

U　V　U　V

u　v　u　o　v

白

赤　黒　緑

施工省略

他の負荷へ
3φ3W
200V

E_B

1φ2W 100V
L（非接地側）
黒

白
N（接地側）

施工省略

E_D

ロ　黒　緑

W　E

イ

赤　白　黒

白

白(黒)

黒(白)

黒

白

白　黒

白　黒

受金側
R　イ

接地側

( )　ロ

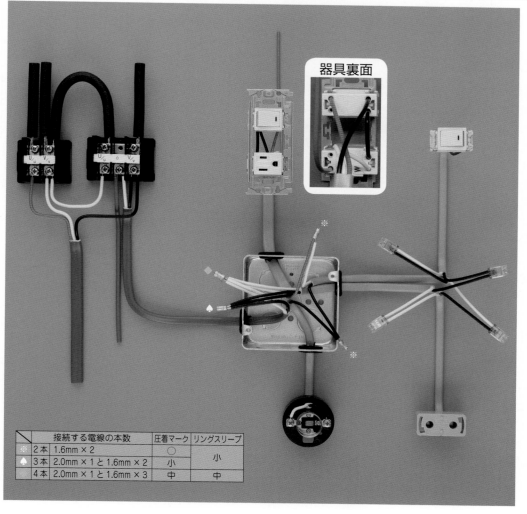

器具裏面

	接続する電線の本数		圧着マーク	リングスリーブ
※	2本	1.6mm × 2	○	小
♣	3本	2.0mm × 1 と 1.6mm × 2	小	小
	4本	2.0mm × 1 と 1.6mm × 3	中	中

図1. 配線図

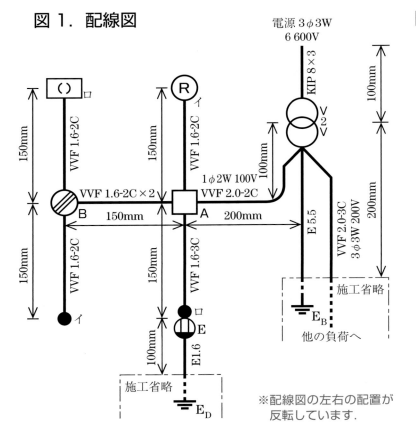

電源3φ3W
6 600V

KIP 8×3

1φ2W 100V
VVF 2.0-2C

VVF 1.6-2C×2

VVF 1.6-2C

VVF 1.6-2C

VVF 1.6-3C

E 5.5

VVF 2.0-3C
3φ3W 200V

150mm

150mm

150mm

150mm

100mm

100mm

100mm

200mm

150mm

200mm

B   150mm   A   200mm

E B

他の負荷へ

施工省略

E

E1.6

施工省略

E D

※配線図の左右の配置が
反転しています.

図2. 変圧器代用の端子台説明図

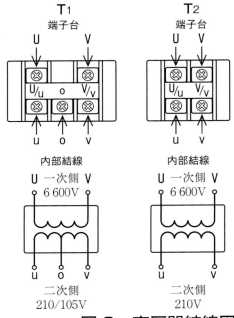

T1
端子台

T2
端子台

内部結線

内部結線

U 一次側 V
6 600V

U 一次側 V
6 600V

二次側
210/105V

二次側
210V

図3. 変圧器結線図

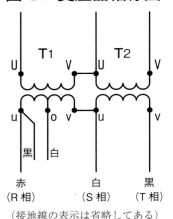

T1   T2

黒 白

赤   白   黒
(R相)   (S相)   (T相)

(接地線の表示は省略してある)

■想定した施工条件

1. 配線及び器具の配置は, 図1に従って行うこと.
2. 変圧器代用の端子台は, 図2に従って使用すること.
3. 変圧器代用の端子台の結線及び配置は, 図3に従い, かつ, 次のように行うこと.
   ① 変圧器二次側の単相負荷回路は, 変圧器T1のu, oの端子に結線する.
   ② 接地線は, 変圧器T1のo端子に結線する.
   ③ 変圧器代用の端子台の二次側端子の渡り線は, 太さ2.0mm(白色)を使用する.
4. 電線の色別(ケーブルの場合は絶縁被覆の色)は, 次によること.
   ① 接地線は, 緑色を使用する.
   ② 接地側電線は, すべて白色を使用する.
   ③ 変圧器二次側から点滅器及びコンセントに至る非接地側電線は, すべて黒色を使用する.
   ④ 三相負荷回路の配線は, R相に赤色, S相に白色, T相に黒色を使用する.
   ⑤ 次の器具の端子には, 白色の電線を結線する.
   ・ランプレセプタクルの受金ねじ部の端子
   ・コンセントの接地側極端子(Wと表示)
   ・引掛シーリングローゼットの接地側極端子(W又は接地側と表示)
5. ジョイントボックスA及びVVF用ジョイントボックスB部分を経由する電線は, その部分ですべて接続箇所を設け, その接続方法は, 次によること.
   ① A部分は, リングスリーブによる接続とする.
   ② B部分は, 差込形コネクタによる接続とする.
6. ジョイントボックスは, 打抜き済みの穴だけをすべて使用すること.
7. 埋込連用取付枠は, 点滅器(ロ)及びコンセント部分に使用すること.

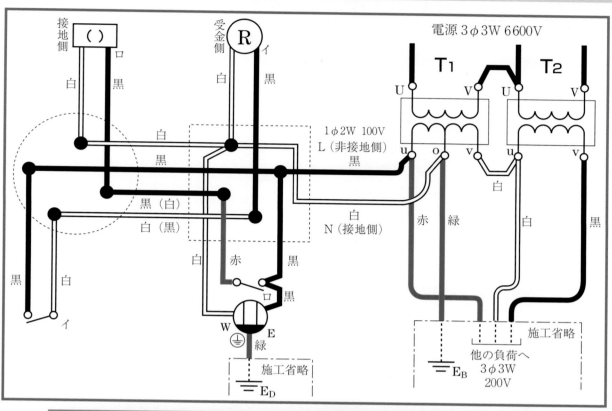

	接続する電線の本数	圧着マーク	リングスリーブ
※ 2本	1.6mm × 2	○	小
♠ 3本	2.0mm × 1 と 1.6mm × 2	小	小
4本	2.0mm × 1 と 1.6mm × 3	中	中

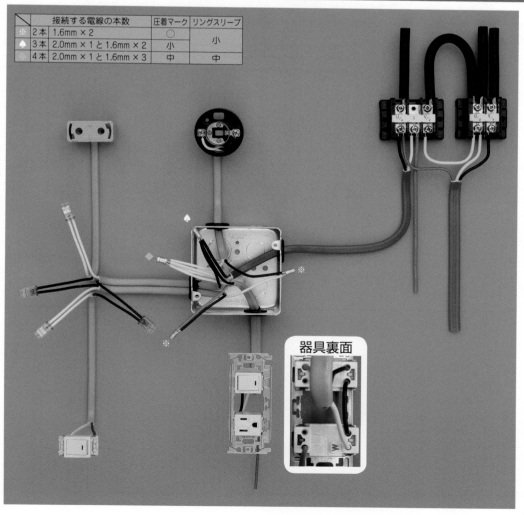

器具裏面

候補問題 No.3 応用力をつける

様々な出題への対応

◆ 施工条件の別想定（代用端子台の配置，変圧器一次側・二次側）◆

施工条件 ※このページで取り上げたパターン以外にも別の想定は考えられるが，概ね下記の4箇所が変化した組み合わせなので，下記の部分の別想定に備えておくこと．

● 変圧器代用端子台の配置

本書の想定では，2Pと3Pの端子台を1つずつ使用し，2PをT1として左側，3PをT2として右側に配置するとしているが，この逆の配置も考えられる．また，3Pの端子台が2個支給されることも考えられる．試験時には，変圧器結線図に注意して作業する．

● 変圧器一次側

本書の想定では，変圧器一次側を単相変圧器側の渡り線によるV結線としているが，電源側の母線によるV結線も考えられる．試験時には配線図に示されたKIPの導体数と変圧器結線図に注意する．

● 変圧器二次側三相200V回路の白色（V相）

本書では，三相200V回路の白色（S相）をT1のv端子に結線すると想定しているが，T2のu端子に結線する指定も考えられる．試験時には変圧器結線図に注意して作業する．

● 変圧器二次側単相100V回路の黒色

本書の想定では，3P端子台のv端子に単相100V回路の黒色を結線すると指定しているが，3P端子台のu端子に結線する指定も考えられる．試験時には変圧器結線図に注意して作業する．

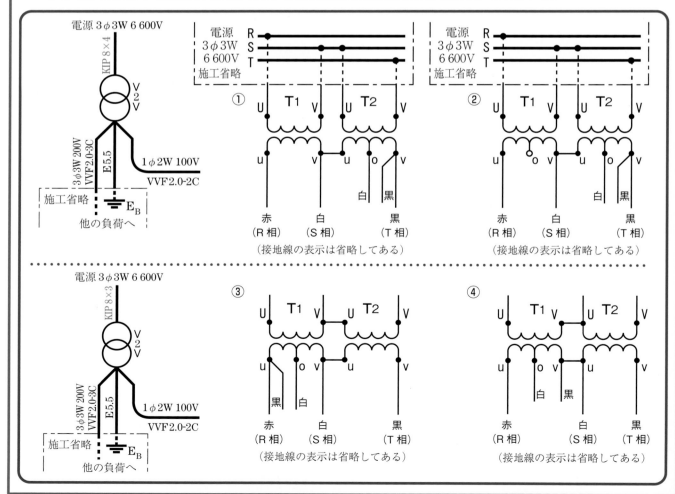

複線図

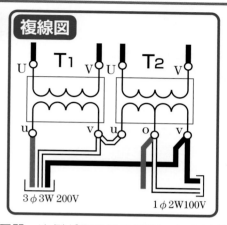

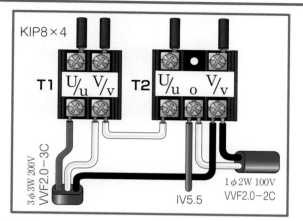

変圧器一次側が電源側の母線による V 結線と指定された場合．（前ページ①の変圧器結線図）

別想定②

複線図

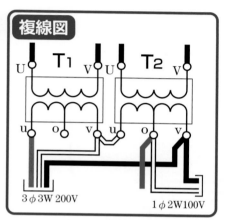

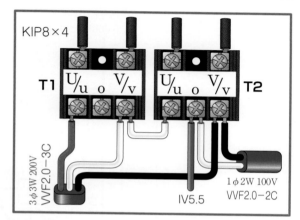

変圧器一次側：電源側の母線による V 結線，3P 端子台×2 個の指定（②の変圧器結線図）

別想定③

複線図

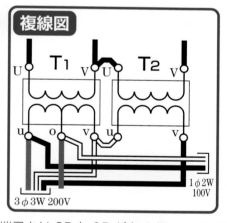

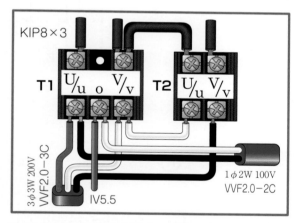

端子台は 2P と 3P が各 1 個，T₁ に 3P，T₂ に 2P を配置する場合．（③の変圧器結線図）

別想定④

複線図

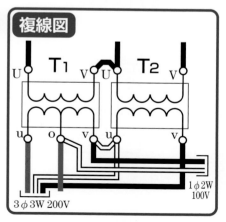

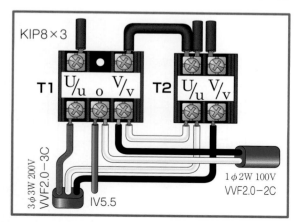

T₁ の v 端子に単相 100V 回路の黒色を結線する指定の場合．（④の変圧器結線図）

候補問題 No.4 — 寸法・施工種別・施工条件等を想定して，問題形式にしました.

図1に示す配線工事を想定した材料を使用し，「施工条件」に従って完成させなさい．なお，

1. 変圧器，配線用遮断器及び接地端子は端子台で代用する.
2. —・—・— で示した部分は施工を省略する.
3. スイッチボックスは準備していないので，その取り付けは省略する.
4. 電線接続箇所のテープ巻きや絶縁キャップによる絶縁処理は省略する.
5. ジョイントボックス（アウトレットボックス）の接地工事は省略する.
6. 作品は保護板（板紙）に取り付けないものとする.

図1. 配線図

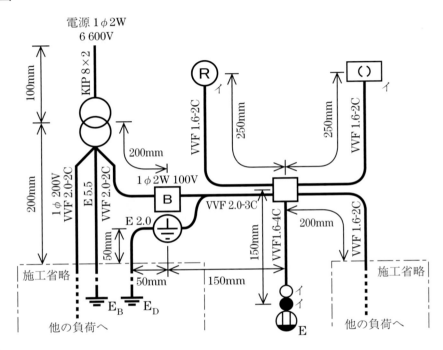

（注）

1. 図記号は，原則として JIS C 0617-1〜13 及び JIS C 0303:2000 に準拠して示してある.
   また，作業に直接関係のない部分等は，省略又は簡略化してある.

2. Ⓡ はランプレセプタクルを示す.

図2. 変圧器代用の端子台説明図

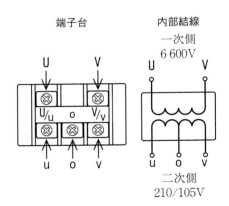

図3. 配線用遮断器及び接地端子代用の端子台説明図

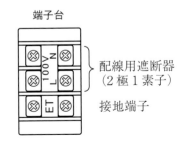

106

■想定した施工条件

1. 配線及び器具の配置は，**図1**に従って行うこと．
2. 変圧器代用の端子台は，**図2**に従って使用すること．
3. 配線用遮断器及び接地端子代用の端子台は，**図3**に従って使用すること．
4. 確認表示灯（パイロットランプ）は，引掛シーリングローゼット及びランプレセプタクルと同時点滅とすること．
5. 電線の色別（ケーブルの場合は絶縁被覆の色）は，次によること．
   ① 接地線は，**緑色**を使用する．
   ② 接地側電線は，すべて**白色**を使用する．
   ③ 変圧器の二次側から点滅器，コンセント及び他の負荷(1φ2W100V)に至る非接地側電線は，すべて**黒色**を使用する．
   ④ 次の器具の端子には，**白色**の電線を結線する．
     ・配線用遮断器の接地側極端子（Nと表示）
     ・ランプレセプタクルの受金ねじ部の端子
     ・コンセントの接地側極端子（Wと表示）
     ・引掛シーリングローゼットの接地側極端子（W又は接地側と表示）
6. ジョイントボックスを経由する電線は，すべて接続箇所を設け，リングスリーブによる接続とすること．
7. ジョイントボックスは，**打抜き済みの穴だけ**をすべて使用すること．

想定した材料表	
1. 高圧絶縁電線（KIP），8mm²，長さ約200mm	1本
2. 600V ビニル絶縁ビニルシースケーブル平形（シース青色），2.0mm，2心，長さ約500mm	1本
3. 600V ビニル絶縁ビニルシースケーブル平形，2.0mm，3心，長さ約300mm	1本
4. 600V ビニル絶縁ビニルシースケーブル平形，1.6mm，4心，長さ約450mm	1本
5. 600V ビニル絶縁ビニルシースケーブル平形，1.6mm，2心，長さ約1100mm	1本
6. 600V ビニル絶縁電線，5.5mm²，緑色，長さ約200mm	1本
7. 600V ビニル絶縁電線，2.0mm，緑色，長さ約200mm	1本
8. 端子台（変圧器の代用），3P，大	1個
9. 端子台（配線用遮断器及び接地端子の代用），3P，小	1個
10. ランプレセプタクル（カバーなし）	1個
11. 引掛シーリングローゼット（ボディのみ）	1個
12. 埋込連用取付枠	1枚
13. 埋込連用パイロットランプ	1個
14. 埋込連用タンブラスイッチ（片切）	1個
15. 埋込連用接地極付コンセント	1個
16. ジョイントボックス（アウトレットボックス 19mm 2箇所，25mm 3箇所 ノックアウト打抜き済み）	1個
17. ゴムブッシング（19）	2個
18. ゴムブッシング（25）	3個
19. リングスリーブ（小）	3個
20. リングスリーブ（中）	1個

（注）上記の想定した材料表のリングスリーブの個数には予備品の数は含まれていません．実際の試験では，材料表には予備品を含んだリングスリーブの総数が示され，材料箱内にはリングスリーブの予備品もセットされて支給されます．

参考指定工具・用具
1. ペンチ　2. ドライバ（プラス，マイナス）　3. ナイフ　4. スケール　5. ウォータポンププライヤ
6. リングスリーブ用圧着工具（手動片手式工具，JIS C 9711：1982，1990，1997 適合品）　7. 筆記用具

手順1 変圧器結線と接地線

※ 100V 回路は，変圧器二次側の u-o 端子間又は v-o 端子間に結線する．施工条件，変圧器結線図で指定される場合があるので注意する．

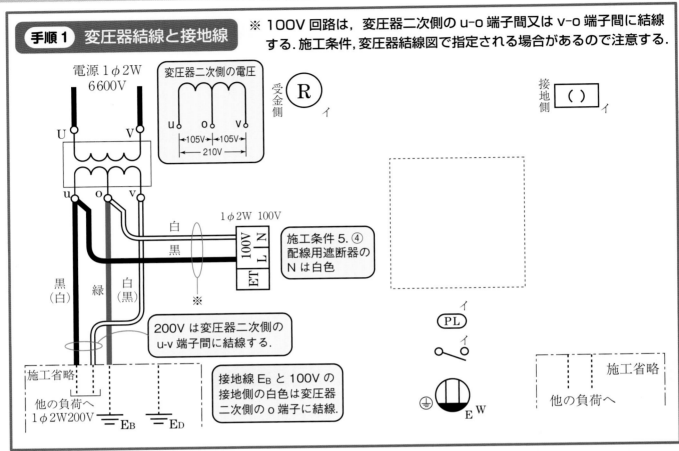

電源1φ2W
6600V

変圧器二次側の電圧

←105V→←105V→
←——210V——→

受金側 R イ

接地側 ( ) イ

U　V

u　o　v

1φ2W 100V

100V
ET
L N

施工条件5. ④
配線用遮断器の
N は白色

白
黒

※

黒
(白)　緑　白
(黒)

200V は変圧器二次側の
u-v 端子間に結線する．

施工省略

他の負荷へ
1φ2W200V

E_B　E_D

接地線 E_B と 100V の
接地側の白色は変圧器
二次側の o 端子に結線．

PL イ

イ

E W

施工省略

他の負荷へ

手順2 1φ2W100V 回路を描く

● 配線用遮断器の N 端子から 1φ2W100V 回路の接地側電線を描く．
※本書の施工条件の想定では，パイロットランプを同時点滅としているので，
　パイロットランプにも接地側電線を結線する．

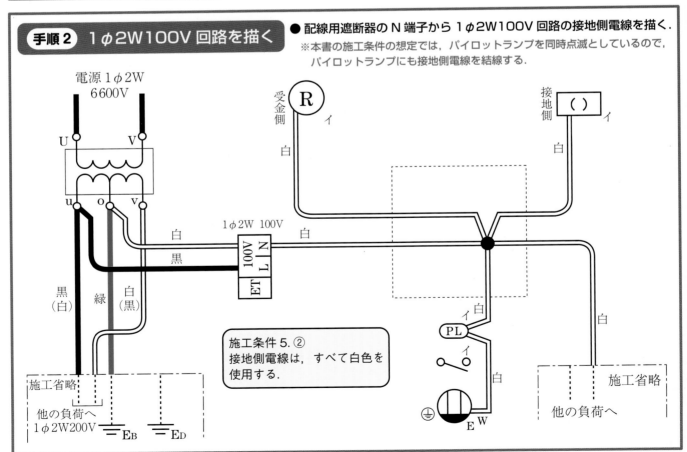

電源1φ2W
6600V

受金側 R イ

接地側 ( ) イ

U　V

u　o　v

1φ2W 100V

100V
ET
L N

白

白

白

黒

黒
(白)　緑　白
(黒)

施工条件5. ②
接地側電線は，すべて白色を
使用する．

PL イ

イ

白

白

白

E W

施工省略

他の負荷へ

施工省略

他の負荷へ
1φ2W200V

E_B　E_D

手順3 1φ2W100V 回路を描く ● 配線用遮断器の L 端子から 1φ2W100V 回路の非接地側電線を描く.

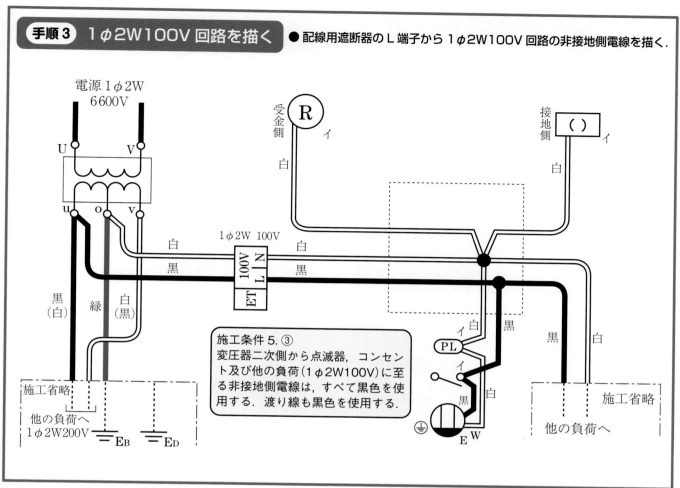

施工条件 5. ③
変圧器二次側から点滅器, コンセント及び他の負荷 (1φ2W100V) に至る非接地側電線は, すべて黒色を使用する. 渡り線も黒色を使用する.

手順4 点滅回路と接地線を描いて完了

① 点滅器イより, パイロットランプ, ランプレセプタクル, 引掛シーリングの点滅回路を描く.
② ET の左側端子に接地極 E_D からの接地線を結線し, 右側端子にジョイントボックスへの接地線を結線する.

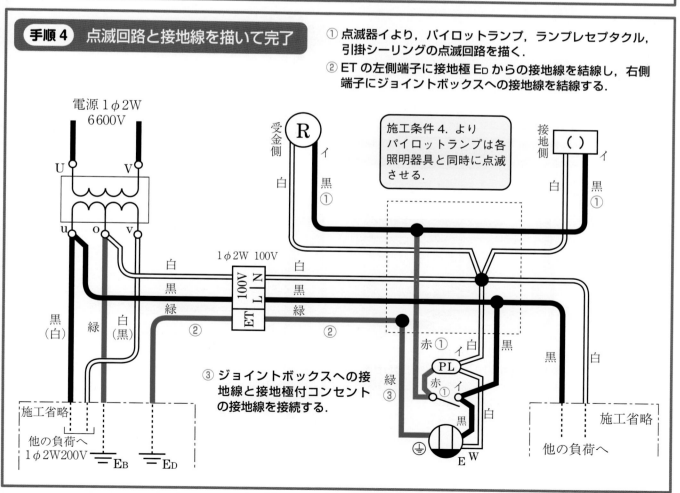

施工条件 4. より
パイロットランプは各照明器具と同時に点滅させる.

③ ジョイントボックスへの接地線と接地極付コンセントの接地線を接続する.

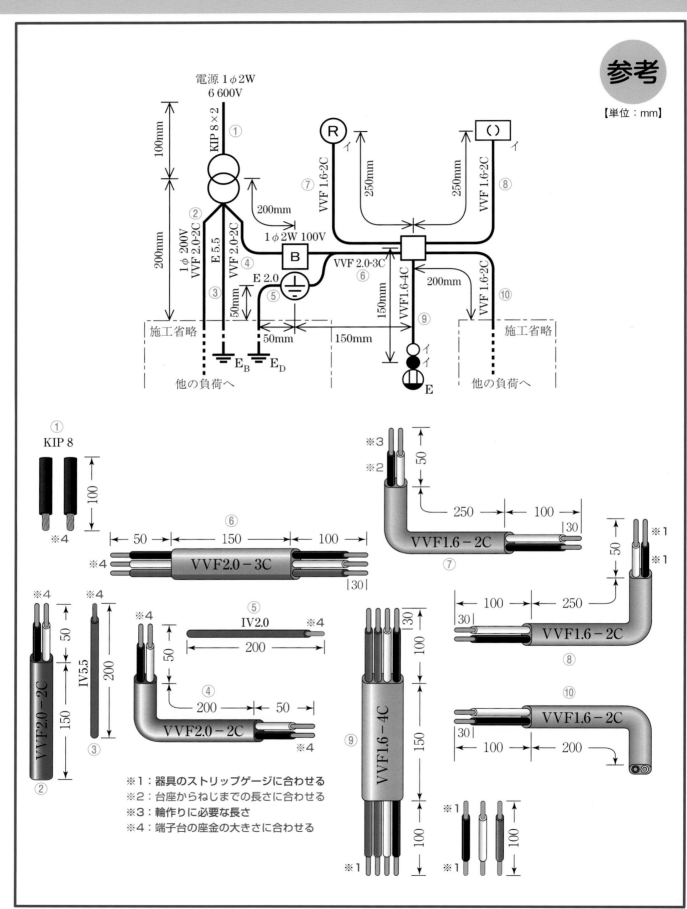

参考

【単位：mm】

電源 1φ2W
6 600V

KIP 8×2 ①

100mm

R イ
VVF 1.6-2C ⑦
250mm

( ) イ
VVF 1.6-2C ⑧
250mm

② 1φ200V VVF 2.0-2C
E 5.5
VVF 2.0-2C ④
200mm

200mm

1φ2W 100V

B

VVF 2.0-3C ⑥
VVF1.6-4C

VVF 1.6-2C ⑩
200mm

③ 50mm
E 2.0
⑤
50mm
150mm
150mm
⑨

施工省略
E_B E_D
他の負荷へ

イ
イイ
E

施工省略
他の負荷へ

① KIP 8
100
※4

※3
※2
50
250 | 100
VVF1.6 – 2C
⑦
|30|

⑥
50 | 150 | 100
※4 VVF2.0 – 3C
|30|

※1
50
※1
100 | 250
|30|
VVF1.6 – 2C
⑧

※4 ※4
50
IV5.5
200

※4
50
⑤ IV2.0 ※4
200

④
200 | 50
VVF2.0 – 2C
※4

※4 ※4
50
VVF2.0 – 2C
150
③
②

|30|
100
VVF1.6 – 4C
150
⑨
100
※1

⑩
|30|
VVF1.6 – 2C
100 | 200

※1 ※1 ※1
100 | 100

※1：器具のストリップゲージに合わせる
※2：台座からねじまでの長さに合わせる
※3：輪作りに必要な長さ
※4：端子台の座金の大きさに合わせる

·········· 変圧器代用の端子台 ··········

●ポイント①

・1φ2W100V の二次側への結線は，指定されることがあるので注意する．
（写真は u-o 端子間に結線したもの）

・1φ2W200V の二次側への結線は，u-v 端子間に結線する．想定問題には色別の指定はないが，本試験では施工条件に注意．

・B 種接地工事の接地線は，o 端子に結線する．想定問題では接地線に IV5.5（緑）を使用．

··· パイロットランプ・片切スイッチ・接地極付コンセント連用部分 ···

●ポイント②

・接地側電線の白色はパイロットランプに結線し，白色の渡り線をパイロットランプと接地極付コンセントの W 表示の端子に結線する．

・非接地側の黒色は片切スイッチに結線し，黒色の渡り線を片切スイッチと接地極付コンセントに結線する．

・点滅回路の赤色は片切スイッチまたはパイロットランプのどちらかに結線し，赤色の渡り線を片切スイッチとパイロットランプに結線する．

・接地線（緑色）は ⏚ の印がある接地極端子のいずれかに結線する．

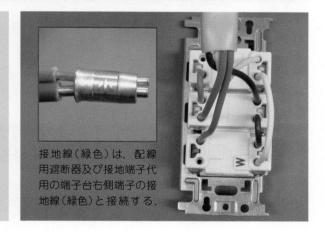

接地線（緑色）は，配線用遮断器及び接地端子代用の端子台右側端子の接地線（緑色）と接続する．

··· 配線用遮断器及び接地端子代用の端子台 ···

●ポイント③

【電源側】
・VVF2.0-2C の白色は N 端子に，黒色は L 端子に結線する．
・IV2.0（緑色）は，ET 端子に結線する．

【負荷側】
・VVF2.0-3C（黒色，白色，緑色）を使用し，N 端子に白色，L 端子に黒色，ET 端子に緑色を結線する．

・黒色と白色は結線する端子の配置に合わせて電線を交差させ，配色の位置を変えて結線する．

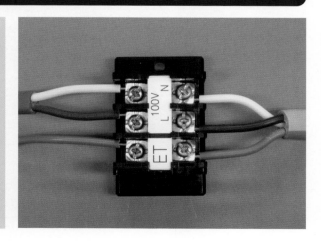

·········· ランプレセプタクル ··········

● ポイント④

- ケーブルは台座の下部から挿入して、シースが台座の位置になるようにすること.
- 結線部分の絶縁被覆をむき過ぎないこと.
- 接地側電線の白色は、受金側の端子ねじに結線する.
- ランプレセプタクルへの結線は、欠陥項目が多いので十分注意する.

······ 引掛シーリングローゼット（ボディのみ）······

● ポイント⑤

- 心線や絶縁被覆の長さは、器具のストリップゲージに合わせて作業すること.
- 端子から心線が露出しないこと.
- 接地側電線の白色は、接地側極端子（N，W，接地側などの表記がある）に結線する.

······ 電線の終端接続（リングスリーブ）······

※リングスリーブ接続では、充電部の露出が 10mm 未満であれば、絶縁被覆の端が多少不揃いでもよい. また、リングスリーブ先端から出ている心線の余分な長さの切断（端末処理をして 5mm 未満にする）を必ず行う.

● ポイント⑥

- 端子台 N 端子からの白色（2.0mm），ランプレセプタクル，引掛シーリングローゼット，連用箇所，他の負荷へ至る白色（1.6mm）の 5 本を中スリーブを用い、「中」の圧着マークで圧着する.

10mm 未満
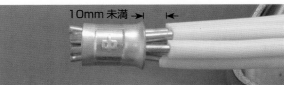

- 端子台 L 端子からの黒色（2.0mm），連用箇所，他の負荷へ至る黒色（1.6mm）の 3 本を小スリーブを用い、「小」の圧着マークで圧着する.

- 連用箇所の赤色（1.6mm），ランプレセプタクル，引掛シーリングローゼットの黒色（1.6mm）の 3 本を小スリーブを用い、「小」の圧着マークで圧着する.

- 端子台 ET 端子からの緑色（2.0mm）と接地極付コンセントの緑色（1.6mm）の 2 本を小スリーブを用い、「小」の圧着マークで圧着する.

公表された候補問題

No.4 完成参考写真

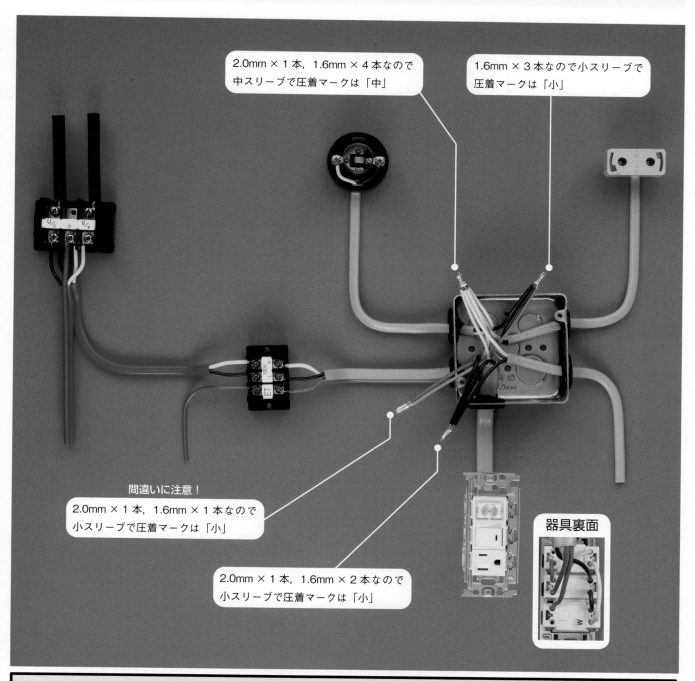

2.0mm × 1 本，1.6mm × 4 本なので
中スリーブで圧着マークは「中」

1.6mm × 3 本なので小スリーブで
圧着マークは「小」

間違いに注意！

2.0mm × 1 本，1.6mm × 1 本なので
小スリーブで圧着マークは「小」

器具裏面

2.0mm × 1 本，1.6mm × 2 本なので
小スリーブで圧着マークは「小」

※109 ページ下の複線図をもとに完成参考写真を紹介しました．

注意！ 本年度公表された候補問題（本書5ページ参照）には，注記5.に「電源・機器・器具の配置については変更する場合がある.」とあるため，公表された候補問題の電源・機器・器具の配置が変更されて出題される可能性があります．

※図2, 図3, 施工条件は 106 ～ 107 ページと同じです.

図1. 配線図

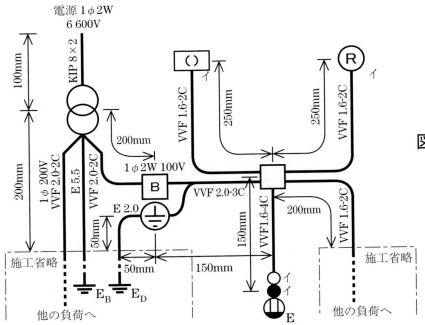

図2. 変圧器代用の端子台説明図

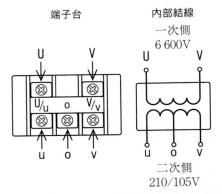

図3. 配線用遮断器及び接地端子代用の端子台説明図

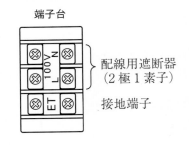

※ランプレセプタクルと引掛シーリングローゼットの位置が入れ替わっています.

■想定した施工条件

1. 配線及び器具の配置は, 図1に従って行うこと.
2. 変圧器代用の端子台は, 図2に従って使用すること.
3. 配線用遮断器及び接地端子代用の端子台は, 図3に従って使用すること.
4. 確認表示灯（パイロットランプ）は, 引掛シーリングローゼット及びランプレセプタクルと同時点滅とすること.
5. 電線の色別（ケーブルの場合は絶縁被覆の色）は, 次によること.
   ① 接地線は, 緑色を使用する.
   ② 接地側電線は, すべて白色を使用する.
   ③ 変圧器の二次側から点滅器, コンセント及び他の負荷(1φ2W100V)に至る非接地側電線は, すべて黒色を使用する.
   ④ 次の器具の端子には, 白色の電線を結線する.
   ・配線用遮断器の接地側極端子（Nと表示）
   ・ランプレセプタクルの受金ねじ部の端子
   ・コンセントの接地側極端子（Wと表示）
   ・引掛シーリングローゼットの接地側極端子（W又は接地側と表示）
6. ジョイントボックスを経由する電線は, すべて接続箇所を設け, リングスリーブによる接続とすること.
7. ジョイントボックスは, 打抜き済みの穴だけをすべて使用すること.

114

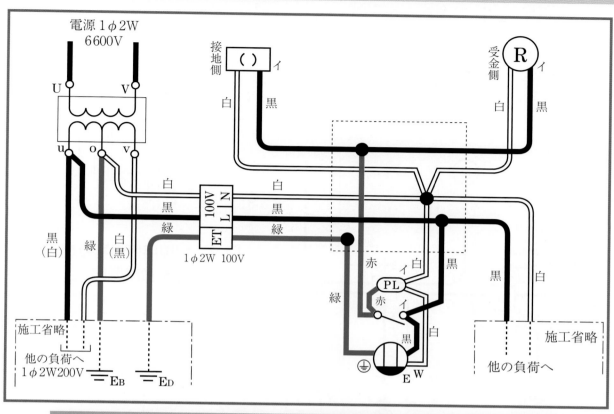

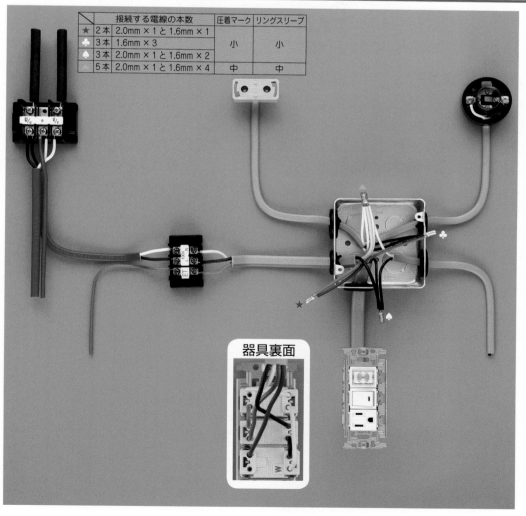

	接続する電線の本数	圧着マーク	リングスリーブ
★	2本	2.0mm×1と1.6mm×1	小	小
♣	3本	1.6mm×3		
♠	3本	2.0mm×1と1.6mm×2		
△	5本	2.0mm×1と1.6mm×4	中	中

器具裏面

※図2，図3，施工条件は106〜107ページと同じです．

図2．変圧器代用の端子台説明図

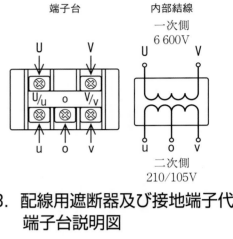

端子台　　　　内部結線
一次側
6 600V

U/u　o　V/v

u　o　v

二次側
210/105V

図1．配線図

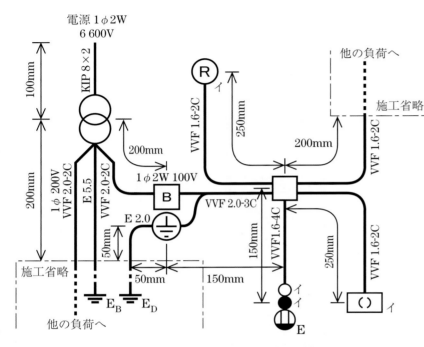

電源1φ2W
6 600V

KIP 8×2

100mm

1φ 200V
VVF 2.0-2C

E 5.5

200mm

200mm

1φ2W 100V

VVF 2.0-2C

E 2.0

50mm

B

施工省略

E_B　E_D

50mm

150mm

他の負荷へ

R　イ

VVF 1.6-2C

250mm

VVF 2.0-3C

VVF1.6-4C

150mm

イ
イ
イ
E

他の負荷へ

施工省略

200mm

VVF 1.6-2C

250mm

VVF 1.6-2C

（　）イ

図3．配線用遮断器及び接地端子代用の端子台説明図

端子台

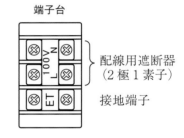

配線用遮断器
（2極1素子）

接地端子

N　L
100V

ET

※引掛シーリングローゼットと施工省略部の位置が入れ替わっています．

■想定した施工条件

1．配線及び器具の配置は，図1に従って行うこと．
2．変圧器代用の端子台は，図2に従って使用すること．
3．配線用遮断器及び接地端子代用の端子台は，図3に従って使用すること．
4．**確認表示灯（パイロットランプ）**は，引掛シーリングローゼット及びランプレセプタクルと同時点滅とすること．
5．電線の色別（ケーブルの場合は絶縁被覆の色）は，次によること．
　①接地線は，**緑色**を使用する．
　②接地側電線は，すべて**白色**を使用する．
　③変圧器の二次側から点滅器，コンセント及び他の負荷(1φ2W100V)に至る非接地側電線は，すべて**黒色**を使用する．
　④次の器具の端子には，**白色**の電線を結線する．
　　・配線用遮断器の接地側極端子（Nと表示）
　　・ランプレセプタクルの受金ねじ部の端子
　　・コンセントの接地側極端子（Wと表示）
　　・引掛シーリングローゼットの接地側極端子（W又は接地側と表示）
6．ジョイントボックスを経由する電線は，すべて接続箇所を設け，リングスリーブによる接続とすること．
7．ジョイントボックスは，**打抜き済みの穴だけ**をすべて使用すること．

考えられる別想定の複線図と完成参考写真(2)

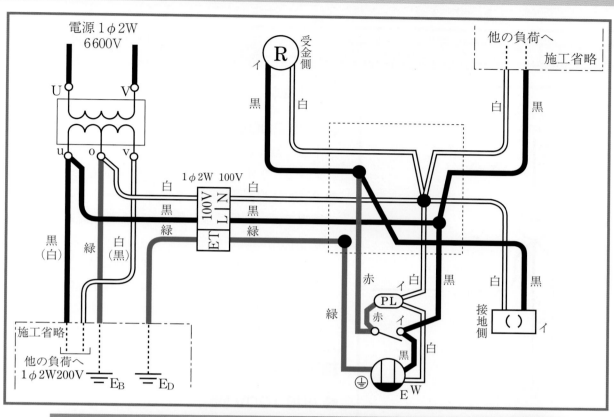

電源1φ2W
6600V

他の負荷へ
施工省略

受金側

1φ2W 100V

施工省略

他の負荷へ
1φ2W200V

接地側

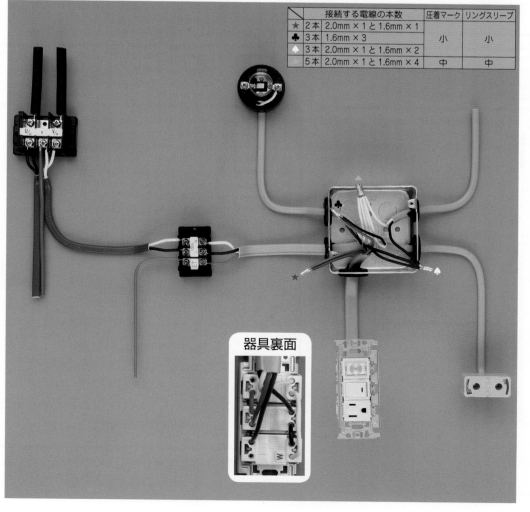

		接続する電線の本数	圧着マーク	リングスリーブ
★	2本	2.0mm×1 と 1.6mm×1		
♣	3本	1.6mm×3	小	小
♧	3本	2.0mm×1 と 1.6mm×2		
♠	5本	2.0mm×1 と 1.6mm×4	中	中

器具裏面

◆ 使用材料・施工条件の別想定（変圧器・配線用遮断器）◆

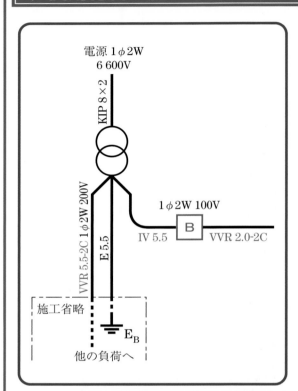

使用材料

● **単相200V回路**

本書では VVF2.0-2C と想定したが，過去には IV5.5，VVR5.5 を使用する問題も出題されている．

● **配線用遮断器部分**

本書では，配線用遮断器部分に配線用遮断器及び接地端子代用の端子台を使用し，電源側には VVF2.0-2C と IV2.0（緑色：接地線），負荷側には VVF2.0-3C を使用すると想定したが，実物の配線用遮断器が支給され，電源側に絶縁電線の IV5.5，負荷側に VVR2.0-2C 等のケーブルを使用することも考えられる．

施工条件

● **単相100V回路**

本書で想定した施工条件には 100V 回路を結線する端子の指定はないが，指定される場合もあるので注意する．

別想定①　上図に示した別想定のケーブルと配線用遮断器が支給され，単相100V回路を「変圧器のu-oの端子に結線する．」と指定された場合．

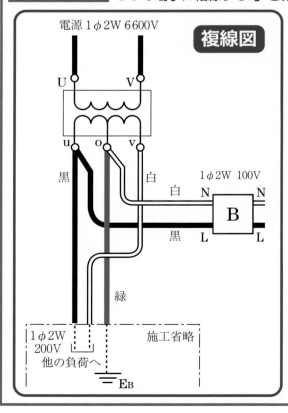

複線図

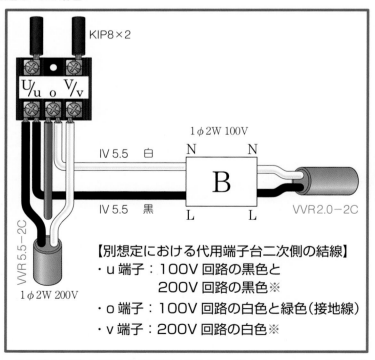

KIP8×2

1φ2W 100V

IV 5.5　白　N

IV 5.5　黒　L

VVR2.0−2C

VVR 5.5−2C

1φ2W 200V

【別想定における代用端子台二次側の結線】

・u 端子：100V 回路の黒色と
　　　　　200V 回路の黒色※

・o 端子：100V 回路の白色と緑色（接地線）

・v 端子：200V 回路の白色※

※ 200V 回路の電線色別が施工条件で指定されていなければ，u 端子に白色，v 端子に黒色を結線してもよい．

別想定② 前ページに示した配線図のケーブルと配線用遮断器が支給され，単相100V回路を「変圧器のv-oの端子に結線する.」と指定された場合.

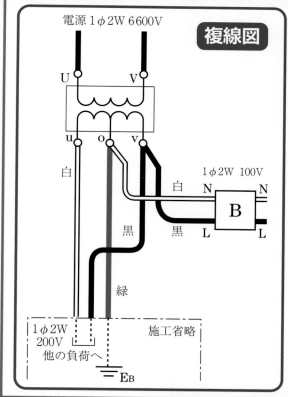

複線図

電源 1φ2W 6600V

U V

u o v

白

白 1φ2W 100V

N N

黒 B

黒 L L

緑

1φ2W 200V

他の負荷へ

施工省略

E_B

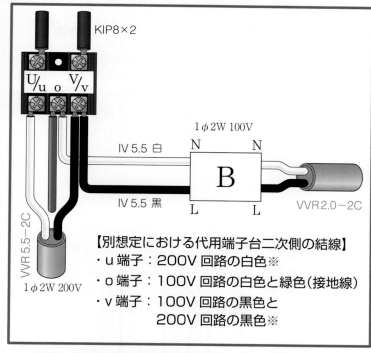

KIP8×2

U/u o V/v

1φ2W 100V

N N

IV 5.5 白

B

IV 5.5 黒

L L

VVR2.0−2C

VVR 5.5−2C

1φ2W 200V

【別想定における代用端子台二次側の結線】
・u端子：200V回路の白色※
・o端子：100V回路の白色と緑色（接地線）
・v端子：100V回路の黒色と
　　　　200V回路の黒色※

※ 200V回路の電線色別が施工条件で指定されていなければ，
　 u端子に黒色，v端子に白色を結線してもよい.

◆ 配線図の別想定（ランプレセプタクル・引掛シーリングローゼット）

器具の配置 過去にはランプレセプタクルと引掛シーリング，引掛シーリングと施工省略部の配置が入れ替えられて出題された試験もある．詳細は，114～117ページを参照.

◆ 使用材料・施工条件の別想定（連用箇所）◆

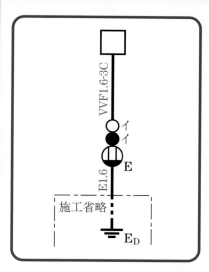

VVF1.6-3C

イ
イ
E
E1.6
施工省略
E_D

使用材料

本書では，連用箇所にはVVF1.6-4Cを使用するケーブル工事で，接地極付コンセントに結線した緑色と配線用遮断器及び接地端子代用端子台の負荷側に結線したVVF2.0-3Cの緑色とを圧着接続すると想定したが，連用箇所にVVF1.6-3Cを使用するケーブル工事で，接地線にはIV1.6（緑）を使用し，接地線をD種接地極（施工省略）に結線する指定も考えられる.

図1に示す配線工事を想定した材料を使用し，「施工条件」に従って完成させなさい. なお，

1. 変圧器及び開閉器は端子台で代用する.
2. ――・―・―― で示した部分は施工を省略する.
3. スイッチボックスは準備していないので，その取り付けは省略する.
4. 電線接続箇所のテープ巻きや絶縁キャップによる絶縁処理は省略する.
5. ジョイントボックス（アウトレットボックス）の接地工事は省略する.
6. 作品は保護板（板紙）に取り付けないものとする.

図1. 配線図

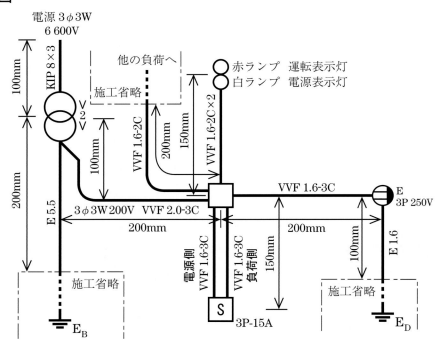

（注）

1. 図記号は，原則として JIS C 0617–1～13 及び JIS C 0303:2000 に準拠して示してある.
また，作業に直接関係のない部分等は，省略又は簡略化してある.

図2. 変圧器代用の端子台説明図	図3. 開閉器代用の端子台説明図	図4. 変圧器結線図

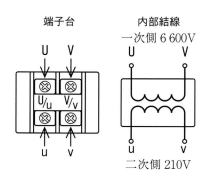

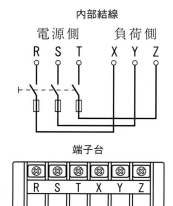

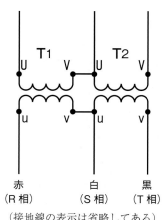

■想定した施工条件

1. 配線及び器具の配置は，**図1**に従って行うこと．
2. 変圧器代用の端子台は，**図2**に従って使用すること．
3. 開閉器代用の端子台は，**図3**に従って使用すること．
4. 変圧器代用の端子台の結線及び配置は，**図4**に従い，かつ，次のように行うこと．
   ① 接地線は，変圧器 T_1 の v 端子に結線する．
   ② 変圧器代用の端子台の二次側端子の渡り線は，太さ 2.0mm（白色）を使用する．
5. 他の負荷は S 相と T 相間に接続すること．
6. 電源表示灯は S 相と T 相間に，運転表示灯は Y 相と Z 相間に接続すること．
7. ジョイントボックスから電源表示灯及び運転表示灯に至る電線には，2心ケーブル1本をそれぞれ使用すること．
8. 電線の色別（ケーブルの場合は絶縁被覆の色）は，次によること．
   ① 接地線は，**緑色**を使用する．
   ② 接地側電線は，すべて**白色**を使用する．
   ③ 変圧器の二次側の配線は，R 相に**赤色**，S 相に**白色**，T 相に**黒色**を使用する．
   ④ 開閉器の負荷側から動力用コンセントに至る配線は，X 相に**赤色**，Y 相に**白色**，Z 相に**黒色**を使用する．
9. ジョイントボックスを経由する電線は，すべて接続箇所を設け，リングスリーブによる接続とすること．
10. ジョイントボックスは，**打抜き済みの穴だけをすべて使用すること**．

想定した材料表	
1. 高圧絶縁電線（KIP），8mm²，長さ約 500mm	1本
2. 600V ビニル絶縁ビニルシースケーブル平形（シース青色），2.0mm，3心，長さ約 600mm	1本
3. 600V ビニル絶縁ビニルシースケーブル平形，1.6mm，3心，長さ約 1000mm	1本
4. 600V ビニル絶縁ビニルシースケーブル平形，1.6mm，2心，長さ約 1000mm	1本
5. 600V ビニル絶縁電線，5.5mm²，緑色，長さ約 200mm	1本
6. 600V ビニル絶縁電線，1.6mm，緑色，長さ約 150mm	1本
7. 端子台（変圧器の代用），2P，大	2個
8. 端子台（開閉器の代用），6P	1個
9. 埋込コンセント，3P，接地極付 15A	1個
10. 埋込連用取付枠	1枚
11. 埋込連用パイロットランプ（赤）	1個
12. 埋込連用パイロットランプ（白）	1個
13. ジョイントボックス（アウトレットボックス 19mm 3箇所，25mm 3箇所 ノックアウト打抜き済み）	1個
14. ゴムブッシング（19）	3個
15. ゴムブッシング（25）	3個
16. リングスリーブ（小）	4個
17. リングスリーブ（中）	2個

（注）上記の想定した材料表のリングスリーブの個数には予備品の数は含まれていません．実際の試験では，材料表には予備品を含んだリングスリーブの総数が示され，材料箱内にはリングスリーブの予備品もセットされて支給されます．

参考指定工具・用具
1. ペンチ　2. ドライバ（プラス，マイナス）　3. ナイフ　4. スケール　5. ウォータポンププライヤ
6. リングスリーブ用圧着工具（手動片手式工具，JIS C 9711：1982，1990，1997 適合品）　7. 筆記用具

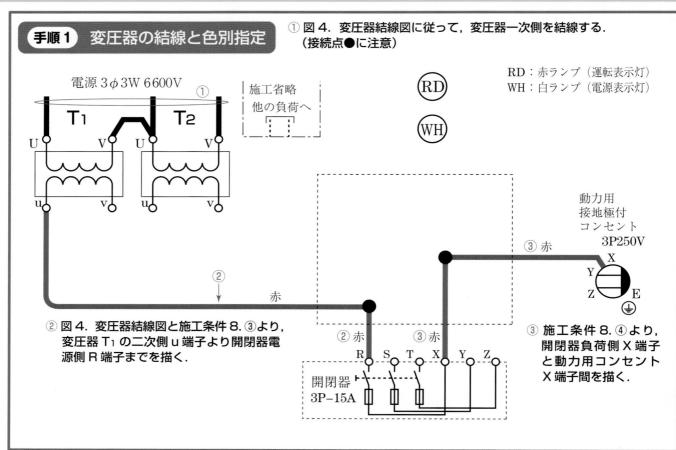

手順1　変圧器の結線と色別指定

① 図4．変圧器結線図に従って，変圧器一次側を結線する．（接続点●に注意）

電源 3φ3W 6600V

施工省略 他の負荷へ

RD：赤ランプ（運転表示灯）
WH：白ランプ（電源表示灯）

② 図4．変圧器結線図と施工条件8.③より，変圧器 T1 の二次側 u 端子より開閉器電源側 R 端子までを描く．

③ 施工条件8.④より，開閉器負荷側 X 端子と動力用コンセント X 端子間を描く．

動力用 接地極付 コンセント 3P250V

開閉器 3P-15A

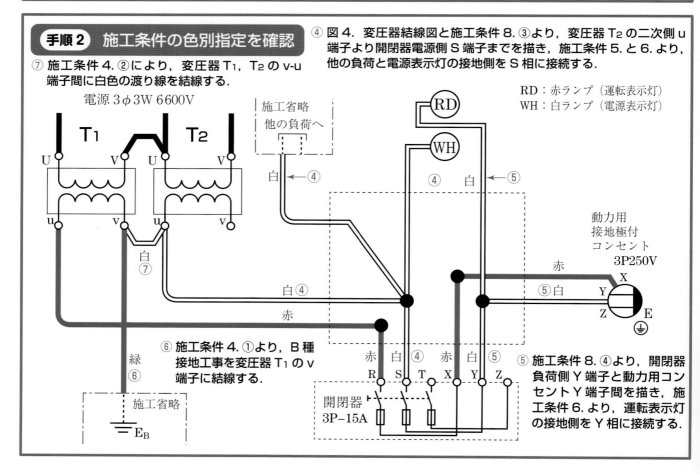

手順2　施工条件の色別指定を確認

④ 図4．変圧器結線図と施工条件8.③より，変圧器 T2 の二次側 u 端子より開閉器電源側 S 端子までを描き，施工条件5．と6．より，他の負荷と電源表示灯の接地側を S 相に接続する．

⑦ 施工条件4.②により，変圧器 T1，T2 の v-u 端子間に白色の渡り線を結線する．

電源 3φ3W 6600V

施工省略 他の負荷へ

RD：赤ランプ（運転表示灯）
WH：白ランプ（電源表示灯）

⑥ 施工条件4.①より，B種接地工事を変圧器 T1 の v 端子に結線する．

⑤ 施工条件8.④より，開閉器負荷側 Y 端子と動力用コンセント Y 端子間を描き，施工条件6．より，運転表示灯の接地側を Y 相に接続する．

動力用 接地極付 コンセント 3P250V

開閉器 3P-15A

施工省略

⑧ 図4.変圧器結線図と施工条件8.③より，変圧器 T₂ 二次側 v 端子より開閉器電源側 T 端子までを描き，施工条件5.と6.より，他の負荷と電源表示灯の非接地側を T 相に接続する.

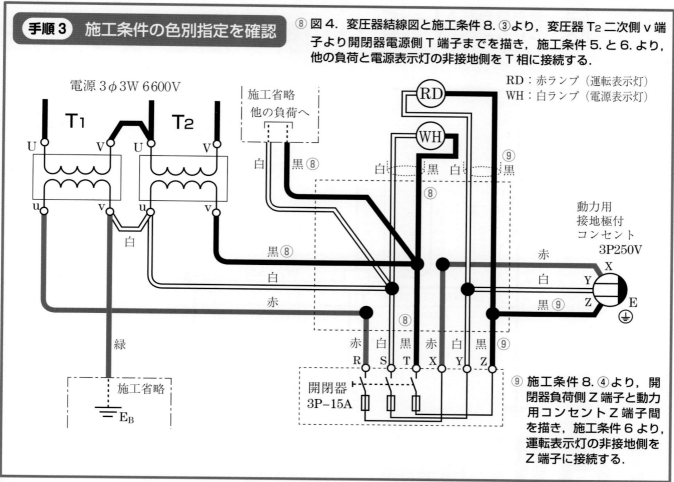

RD：赤ランプ（運転表示灯）
WH：白ランプ（電源表示灯）

電源 3φ3W 6600V

施工省略
他の負荷へ

動力用
接地極付
コンセント
3P250V

⑨ 施工条件8.④より，開閉器負荷側 Z 端子と動力用コンセント Z 端子間を描き，施工条件6より，運転表示灯の非接地側を Z 端子に接続する.

⑩ 動力用コンセント ⏚ の端子に接地線を結線し，接地極（施工省略）まで描く.

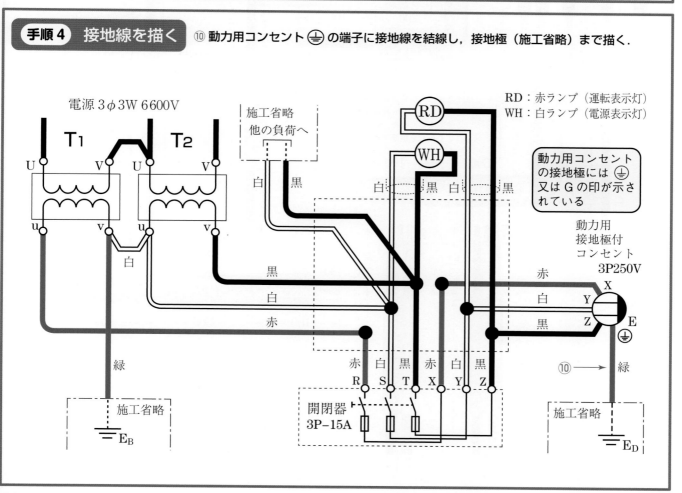

RD：赤ランプ（運転表示灯）
WH：白ランプ（電源表示灯）

電源 3φ3W 6600V

施工省略
他の負荷へ

動力用コンセントの接地極には ⏚ 又は G の印が示されている

動力用
接地極付
コンセント
3P250V

123

候補問題No.5

電線，ケーブルの 切断・はぎ取り寸法

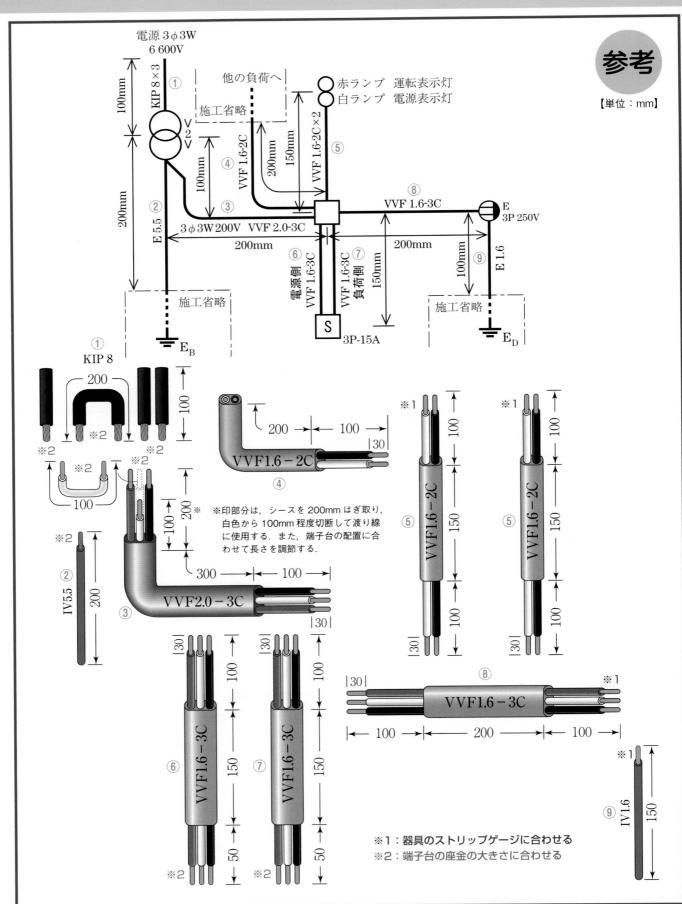

参考

【単位：mm】

※印部分は，シースを200mmはぎ取り，白色から100mm程度切断して渡り線に使用する．また，端子台の配置に合わせて長さを調節する．

※1：器具のストリップゲージに合わせる
※2：端子台の座金の大きさに合わせる

124

……… 変圧器代用の端子台 ………

・T₁ と T₂ の配置と結線は，変圧器結線図での配置，結線箇所，電線色別に従って結線する．
・変圧器結線図の図記号「●」で示された接続箇所が電線を結線する端子となる．

● ポイント①

T₁ 端子台【左側】

・一次側 U 端子に KIP1 本，V 端子に T₂ 一次側 U 端子への KIP の渡り線を結線する．

・二次側 u 端子に三相 200V 回路の赤色を結線する．

・二次側 v 端子には接地線（IV5.5mm²：緑色）と T₂ 二次側 u 端子への渡り線（白色，太さ 2.0mm）を結線する．

● ポイント②

T₂ 端子台【右側】

・一次側 U 端子に T₁ 一次側 V 端子からの KIP の渡り線と電源への KIP の計 2 本を結線し，V 端子には KIP1 本を結線する．

・二次側 u 端子には T₁ 二次側 v 端子からの渡り線（白色，太さ 2.0mm）と三相 200V の回路の白色を結線する．

・二次側 v 端子には三相 200V 回路の黒色を結線する．

……… 開閉器代用の端子台 ………

● ポイント③

・開閉器部分の結線では，施工条件の電線色別に従って各端子に結線する．

・心線は直線状態のままで座金の奥まで差し込み，ねじ締めする．

・絶縁被覆を挟み込まずに心線が座金の端から端子台の端までの間で 2～3mm 見えていること．

●ポイント④

・パイロットランプには極性はないので，左右どちらの端子に白色，黒色のどちらの電線をを結線しても欠陥にはならない．

・上部の赤ランプは運転表示灯，下部の白ランプは電源表示灯なので，施工条件により，2心ケーブル1本をそれぞれ使用し，器具の電線の接続を間違えないように注意する．

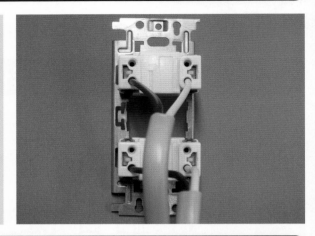

······· 動力用コンセント3P250VE ·······

●ポイント⑤

・電線色別は施工条件に従って結線する．（接地側電線の白色はY端子，接地線の緑色は⏚またはGの表示がある端子に結線する．）

・電線を引っ張っても抜けないように，端子ねじをしっかりと締め付ける．

（メーカにより，端子の配置が異なるので注意する．）

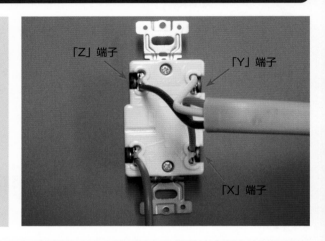

「Z」端子　「Y」端子　「X」端子

······ 電線の終端接続（リングスリーブ）······

※リングスリーブ接続では，充電部の露出が10mm未満であれば，絶縁被覆の端が多少不揃いでもよい．また，リングスリーブ先端から出ている心線の余分な長さの切断（端末処理をして5mm未満にする）を必ず行う．

●ポイント⑥

・T_1二次側u端子の赤色，開閉器R端子の赤色の2本を小スリーブを用い，「小」の圧着マークで圧着する．

・T_2二次側u端子の白色，開閉器S端子の白色，他の負荷へ至る白色，白ランプの白色の4本を中スリーブで圧着する．（圧着マークは「中」）

・T_2二次側v端子の黒色，開閉器T端子の黒色，他の負荷へ至る黒色，白ランプの黒色の4本を中スリーブで圧着する．（圧着マークは「中」）

・開閉器X端子の赤色と動力用コンセントX端子の赤色の2本を小スリーブを用い，「○」の圧着マークで圧着する．

・開閉器Y端子の白色，動力用コンセントY端子の白色，赤ランプの白色の3本を小スリーブを用い，「小」の圧着マークで圧着する．

・開閉器Z端子の黒色，動力用コンセントZ端子の黒色，赤ランプの黒色の3本を小スリーブを用い，「小」の圧着マークで圧着する．

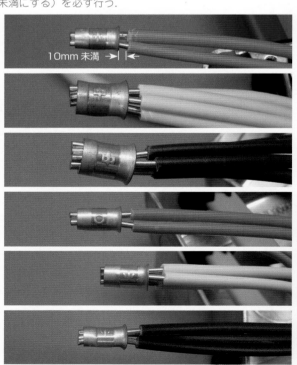

10mm未満→||←

126

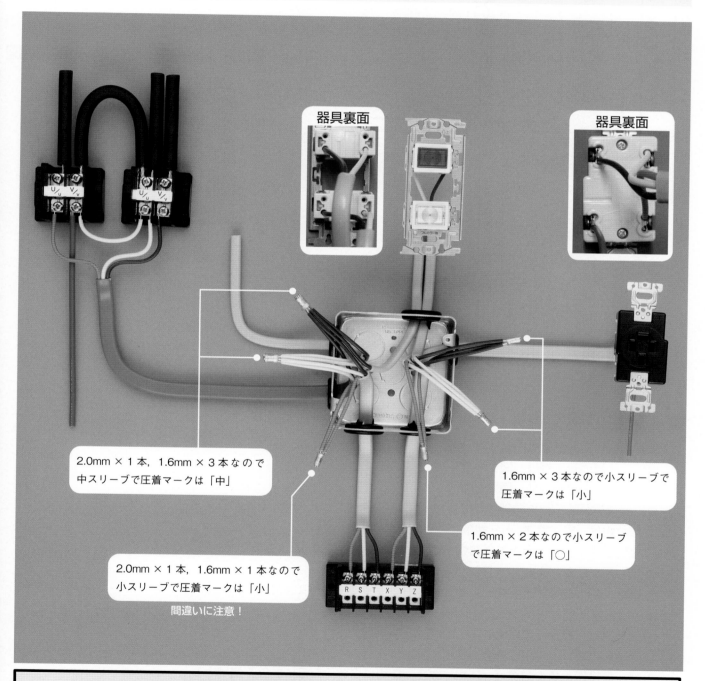

器具裏面

器具裏面

2.0mm × 1 本，1.6mm × 3 本なので
中スリーブで圧着マークは「中」

1.6mm × 3 本なので小スリーブで
圧着マークは「小」

1.6mm × 2 本なので小スリーブ
で圧着マークは「○」

2.0mm × 1 本，1.6mm × 1 本なので
小スリーブで圧着マークは「小」

間違いに注意！

R S T X Y Z

※123 ページ下の複線図をもとに完成参考写真を紹介しました.

注意！ 本年度公表された候補問題（本書 5 ページ参照）には，注記 5. に「電源・機器・器具の配置については変更する場合がある.」
とあるため，公表された候補問題の電源・機器・器具の配置が変更されて出題される可能性があります.

※図2，図4は120ページと同じです．

図1．配線図

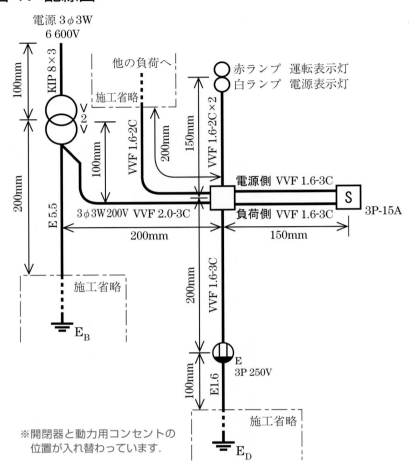

電源 3φ3W
6 600V

KIP 8×3

100mm

200mm

他の負荷へ
施工省略

V
2
V

100mm

VVF 1.6-2C

200mm

E 5.5

3φ3W 200V VVF 2.0-3C

200mm

施工省略

E_B

赤ランプ　運転表示灯
白ランプ　電源表示灯

150mm

VVF 1.6-2C×2

電源側 VVF 1.6-3C

S

3P-15A

負荷側 VVF 1.6-3C

150mm

VVF 1.6-3C

200mm

E
3P 250V

100mm

E1.6

施工省略

E_D

※開閉器と動力用コンセントの
　位置が入れ替わっています．

図2．変圧器代用の端子台説明図

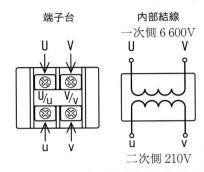

端子台

内部結線
一次側 6 600V

U　V

U　V

U/u　V/v

u　v

二次側 210V

図3．開閉器代用の端子台説明図

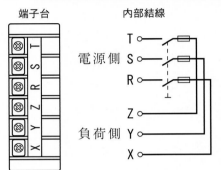

端子台

内部結線

T S R Z Y X

電源側

T
S
R

Z

負荷側

Y

X

図4．変圧器結線図

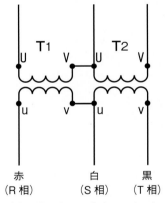

T_1　　T_2

U　V　U　V

u　v　u　v

赤
(R相)

白
(S相)

黒
(T相)

（接地線の表示は省略してある）

■別想定の施工条件

1．配線及び器具の配置は，図1に従って行うこと．

2．変圧器代用の端子台は，図2に従って使用すること．

3．開閉器代用の端子台は，図3に従って使用すること．

4．変圧器代用の端子台の結線及び配置は，図4に従い，かつ，次のように行うこと．

　① 接地線は，変圧器 T_1 の v 端子に結線する．

　② 変圧器代用の端子台の二次側端子の渡り線は，太さ 2.0mm（白色）を使用する．

5．他の負荷はS相とT相間に接続すること．

6．電源表示灯はS相とT相間に，運転表示灯はY相とZ相間に接続すること．

7．電線の色別（ケーブルの場合は絶縁被覆の色）は，次によること．

　① 接地線は，緑色を使用する．

　② 接地側電線は，すべて白色を使用する．

　③ 変圧器の二次側の配線は，R相に赤色，S相に白色，T相に黒色を使用する．

　④ 開閉器の負荷側から動力用コンセントに至る配線は，X相に赤色，Y相に白色，Z相に黒色を使用する．

8．ジョイントボックスを経由する電線は，すべて接続箇所を設け，リングスリーブによる接続とすること．

9．ジョイントボックスは，打抜き済みの穴だけをすべて使用すること．

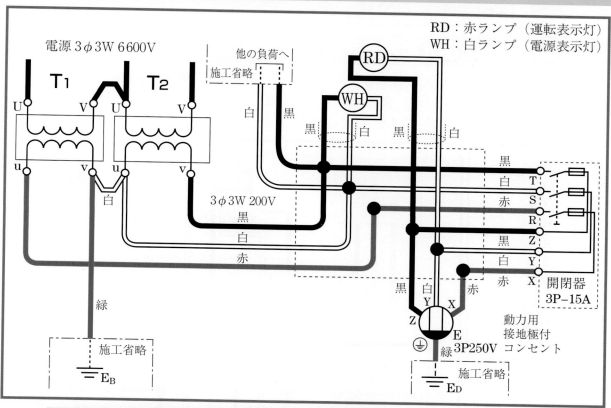

RD：赤ランプ（運転表示灯）
WH：白ランプ（電源表示灯）

電源 3φ3W 6600V

T₁　　T₂

他の負荷へ
施工省略

U　V　U　V

u　v　u　v

白

3φ3W 200V

黒
白
赤

緑

施工省略
E_B

黒　白　黒　白

黒
白
赤
黒
白
赤

黒　白　赤

Y　X
Z　　X
E
緑
施工省略
E_D

T
S
R
Z
Y
X
開閉器
3P-15A

動力用
接地極付
3P250V コンセント

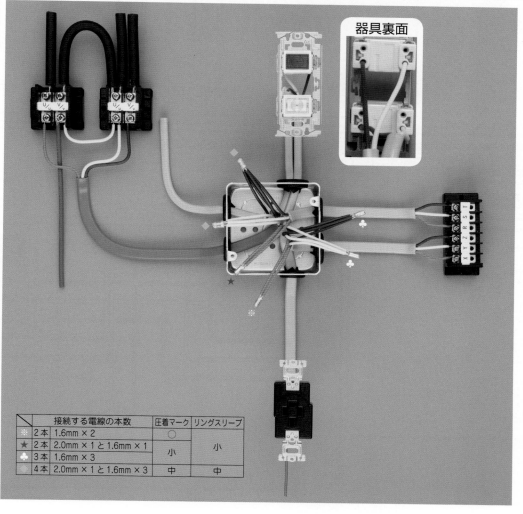

器具裏面

		接続する電線の本数	圧着マーク	リングスリーブ
※	2本	1.6mm×2	○	
★	2本	2.0mm×1と1.6mm×1	小	小
♣	3本	1.6mm×3		
❀	4本	2.0mm×1と1.6mm×3	中	中

◆ 施工条件の別想定 （電源表示灯・運転表示灯）

施工条件

本書では, 電源表示灯は S-T 相間, 運転表示灯は Y-Z 相間, 他の負荷は S-T 相間に接続する想定だが, 電源表示灯は R-S 相間, 運転表示灯は X-Y 相間, 他の負荷は R-S 相間に接続する指定も考えられる. また, 他の負荷へ至るケーブルに VVF1.6-3C が支給されて各相に接続する指定も考えられる.

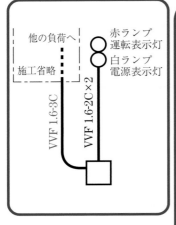

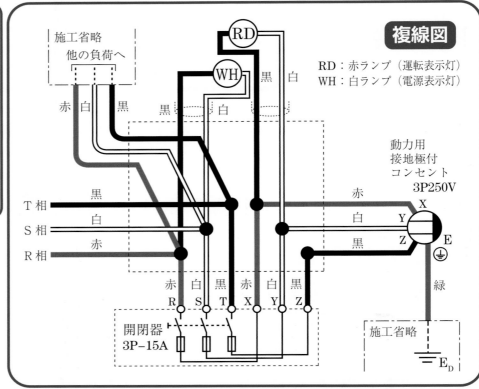

◆ 配線図の別想定 （開閉器・動力用コンセント）

器具の配置

過去には, 開閉器代用端子台と動力用コンセントの配置が入れ替えられて出題された試験もある.

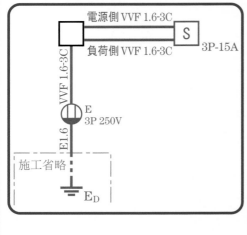

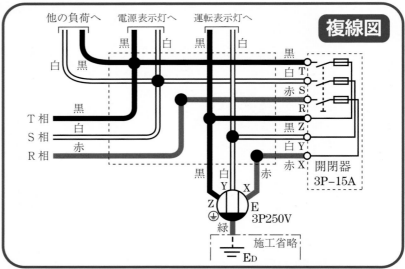

◆ 材料の別想定（開閉器代用端子台）

使用材料

本書では，開閉器代用端子台を6P端子台と想定したが，電源側・負荷側の配置，端子記号の種類や配置が異なったり，3P端子台が支給されることも考えられる．3P端子台の場合，上側配置の端子が電源側，下側配置の端子が負荷側と想定されるため，電源側ケーブルよりも負荷側ケーブルのほうが長くなる．この場合のケーブルの寸法取りには十分注意すること．

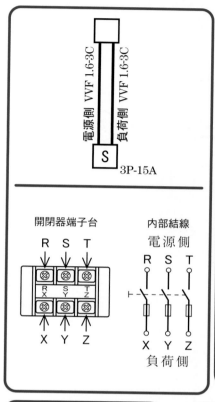

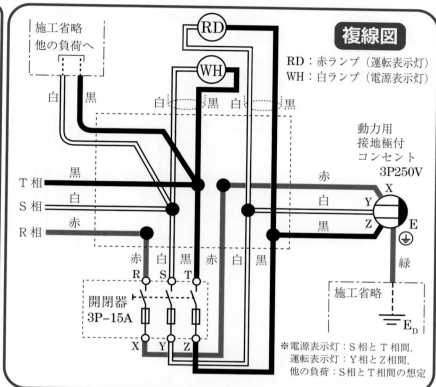

複線図

RD：赤ランプ（運転表示灯）
WH：白ランプ（電源表示灯）

動力用
接地極付
コンセント
3P250V

施工省略

※電源表示灯：S相とT相間，
　運転表示灯：Y相とZ相間，
　他の負荷：S相とT相間の想定

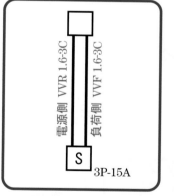

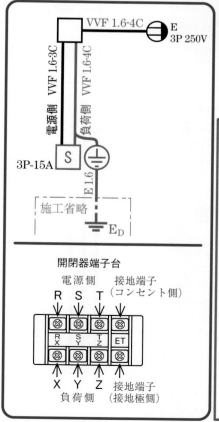

使用材料

本書では，開閉器代用端子台の電源側，負荷側ともにVVF1.6-3Cを使用する想定としたが，電源側と負荷側に使用するケーブルが異なる場合も考えられるため，支給材料と配線図の指定に注意する．

使用材料

実際の施工では，開閉器がボックスに収納され，そのボックスの接地端子に接地線を結線する場合がある．この場合を想定して以下のように出題されることも考えられる．

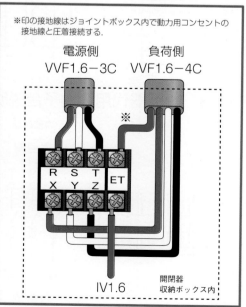

図1に示す配線工事を想定した材料を使用し，「施工条件」に従って完成させなさい．なお，

1. 変圧器及び開閉器は端子台で代用する．
2. ― ‐ ― ‐ ― で示した部分は施工を省略する．
3. 電線接続箇所のテープ巻きや絶縁キャップによる絶縁処理は省略する．
4. 金属管とジョイントボックス（アウトレットボックス）とを電気的に接続することは省略する．
5. ジョイントボックス（アウトレットボックス）の接地工事は省略する．
6. 作品は保護板（板紙）に取り付けないものとする．

図1．配線図

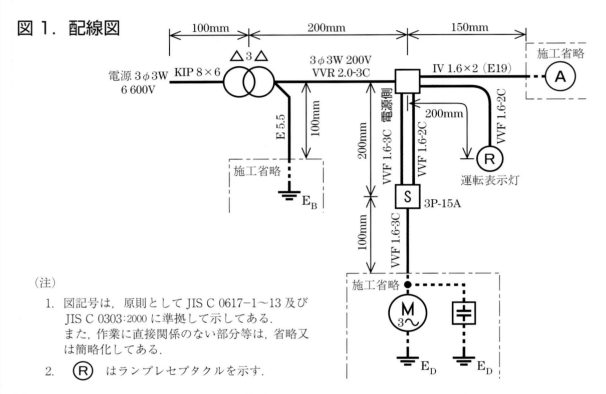

（注）

1. 図記号は，原則として JIS C 0617-1～13 及び JIS C 0303:2000 に準拠して示してある．
   また，作業に直接関係のない部分等は，省略又は簡略化してある．

2. Ⓡ はランプレセプタクルを示す．

図2．変圧器代用の端子台説明図

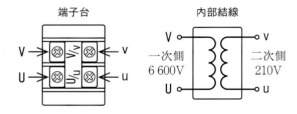

図3．開閉器代用の端子台説明図

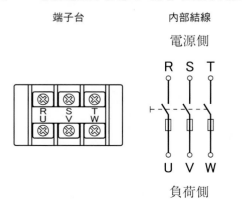

図4．変圧器結線図

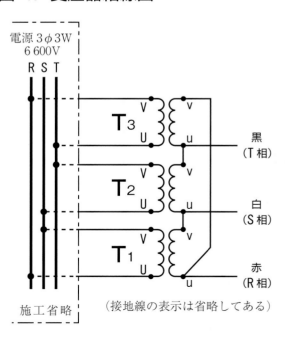

■想定した施工条件

1. 配線及び器具の配置は，**図1**に従って行うこと．
2. 変圧器代用の端子台は，**図2**に従って使用すること．
3. 開閉器代用の端子台は，**図3**に従って使用すること．
4. 変圧器代用の端子台の結線及び配置は，**図4**に従い，かつ，次のように行うこと．
   ① **接地線**は，変圧器 T₁ の v 端子に結線する．
   ② 変圧器代用の端子台の二次側端子の**渡り線**は，IV5.5mm²（黒色）を使用する．
5. **電流計は，変圧器二次側の S 相に接続すること．**
6. 運転表示灯は，開閉器負荷側の U 相と V 相間に接続すること．
7. 電線の色別（ケーブルの場合は絶縁被覆の色）は，次によること．
   ① 接地線は，**緑色**を使用する．
   ② 接地側電線は，電流計の回路及び渡り線を除きすべて**白色**を使用する．
   ③ 変圧器の二次側の配線は，渡り線を除き R 相に**赤色**，S 相に**白色**，T 相に**黒色**を使用する．
   ④ 開閉器の負荷側から電動機に至る配線は，U 相に**赤色**，V 相に**白色**，W 相に**黒色**を使用する．
   ⑤ ランプレセプタクルの受金ねじ部の端子には，**白色**の電線を結線する．
8. ジョイントボックスを経由する電線は，すべて接続箇所を設け，リングスリーブによる接続とすること．
9. ジョイントボックスは，**打抜き済みの穴だけをすべて使用すること．**
10. ねじなしボックスコネクタは，ジョイントボックス側に取り付けること．

想定した材料表	
1. 高圧絶縁電線（KIP），8mm²，長さ約 600mm	1 本
2. 600V ビニル絶縁ビニルシースケーブル丸形，2.0mm，3 心，長さ約 400mm	1 本
3. 600V ビニル絶縁ビニルシースケーブル平形，1.6mm，3 心，長さ約 500mm	1 本
4. 600V ビニル絶縁ビニルシースケーブル平形，1.6mm，2 心，長さ約 850mm	1 本
5. 600V ビニル絶縁電線，5.5mm²，黒色，長さ約 600mm	1 本
6. 600V ビニル絶縁電線，5.5mm²，緑色，長さ約 200mm	1 本
7. 600V ビニル絶縁電線，1.6mm，黒色，長さ約 300mm	1 本
8. 600V ビニル絶縁電線，1.6mm，白色，長さ約 300mm	1 本
9. 端子台（変圧器の代用），2P，大	3 個
10. 端子台（開閉器の代用），3P，大	1 個
11. ランプレセプタクル（カバーなし）	1 個
12. ジョイントボックス（アウトレットボックス 19mm 3 箇所，25mm 2 箇所 ノックアウト打抜き済み）	1 個
13. ねじなし電線管（E19），長さ約 90mm（端口処理済み）	1 本
14. ねじなしボックスコネクタ（E19）ロックナット付，接地用端子は省略	1 個
15. 絶縁ブッシング（19）	1 個
16. ゴムブッシング（19）	2 個
17. ゴムブッシング（25）	2 個
18. リングスリーブ（小）	6 個

（注）上記の想定した材料表のリングスリーブの個数には予備品の数は含まれていません．実際の試験では，材料表には予備品を含んだ
リングスリーブの総数が示され，材料箱内にはリングスリーブの予備品もセットされて支給されます．

参考指定工具・用具
1. ペンチ　2. ドライバ（プラス，マイナス）　3. ナイフ　4. スケール　5. ウォータポンププライヤ
6. リングスリーブ用圧着工具（手動片手式工具，JIS C 9711：1982，1990，1997 適合品）　7. 筆記用具

候補問題 No.6 　電気回路図を描く

手順1 変圧器の結線と色別指定

① 変圧器一次側をR相，S相，T相の各母線へ，図4の変圧器結線図に従って描く．
② 変圧器二次側も図4に従って渡り線を描く．渡り線は施工条件4.②よりIV5.5mm²（黒色）を使用．

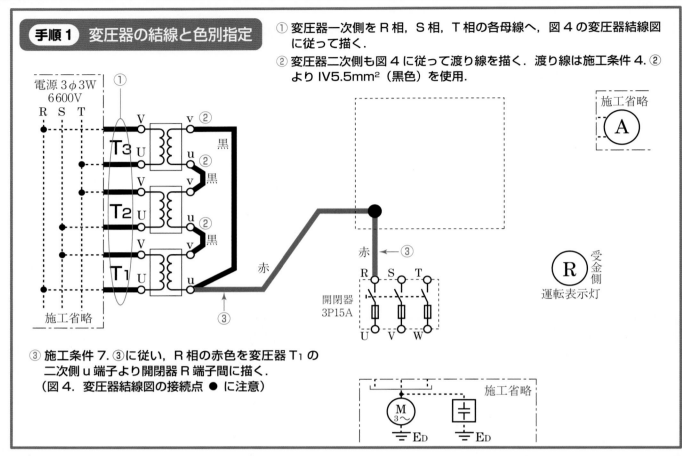

③ 施工条件7.③に従い，R相の赤色を変圧器 T₁ の二次側 u 端子より開閉器 R 端子間に描く．
（図4．変圧器結線図の接続点 ● に注意）

手順2 変圧器の結線と色別指定

① 施工条件4.①より，変圧器 T₁ の v 端子に E_B の接地線を描く．
② 施工条件5，7.②③に従い，変圧器 T₂ の二次側 u 端子〜電流計間を描く．
③ 施工条件5，7.②③に従い，電流計〜開閉器 S 端子間を描く．

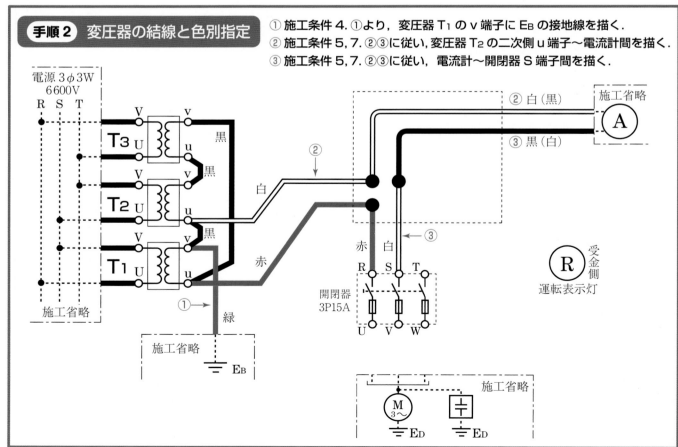

● 施工条件 7. ③より，T 相の黒色を変圧器 T₃ の二次側 u 端子より
開閉器 T 端子間に描く．（図 4. 変圧器結線図の接続点 ● に注意）

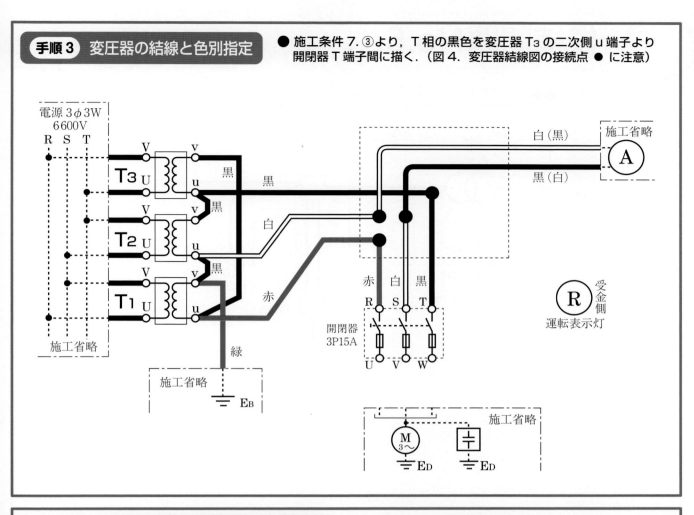

① 施工条件 7. ④より開閉器の各端子と電動機，コンデンサ間を
描く．（U 端子：赤色，V 端子：白色，W 端子：黒色）
② 施工条件 6. より，開閉器 V 端子から運転表示灯の接地側へ
白色を，開閉器 U 端子から運転表示灯の非接地側へ黒色を描く.

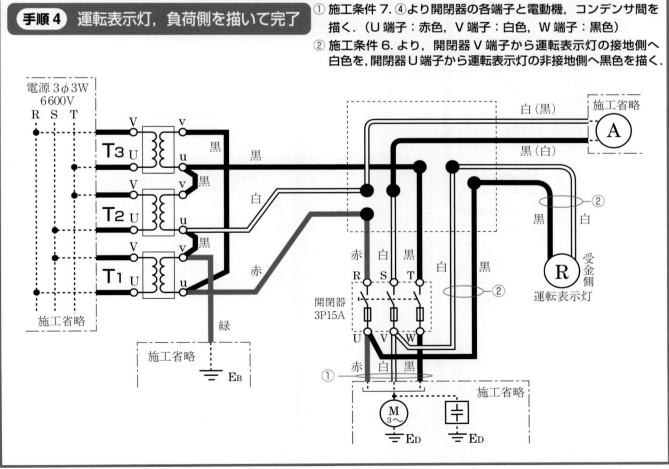

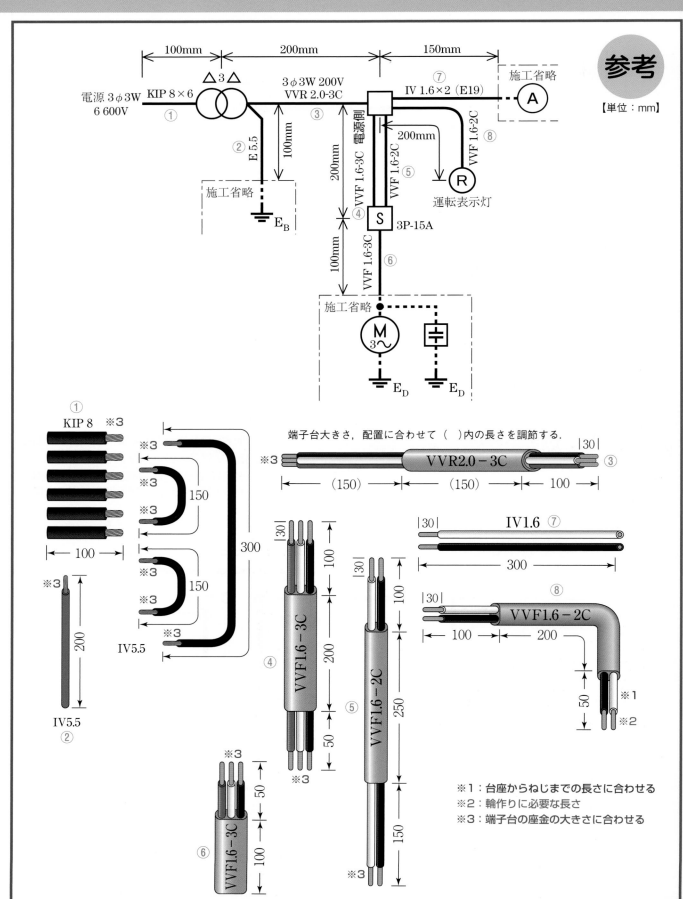

参考
【単位：mm】

電源3φ3W 6 600V　KIP 8×6　①
△3△
3φ3W 200V VVR 2.0-3C　③
IV 1.6×2（E19）　⑦
施工省略　Ⓐ

② E 5.5
100mm

施工省略　E_B

100mm
200mm

200mm
VVF 1.6-3C　電源側
④

VVF 1.6-2C
⑤
VVF 1.6-2C
⑧
Ⓡ
運転表示灯

100mm
Ⓢ
3P-15A

VVF 1.6-3C
⑥

施工省略
Ⓜ 3~
E_D
E_D

① KIP 8　※3
※3
※3
※3
※3
※3
100
150
150
300
※3
IV5.5

※3
200
IV5.5
②

端子台大きさ，配置に合わせて（　）内の長さを調節する．
※3 | VVR2.0-3C | |30| ③
（150）　（150）　100

|30| IV1.6 ⑦
300

|30|
|30|
100
200
VVF1.6-3C
200
50
※3
④

|30|
100
200
VVF1.6-2C
250
150
※3
⑤

|30| VVF1.6-2C ⑧
100　200
50
※1
※2

※3
50
100
VVF1.6-3C
⑥

※1：台座からねじまでの長さに合わせる
※2：輪作りに必要な長さ
※3：端子台の座金の大きさに合わせる

候補問題No.6 完成作品のポイントを見る

変圧器代用の端子台

T₁ 端子台【最下段】

●ポイント①

- 二次側 u 端子に VVR の赤色と T₃ 端子台二次側の v 端子への渡り線（IV：黒色）を結線する．より線と単線なので締め付けに注意する．

- 二次側 v 端子に接地線（IV：緑色）と T₂ 端子台二次側 u 端子への渡り線（IV：黒色）を結線する．

- 心線を奥まで挿入して，IV は充電部分の露出に注意する．KIP の場合は，絶縁被覆が厚いので少々露出してもよい．

T₂ 端子台【中段】

●ポイント②

- 二次側 u 端子に VVR の白色と T₁ 端子台二次側の v 端子への渡り線（IV：黒色）を結線する．より線と単線なので，締め付けに注意する．

- 二次側 v 端子に T₃ 端子台二次側 u 端子への渡り線（IV：黒色）を結線する．

- 心線は直線状態のまま，絶縁被覆を座金で締め付けないように結線する．電線 1 本の結線は，座金の左右どちらに差し込んでもよい．

T₃ 端子台【最上段】

●ポイント③

- 二次側 u 端子に VVR の黒色と T₂ 端子台二次側の v 端子への渡り線（IV：黒色）を結線する．より線と単線なので，締め付けに注意する．

- 二次側 v 端子に T₁ 端子台二次側 u 端子への渡り線（IV：黒色）を結線する．

- T₁ から T₃ 端子台のすべてで，より線の素線が座金からはみ出さないように注意する．1 本でもはみ出すと欠陥となる．

開閉器代用の端子台

●ポイント④

- 電源側の結線は，施工条件の電線色別に従い，R端子に赤色，S端子に白色，T端子に黒色を結線する.
- 負荷側の電動機へのVVFは，施工条件の電線色別に従い，U端子に赤色，V端子に白色，W端子に黒色を結線する.
- 施工条件に従い，運転表示灯をU端子（U相）とV端子（V相）に結線する．V相は接地側なので，受金側の白色を結線する.

ランプレセプタクル・ねじなし電線管

●ポイント⑤

【ランプレセプタクル】
- ケーブルは台座の下部から挿入して，シースが台座の位置になるようにすること.
- 台座のケーブル引込口は欠かないこと.
- 接地側電線の白色は，受金側の端子ねじに結線する.

【ねじなしボックスコネクタ】
- ねじなしボックスコネクタの止めねじは，必ずねじ切れるまで締め付ける.
- ロックナットの取り付け位置の間違いや，絶縁ブッシングの取り付け忘れに注意する.

電線の終端接続（リングスリーブ）

●ポイント⑥

※リングスリーブ接続では，充電部の露出が10mm未満であれば，絶縁被覆の端が多少不揃いでもよい．また，リングスリーブ先端から出ている心線の余分な長さの切断（端末処理をして5mm未満にする）を必ず行う.

- R相は2.0mmと1.6mmの赤色2本の接続なので，「小」の圧着マークで圧着する.

- T₂二次側u端子の白色2.0mmと電流計（施工省略）の白色1.6mmの2本を接続する．圧着マークは「小」.

- 電流計（施工省略）の黒色1.6mmと開閉器S端子の白色1.6mmの2本を接続する．圧着マークは「○」.

- T相は2.0mm×1本と1.6mm×1本の黒色2本の接続なので，「小」の圧着マークで圧着する.

- 運転表示灯のU相は1.6mm×2本の黒色2本の接続なので，「○」の圧着マークで圧着する.

- 運転表示灯のV相は1.6mm×2本の白色2本の接続なので，「○」の圧着マークで圧着する.

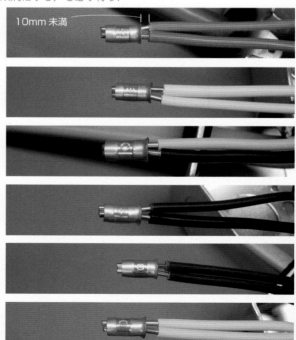

10mm未満

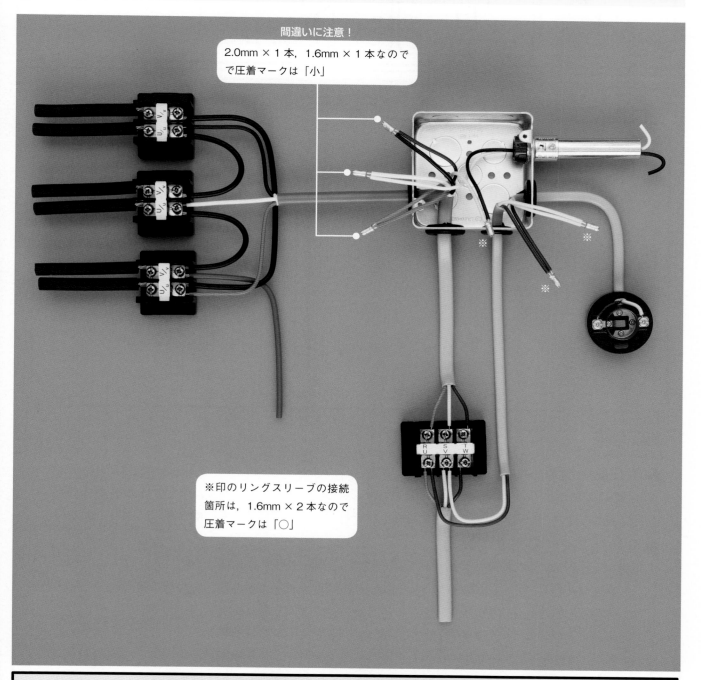

間違いに注意！

2.0mm × 1 本，1.6mm × 1 本なので
で圧着マークは「小」

※印のリングスリーブの接続
箇所は，1.6mm × 2 本なので
圧着マークは「○」

※135ページ下の複線図をもとに完成参考写真を紹介しました.

注意！ 本年度公表された候補問題（本書5ページ参照）には，注記5.に「電源・機器・器具の配置については変更する場合がある.」
とあるため，公表された候補問題の電源・機器・器具の配置が変更されて出題される可能性があります.

◆ 使用材料の別想定（ジョイントボックス）◆

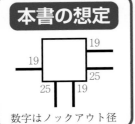

本書の想定

数字はノックアウト径

別想定①

数字はノックアウト径

別想定②

数字はノックアウト径

使用材料

左図の別想定のように，支給される
アウトレットボックスのノックアウ
ト打抜き箇所が異なる場合も考えら
れる．

◆ 施工条件の別想定（変圧器一次側・二次側）◆

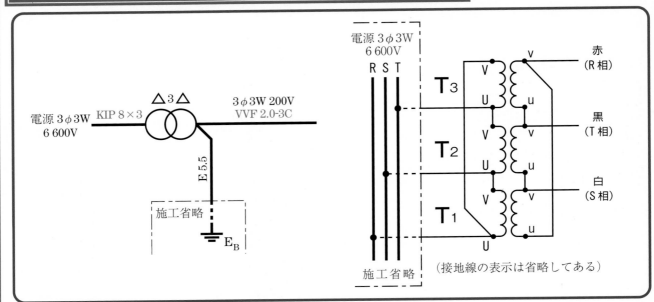

（接地線の表示は省略してある）

施工条件

● 変圧器一次側

本書の想定では，変圧器一次側を電源側の母線による△結線としているが，単相変圧器側の渡り線によ
る△結線も考えられる．試験時には配線図に示された KIP の導体数と変圧器結線図に注意する．

● 変圧器二次側の配線

本書の変圧器二次側の配線の想定

- ・赤色（R 相）：T_1 の u 端子
- ・白色（S 相）：T_2 の u 端子
- ・黒色（T 相）：T_3 の u 端子
- ・緑色（接地線）：T_1 の v 端子

考えられる変圧器二次側の配線の別想定

- ・赤色（R 相）：T_3 の v 端子
- ・白色（S 相）：T_1 の v 端子
- ・黒色（T 相）：T_2 の v 端子
- ・緑色（接地線）：T_2 の u 端子

試験時には変圧器結線図と
B 種接地工事の指定箇所を
しっかり確認して作業する．

● 変圧器二次側の使用ケーブルと渡り線の電線色別

本書の想定では，変圧器二次側のケーブルを VVR2.0-3C，渡り線を黒色（IV5.5mm²）としているが，
これ以外の指定も考えられるため，試験時には，渡り線の電線色別についての指定に注意する．

前ページの別想定の配線図と変圧器結線図が示され，接地線の結線は T₂ の u 端子と指定があり，渡り線の色別を R 相：赤色，S 相：白色，T 相：黒色と指定された場合．
（二次側の配線に VVF2.0-3C，渡り線には IV5.5 が支給されたと想定）

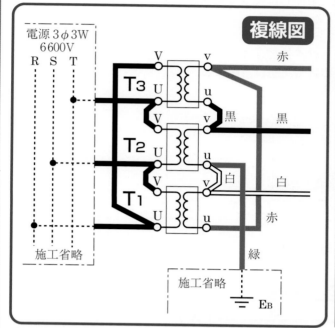

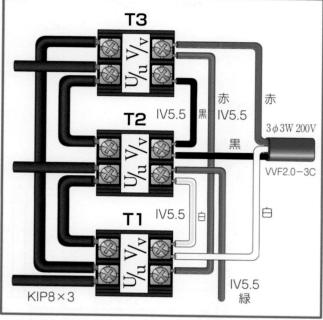

単相変圧器 3 台による △−△ 結線については，様々なパターンが考えられるので，試験時には変圧器結線図と施工条件に注意する．

◆ 施工条件の別想定（運転表示灯）◆

施工条件　　本書の想定では,「運転表示灯は，開閉器二次側の U 相と V 相間に接続すること．」と指定したが,「運転表示灯は，開閉器二次側の V 相と W 相間に接続すること．」と指定される場合も考えられるので注意する．

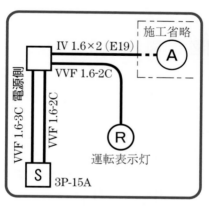

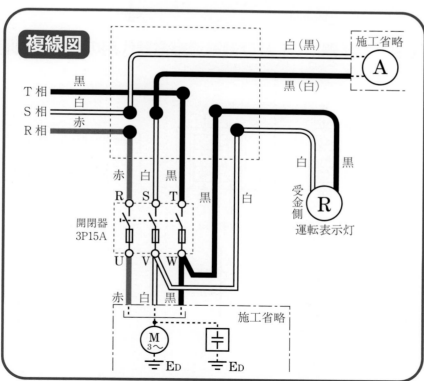

図1に示す配線工事を想定した材料を使用し，「施工条件」に従って完成させなさい．なお，

1. 変圧器，CT及び過電流継電器は端子台で代用する．
2. ――――で示した部分は施工を省略する．
3. 電線接続箇所のテープ巻きや絶縁キャップによる絶縁処理は省略する．
4. ジョイントボックス（アウトレットボックス）の接地工事は省略する．
5. 作品は保護板（板紙）に取り付けないものとする．

図1. 配線図

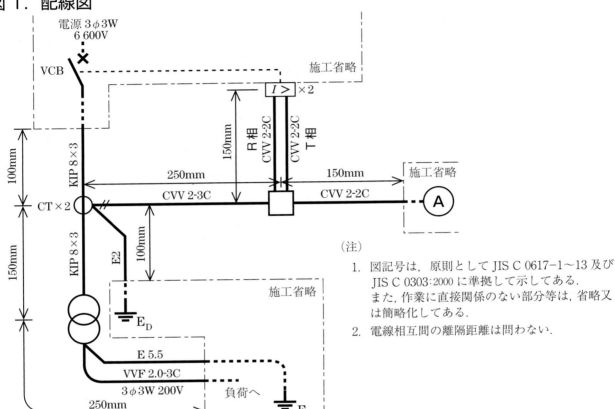

（注）

1. 図記号は，原則として JIS C 0617-1〜13 及び JIS C 0303:2000 に準拠して示してある．また，作業に直接関係のない部分等は，省略又は簡略化してある．
2. 電線相互間の離隔距離は問わない．

図2. 変圧器，CT及び過電流継電器代用の端子台説明図　図3. CT結線図

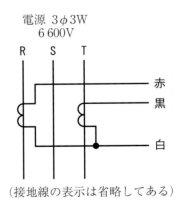

■想定した施工条件

1. 配線及び器具の配置は，**図1**に従って行うこと．
2. 変圧器，CT及び過電流継電器代用の端子台は，**図2**に従って使用すること．
3. CTの結線は，**図3**に従い，かつ，次のように行うこと．
   ① CTのK側を高圧の電源側として使用する．
   ② CTの1端子に結線できる電線本数は2本以下とする．
   ③ CTの接地線は，CTの二次側 *l* 端子に結線する．
   ④ CTの二次側の渡り線は，太さ2mm²（白色）を使用する．
   ⑤ CTのk端子からは，R相，T相それぞれ過電流継電器のC_1R，C_1T端子に結線する．
4. 電流計は，S相の電流を測定するように，接続すること．
5. 変圧器の接地線は，v端子に結線すること．
6. 電線の色別（ケーブルの場合は絶縁被覆の色）は，次によること．
   ① 接地線は，**緑色**を使用する．
   ② CTの二次側からジョイントボックスに至る配線は，R相に**赤色**，T相に**黒色**を使用する．
   ③ 変圧器の二次側の配線は，u相に**赤色**，v相に**白色**，w相に**黒色**を使用する．
7. ジョイントボックスを経由する電線は，すべて接続箇所を設け，リングスリーブによる接続とすること．
8. ジョイントボックスは，**打抜き済みの穴だけ**をすべて使用すること．

想定した材料表	
1. 高圧絶縁電線（KIP），8mm²，長さ約750mm ·······················	1本
2. 制御用ビニル絶縁ビニルシースケーブル，2mm²，3心，長さ約500mm ·············	1本
3. 制御用ビニル絶縁ビニルシースケーブル，2mm²，2心，長さ約850mm ·············	1本
4. 600Vビニル絶縁ビニルシースケーブル平形（シース青色），2.0mm，3心，長さ約300mm ······	1本
5. 600Vビニル絶縁電線，5.5mm²，緑色，長さ約300mm ······················	1本
6. 600Vビニル絶縁電線，2mm²，緑色，長さ約200mm ·······················	1本
7. 端子台（変圧器の代用），3P，大 ·································	1個
8. 端子台（CTの代用），2P，大 ···································	2個
9. 端子台（過電流継電器の代用），4P ·······························	1個
10. ジョイントボックス（アウトレットボックス 19mm 2箇所，25mm 2箇所 ノックアウト打抜き済み） ····	1個
11. ゴムブッシング（19） ·······································	2個
12. ゴムブッシング（25） ·······································	2個
13. リングスリーブ（小） ·······································	4個

（注）上記の想定した材料表のリングスリーブの個数には予備品の数は含まれていません．実際の試験では，材料表には予備品を含んだリングスリーブの総数が示され，材料箱内にはリングスリーブの予備品もセットされて支給されます．

参考指定工具・用具
1. ペンチ　2. ドライバ（プラス，マイナス）　3. ナイフ　4. スケール　5. ウォータポンププライヤ
6. リングスリーブ用圧着工具（手動片手式工具，JIS C 9711：1982，1990，1997適合品）　7. 筆記用具

候補問題 No.7　電気回路図を描く

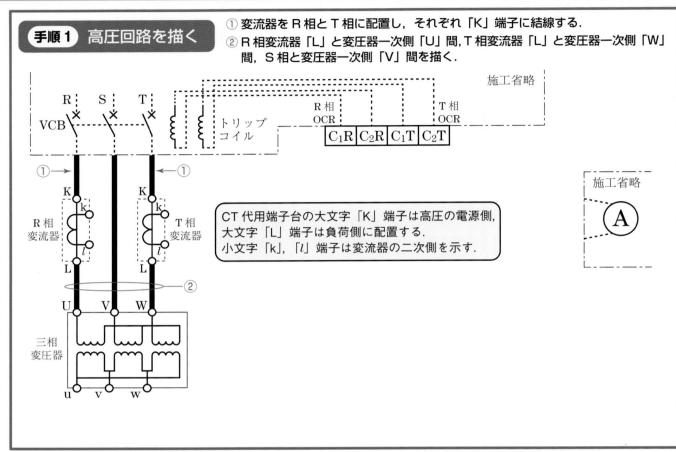

手順1　高圧回路を描く

① 変流器をR相とT相に配置し，それぞれ「K」端子に結線する．
② R相変流器「L」と変圧器一次側「U」間，T相変流器「L」と変圧器一次側「W」間，S相と変圧器一次側「V」間を描く．

CT代用端子台の大文字「K」端子は高圧の電源側，大文字「L」端子は負荷側に配置する．
小文字「k」，「l」端子は変流器の二次側を示す．

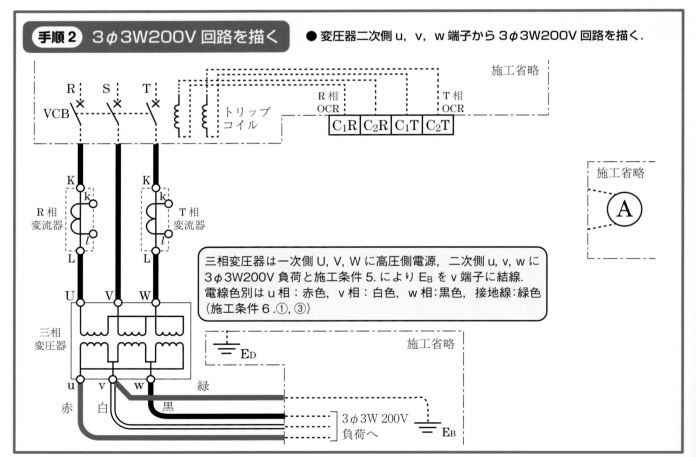

手順2　3φ3W200V回路を描く　● 変圧器二次側 u，v，w 端子から 3φ3W200V 回路を描く．

三相変圧器は一次側 U, V, W に高圧側電源，二次側 u, v, w に 3φ3W200V 負荷と施工条件5.により E_B を v 端子に結線．
電線色別は u 相：赤色，v 相：白色，w 相:黒色，接地線:緑色
（施工条件6.①，③）

144

手順3 変流器（CT）の二次側を描く

① R相変流器の「k」端子より，R相OCRの「C₁R」端子へ結線する．
② T相変流器の「k」端子より，T相OCRの「C₁T」端子へ結線する．
③ R相，T相の「l」端子間に渡り線（白色）を結線し，T相変流器の「l」端子からの白色と電流計（施工省略）からの電線と接続する．

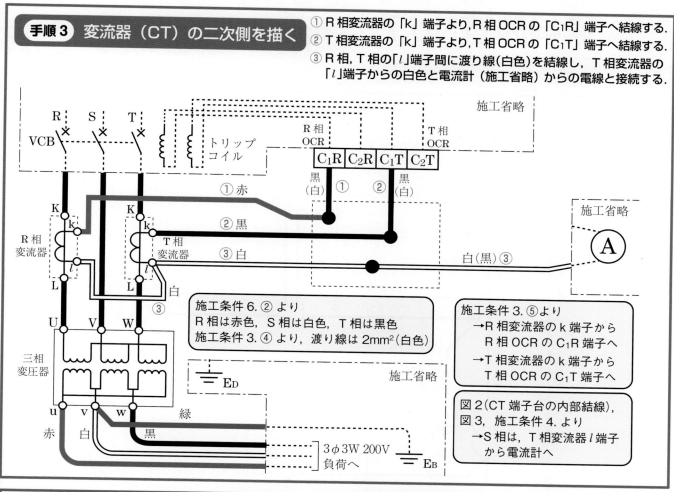

施工条件6.② より
R相は赤色，S相は白色，T相は黒色
施工条件3.④ より，渡り線は 2mm²（白色）

施工条件3.⑤ より
→R相変流器のk端子から
　R相OCRのC₁R端子へ
→T相変流器のk端子から
　T相OCRのC₁T端子へ

図2（CT端子台の内部結線），
図3，施工条件4. より
→S相は，T相変流器l端子
　から電流計へ

手順4 変流器（CT）の二次側を描く

① 変流器二次側回路は開放できないので，R相OCR「C₂R」端子の電線，T相OCR「C₂T」端子の電線，電流計（施工省略）からの電線を接続（短絡）する．
② 接地線（E_D）をR相変流器二次側の「l」端子に描いて完了．

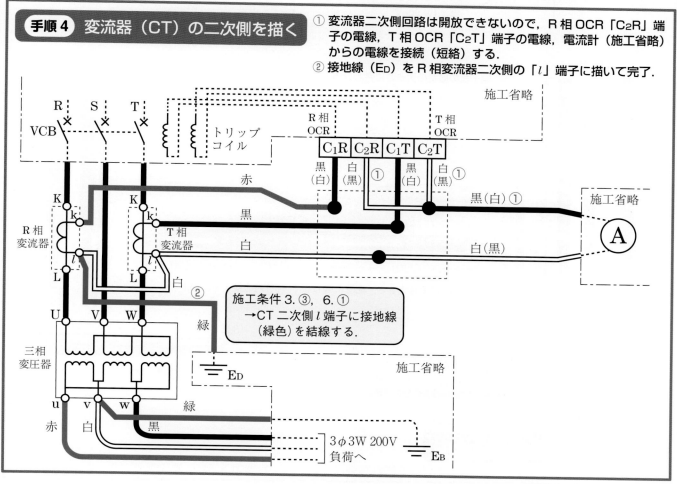

施工条件3.③，6.①
→CT二次側l端子に接地線
　（緑色）を結線する．

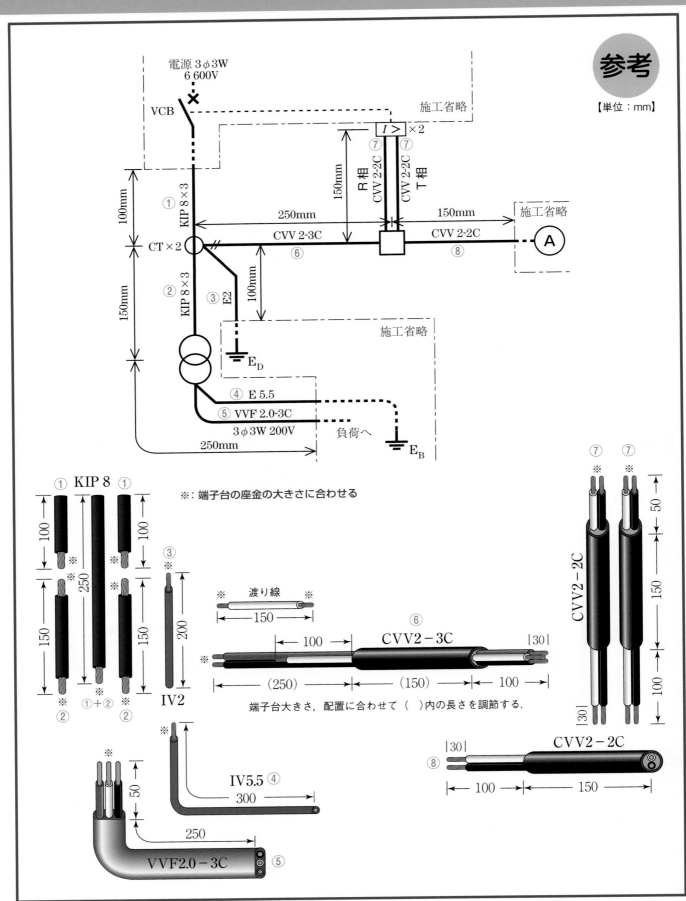

参考

【単位：mm】

146

········ CT代用の端子台 ········

R相側【左側】

●ポイント①

- 大文字K端子には, VCB（施工省略）のR相からのKIPを結線する.
- 大文字L端子に三相変圧器一次側U端子へのKIPを結線する.
- 小文字k端子にCVVの赤色を結線する.
- 小文字l端子に接地線（IV：緑色）とT相変流器二次側l端子への渡り線（CVV2-3Cより準備した白色）を結線する.
- 絶縁被覆のむき過ぎや締め付けに注意する.

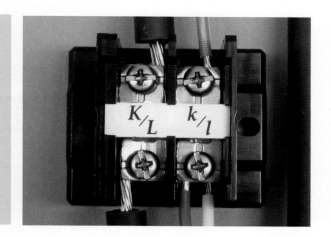

T相側【右側】

●ポイント②

- 大文字K端子には, VCB（施工省略）のT相からのKIPを結線する.
- 大文字L端子に三相変圧器一次側W端子へのKIPを結線する.
- 小文字k端子にCVVの黒色を結線する.
- 小文字l端子にR相変流器二次側l端子への渡り線（CVV：白色）とCVVの白色を結線する.
- 絶縁被覆のむき過ぎや締め付けに注意する.

········ 変圧器代用の端子台 ········

●ポイント③

- 一次側U端子にR相変流器L端子からのKIPを結線する.
- 一次側V端子にVCB（施工省略）のS相からのKIPを結線する.
- 一次側W端子にT相変流器L端子からのKIPを結線する.
- 二次側に三相200V回路のVVF2.0-3Cを結線する.（施工条件5と6.③による.）u端子：赤, v端子：白, 緑, w端子：黒

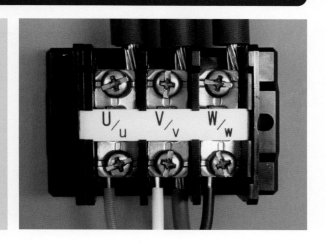

········ OCR 代用の端子台 ·········

●ポイント④

- R相，T相の各端子は，電線色別の指定がなく，黒色，白色のどちらを結線してもよい.
- R相OCRの「C₁R」端子と「C₂R」端子に結線する電線は，同じCVVケーブルの黒色または白色を結線する（R相CTの赤色からR相OCR「C₁R」端子へ至る．また，R相OCR「C₂R」端子から電流計（施工省略）へ至る.）.
- T相OCRの「C₁T」端子と「C₂T」端子に結線する電線は，同じCVVケーブルの黒色または白色を結線する（T相CTの黒色からT相OCR「C₁T」端子へ至る．また，T相OCR「C₂T」端子から電流計（施工省略）へ至る.）.

······ 電線の終端接続（リングスリーブ） ······

※リングスリーブ接続では，充電部の露出が10mm未満であれば，絶縁被覆の端が多少不揃いでもよい．また，リングスリーブ先端から出ている心線の余分な長さの切断（端末処理をして5mm未満にする）を必ず行う.

●ポイント⑤

- R相変流器k端子の赤色（2mm²）とR相OCR端子台C₁R端子の黒色（2mm²）の2本を「○」の圧着マークで圧着する.

  ※断面積2mm²は，直径1.6mmと太さが同等なので注意する.

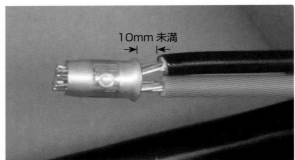

10mm 未満

- T相変流器k端子の黒色（2mm²）とT相OCR端子台C₁T端子の黒色（2mm²）の2本を「○」の圧着マークで圧着する.

  ※断面積2mm²は，直径1.6mmと太さが同等なので注意する.

- 電流計に至る白色（2mm²），T相変流器l端子からの白色（2mm²）の2本を「○」の圧着マークで圧着する.

  ※断面積2mm²は，直径1.6mmと太さが同等なので注意する.

- R相OCR端子台C₂R端子の白色（2mm²），T相OCR端子台C₂T端子の白色（2mm²），電流計に至る黒色（2mm²）の3本を「小」の圧着マークで圧着する.

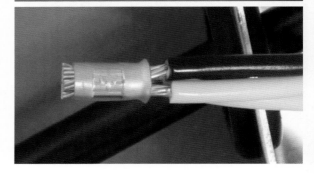

148

公表された候補問題

No.7 完成参考写真

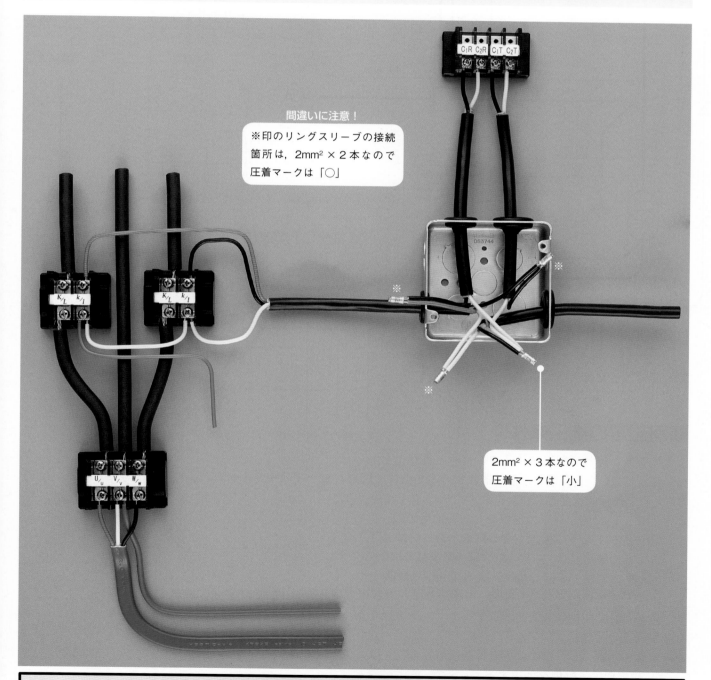

間違いに注意！

※印のリングスリーブの接続
箇所は，2mm² × 2本なので
圧着マークは「○」

2mm² × 3本なので
圧着マークは「小」

※145ページ下の複線図をもとに完成参考写真を紹介しました.

 本年度公表された候補問題（本書5ページ参照）には，注記5.に「電源・機器・器具の配置については変更する場合がある.」
とあるため，公表された候補問題の電源・機器・器具の配置が変更されて出題される可能性があります.

※図1, 図2, 図3は142ページと同じです.

図1. 配線図

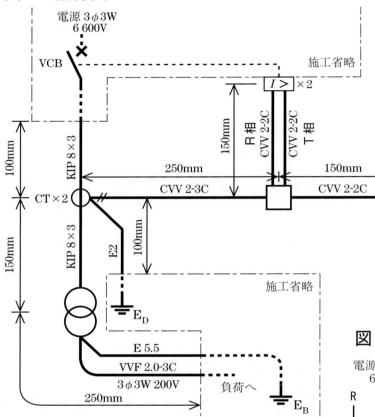

図2. 変圧器, CT 及び過電流継電 代用の端子台説明図

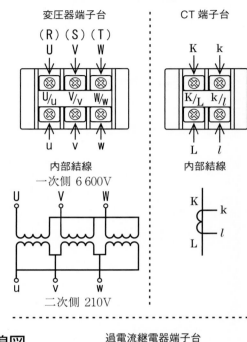

変圧器端子台　　　CT 端子台

内部結線
一次側 6 600V　　　内部結線

二次側 210V

図3. CT 結線図

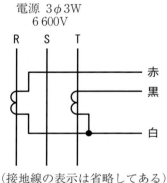

電源 3φ3W
6 600V

R　S　T

赤
黒
白

（接地線の表示は省略してある）

過電流継電器端子台

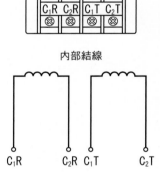

内部結線

C₁R　C₂R　C₁T　C₂T

■別想定の施工条件

1. 配線及び器具の配置は, 図1に従って行うこと.
2. 変圧器, CT 及び過電流継電器代用の端子台は, 図2に従って使用すること.
3. CT の結線は, 図3に従い, かつ, 次のように行うこと.
   ① CT の K 側を高圧の電源側として使用する.
   ② CT の1端子に結線できる電線本数は2本以下とする.
   ③ CT の接地線は, CT の二次側 l 端子に結線する.
   ④ CT の二次側の渡り線は, 太さ 2mm² (白色) とする.
   ⑤ CT の k 端子からは, R 相, T 相それぞれ過電流継電器の C₁R, C₁T 端子に結線する.
4. 電流計は, R 相の電流を測定するように, 接続すること.
5. 変圧器の接地線は, v 端子に結線すること.
6. 電線の色別（ケーブルの場合は絶縁被覆の色）は, 次によること.
   ① 接地線は, 緑色を使用する.
   ② CT の二次側からジョイントボックスに至る配線は, R 相に赤色, T 相に黒色を使用する.
   ③ 変圧器の二次側の配線は, u 相に赤色, v 相に白色, w 相に黒色を使用する.
7. ジョイントボックスを経由する電線は, すべて接続箇所を設け, リングスリーブによる接続とすること.
8. ジョイントボックスは, 打抜き済みの穴だけをすべて使用すること.

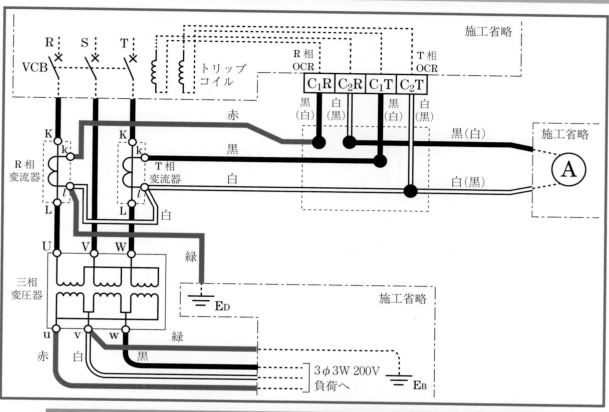

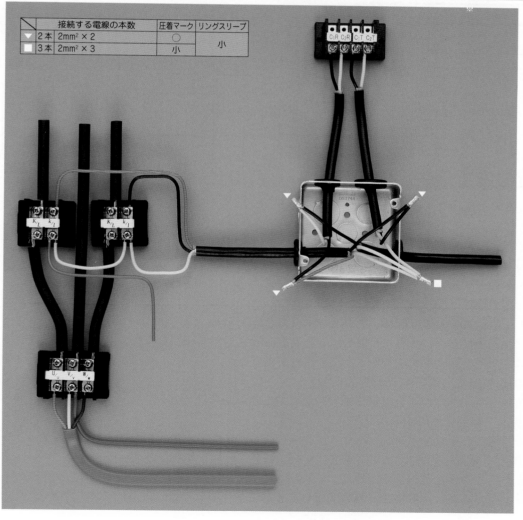

	接続する電線の本数	圧着マーク	リングスリーブ
▼ 2本	2mm² × 2	○	小
□ 3本	2mm² × 3	小	

※図1，図2，図3は142ページと同じです．

図1. 配線図

電源 3φ3W
6 600V

VCB

施工省略

I > ×2

KIP 8×3

100mm

CT×2

R相 CVV 2-2C　T相 CVV 2-2C

250mm

CVV 2-3C

150mm

CVV 2-2C

施工省略

Ⓐ

150mm

100mm

KIP 8×3

E2

E_D

施工省略

E 5.5

VVF 2.0-3C

3φ3W 200V

負荷へ

250mm

E_B

図2. 変圧器，CT及び過電流継電代用の端子台説明図

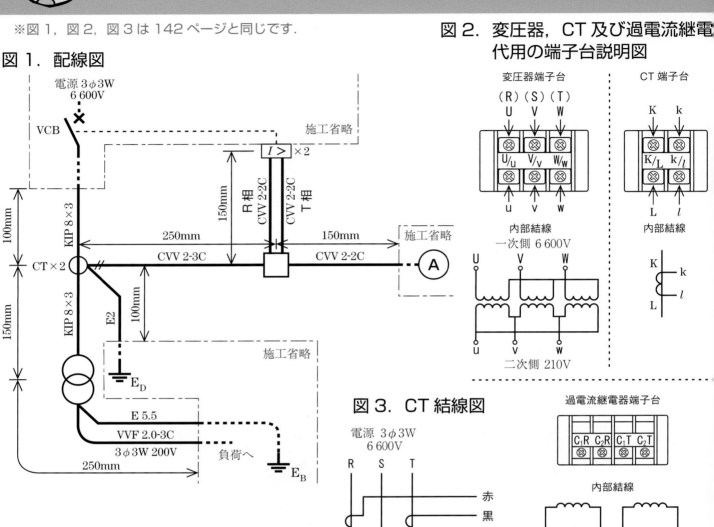

変圧器端子台

（R）（S）（T）

U　V　W

U/u　V/v　W/w

u　v　w

CT端子台

K　k

K/L　k/l

L　l

内部結線
一次側 6 600V

U　V　W

u　v　w

二次側 210V

内部結線

K　k

L　l

図3. CT結線図

電源 3φ3W
6 600V

R　S　T

赤
黒

白

（接地線の表示は省略してある）

過電流継電器端子台

C₁R C₂R C₁T C₂T

内部結線

C₁R　C₂R　C₁T　C₂T

■別想定の施工条件

1. 配線及び器具の配置は，図1に従って行うこと．
2. 変圧器，CT及び過電流継電器代用の端子台は，図2に従って使用すること．
3. CTの結線は，図3に従い，かつ，次のように行うこと．
   ① CTのK側を高圧の電源側として使用する．
   ② CTの1端子に結線できる電線本数は2本以下とする．
   ③ CTの接地線は，CTの二次側l端子に結線する．
   ④ CTの二次側端子の渡り線は，太さ2mm²（白色）とする．
   ⑤ CTのk端子からは，R相，T相それぞれ過電流継電器のC₁R，C₁T端子に結線する．
4. 電流計は，T相の電流を測定するように，接続すること．
5. 変圧器の接地線は，v端子に結線すること．
6. 電線の色別（ケーブルの場合は絶縁被覆の色）は，次によること．
   ① 接地線は，緑色を使用する．
   ② CTの二次側からジョイントボックスに至る配線は，R相に赤色，T相に黒色を使用する．
   ③ 変圧器の二次側の配線は，u相に赤色，v相に白色，w相に黒色を使用する．
7. ジョイントボックスを経由する電線は，すべて接続箇所を設け，リングスリーブによる接続とすること．
8. ジョイントボックスは，打抜き済みの穴だけをすべて使用すること．

2024年度対応 第一種電気工事士技能試験
ケーブルセット+器具・消耗品セット

この商品は 2024 年度の候補問題 10 問題をすべて練習できる材料
（ケーブル・器具等）一式のセットです.

※一部の器具は流用いたしますので，他の問題を練習の際は施工済みの完成作品を分解する必要があります.
※この材料セットには解説書は付いておりません. ご使用の際は弊社発行の 2024 年版の『候補問題できた！』，『候補問題の攻略手順』の
いずれかをテキストとしてお使いください.

この商品の予定内容一覧

【ケーブルセット】

- 高圧絶縁電線 8mm² (KIP8)
- 制御用ビニル絶縁ビニルシースケーブル 2mm²，2 心 (CVV2-2C)
- 制御用ビニル絶縁ビニルシールケーブル 3mm²，3 心 (CVV2-3C)
- 600V ビニル絶縁ビニルシースケーブル丸形 2.0mm，3 心 (VVR2.0-3C)
- 600V ビニル絶縁ビニルシースケーブル平形 1.6mm，2 心 (VVF1.6-2C)
- 600V ビニル絶縁ビニルシースケーブル平形 1.6mm，3 心 (VVF1.6-3C：黒，白，赤)
- 600V ビニル絶縁ビニルシースケーブル平形 1.6mm，4 心 (VVF1.6-4C：黒，白，赤，緑)
- 600V ビニル絶縁ビニルシースケーブル平形 2.0mm，2 心 (VVF2.0-2C：シース青色)
- 600V ビニル絶縁ビニルシースケーブル平形 2.0mm，3 心 (VVF2.0-3C：シース青色)
- 600V ビニル絶縁ビニルシースケーブル平形 2.0mm，3 心 (VVF2.0-3C：黒，白，緑)
- 600V ビニル絶縁電線 5.5mm² (IV5.5：黒)
- 600V ビニル絶縁電線 5.5mm² (IV5.5：白)
- 600V ビニル絶縁電線 5.5mm² (IV5.5：緑)
- 600V ビニル絶縁電線 2mm² (IV2：緑)
- 600V ビニル絶縁電線 2mm² (IV2：黄)
- 600V ビニル絶縁電線 2.0mm (IV2.0：緑)
- 600V ビニル絶縁電線 1.6mm (V1.6：黒)
- 600V ビニル絶縁電線 1.6mm (V1.6：白)
- 600V ビニル絶縁電線 1.6mm (V1.6：緑)

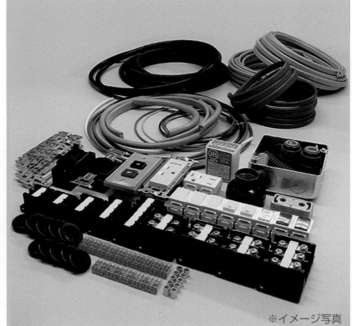

※イメージ写真

【器具・消耗品セット】

- 端子台 2P（大）（変圧器・VT・CT 代用）
- 端子台 3P（大）（変圧器・開閉器代用）
- 端子台 3P（小）（自動点滅器代用等）
- 端子台 4P（タイムスイッチ代用等）
- 端子台 6P（電磁開閉器・開閉器代用）
- 配線用遮断器（100V2 極 1 素子）
- 押しボタンスイッチ（1a，1b）
- 埋込連用タンブラスイッチ（片切）
- 埋込連用タンブラスイッチ（両切）

- 埋込連用タンブラスイッチ（3 路用）
- 埋込連用パイロットランプ（赤）
- 埋込連用パイロットランプ（白）
- 埋込連用コンセント
- 埋込連用接地極付コンセント
- 埋込コンセント（15A250V 接地極付）
- 埋込コンセント（動力用 3P15A250V 接地極付）
- 埋込連用取付枠
- ランプレセプタクル
- 露出形コンセント
- 引掛シーリング（ボディ（角形）のみ）

- アウトレットボックス
- ねじなし電線管（E19）
- ねじなしボックスコネクタ（E19）
- 絶縁ブッシング（19）
- ゴムブッシング（19）
- ゴムブッシング（25）
- リングスリーブ（小）
- リングスリーブ（中）
- 差込形コネクタ（2 本用）
- 差込形コネクタ（3 本用）

※練習に使用した器具は，電圧を印加しての回路には使用できませんのでご注意下さい.

● ケーブルセット，器具・消耗品セット単体の購入も可能！

4 月発売予定

第一種電気工事士技能試験 ケーブルセット+器具・消耗品セット
上記のすべてのケーブル・器具一式が収められたパックです.

ケーブルセット
（上記のケーブルのみが収められたセット）
4 月発売予定

器具・消耗品セット
（上記の器具・消耗品のみが収められたセット）
4 月発売予定

これらの商品は書店で扱っておりません.
価格等のご確認やご注文は，弊社ホーム
ページにて承ります.

ホームページは

ここから！

電気書院
DENKISHOIN

〒101-0051
東京都千代田区神田神保町 1-3（ミヤタビル 2F）
TEL（03）5259-9160／FAX（03）5259-9162

工具セット

弊社オリジナルの「電気工事士技能試験 工具セット」(ツノダ製), 「工具＋ケーブルストリッパ・収納ボックスセット」とHOZAN「電気工事士技能試験 工具セット」の３種類をご用意しました

電気書院オリジナル工具セット(ツノダ製)

販売価格 14,300 円 送料サービス(10%税込)

この商品は書店では扱っておりません.

ツノダ製の「技能試験工具セット」をベースに，電工ナイフの代わりにケーブルカッターをセットにした電気書院オリジナルの工具セットです.

ゴムブッシングの穴あけ作業や VVR ケーブルの外装はぎ取り作業を電工ナイフを使わずにケーブルカッターで安全に行えます.

受験後のお仕事にも続けてお使いいただける，オススメの工具セットです！

●セット内容一覧●
①マイナスドライバー / ②プラスドライバー
③ペンチ (CP-175) / ④ケーブルカッター (CA-22)
⑤VVF ストリッパ (VAS-230)
⑥圧着工具 (TP-R)※刻印：○, 小, 中, 大
⑦ウォータポンププライヤ (WP-200DS)
⑧メジャー / ⑨工具袋※当セットの工具一式が収まります.

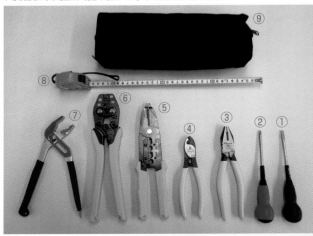

※第一種電気工事士技能試験で支給される VVF ケーブル 4 心の外装はぎ取り作業には「電工ナイフ」が必要です. 当セットには電工ナイフが含まれておりませんので, 第一種電気工事士技能試験の受験に当セットをご使用になる場合は, 別途「電工ナイフ」をご自身でご準備ください.

ケーブルカッターでの電工ナイフの代替作業

YouYube (Tsunoda-Japan)にて公開中

★オリジナルセット販売記念★
※キャンペーン実施期間：2024 年 4 月 22 日～2024 年 12 月 6 日まで

販売開始を記念して, 通常販売価格から **10%OFF** の **12,870 円** 送料サービス(10%税込)でご提供いたします. ぜひ, この機会をお見逃しなく !!

＊学校様・法人様向けのまとめ買い割引も行っております. 割引率等の詳細は弊社営業部までお問い合わせください.

工具セット(HOZAN製 DK-28)

販売価格 15,400 円 送料サービス(10%税込)

この商品は書店では扱っておりません.

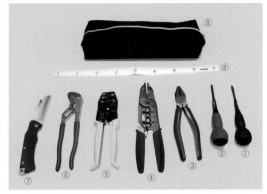

①マイナスドライバ / ②プラスドライバ / ③ペンチ (P-43-175) /
④VVF ストリッパー (P-958) / ⑤圧着工具 (P-738)※刻印：○, 小, 中 /
⑥ウォーターポンププライヤ (P-244) / ⑦電工ナイフ (Z-680)
⑧布尺 / ⑨ツールポーチ
＊付録として「第二種技能試験対策ハンドブック(HOZAN 製)」付

工具セット(電気書院オリジナル)
(指定工具＋ケーブルストリッパ・収納ボックスセット)

販売価格 27,500 円 送料サービス(10%税込)

この商品は書店では扱っておりません.

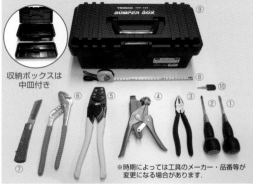

収納ボックスは中皿付き

※時期によっては工具のメーカー・品番等が変更になる場合があります.

①マイナスドライバ (トラスコ中山製 TDD-6-100) / ②プラスドライバ (トラスコ中山製 TDD-2-100) / ③電工ペンチ (トラスコ中山製)
④ケーブルストリッパ (MMC製 VS-R1623 右利用用) / ⑤リングスリーブ用圧着ペンチ (ジェフコム DC-17A)※刻印：○, 小, 中, 大
⑥ウォータポンププライヤ (トラスコ中山製 TWP-250) / ⑦電工ナイフ (HOZAN製 Z-683) / ⑧メジャー (ムラテック KDS製 S13-20N)
⑨収納ボックス (トラスコ中山製 TFP-395) / ⑩プレート外しキー (ムラテライテック製 NDG4990)

(注) このセットのケーブルストリッパは下刃で電線を固定し, 上刃だけスライドさせる構造になっています. そのため切り口がきれいにはぎ取れませんのでご了承ください. なお, 技能試験では切り口がきれいにはぎ取れていなくても欠陥扱いされません.

★こちらの商品は書店では扱っておりません. ご購入は, 弊社ホームページ(https://www.denkishoin.co.jp)等から直接ご注文ください.

電気書院 DENKISHOIN
〒101-0051
東京都千代田区神田神保町 1-3 (ミヤタビル 2F)
TEL (03) 5259-9160 / FAX (03) 5259-9

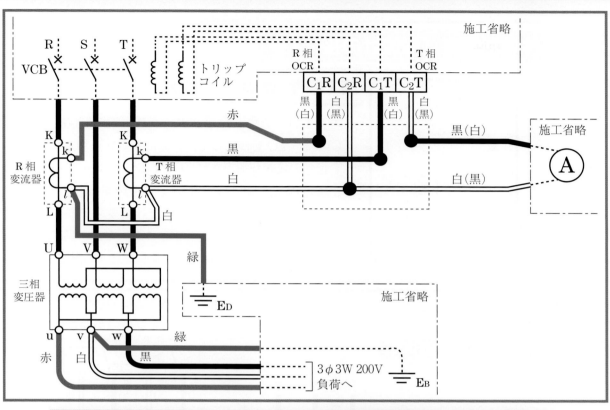

	接続する電線の本数	圧着マーク	リングスリーブ
▼	2本	2mm² × 2	○	小
■	3本	2mm² × 3	小	

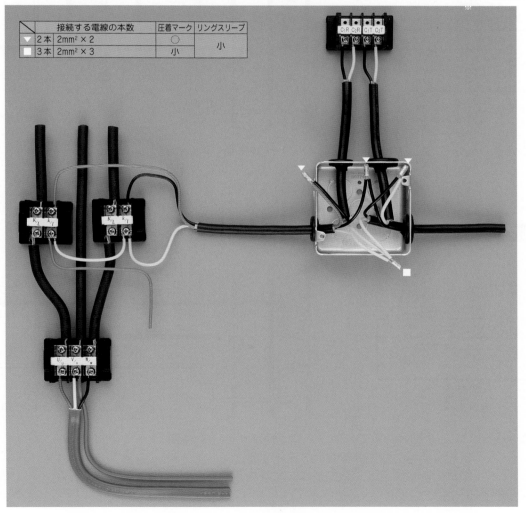

153

◆施工条件の別想定（電流計の接続）◆

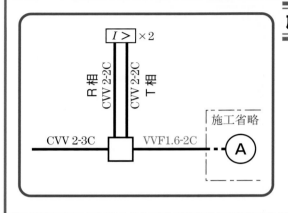

施工条件 ● 電流計の接続

本書では，アウトレットボックス～電流計（施工省略）間に CVV2－2C を使用して，S 相に接続する想定だが，R 相や T 相への接続が指定され，アウトレットボックス～電流計（施工省略）間に VVF1.6－2C などを使用する想定も考えられる．また，電流計（施工省略）に電流計切換スイッチが内蔵されているとし，アウトレットボックス～電流計（施工省略）間に VVF1.6－3C などを使用して各相に接続する想定も考えられる．

別想定　電流測定する相が指定され，アウトレットボックス～電流計（施工省略）間に VVF1.6－2C を使用すると指定された場合．（電流計に結線する電線の色別は指定がないものとする．）

電流測定相が T 相と指定された場合

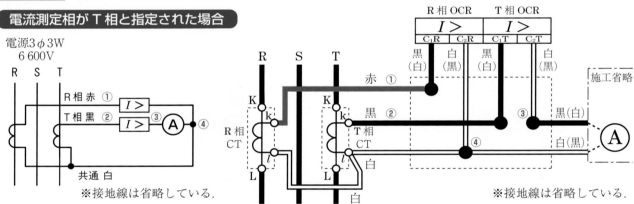

〈ポイント〉　・CT 二次側は開放できないので，短絡する（④の箇所）．
　　　　　　・電流測定相に電流計を直列に接続する（③と④の間）．
　　　　　　・電線の色別指定は，施工条件に注意する．

電流測定相が R 相と指定された場合

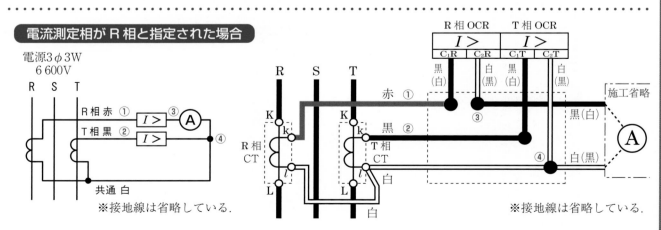

〈ポイント〉　・CT 二次側は開放できないので，短絡する（④の箇所）．
　　　　　　・電流測定相に電流計を直列に接続する（③と④の間）．
　　　　　　・電線の色別指定は，施工条件に注意する．

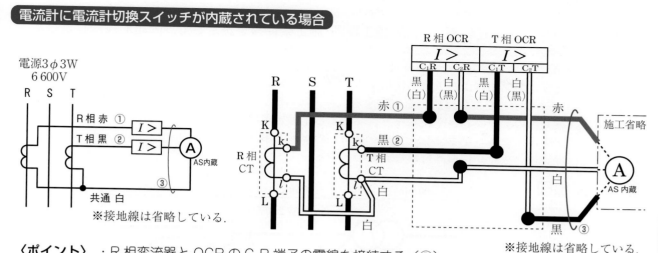

〈ポイント〉 ・R相変流器とOCRのC_1R端子の電線を接続する（①）.
　　　　　　・T相変流器とOCRのC_1T端子の電線を接続する（②）.
　　　　　　・OCRのC_2R端子，C_2T端子の電線と共通の白色をAS内蔵の電流計に接続する（③）.
　　　　　　・電線の色別指定は，施工条件に注意する.

◆支給材料の別想定（OCR代用端子台）◆

● 過電流継電器代用端子台の想定について

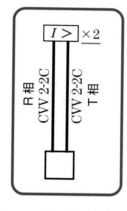

本年度公表された候補問題では，過電流継電器（OCR）の図記号に「×2」と示されているが，本書では過電流継電器（OCR）の代用端子台は4Pのものが1つ支給され，R相側を「C_1R」端子，「C_2R」端子，T相側を「C_1T」端子，「C_2T」端子として使用すると想定している. 配線図の図記号では「×2」と示されているので，過電流継電器（OCR）の代用端子台に2Pのものを2つ使用することも考えられる.

別想定　過電流継電器（OCR）の代用端子台に2Pのものが2つ支給された場合.

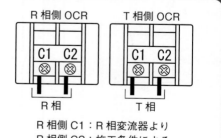

R相側C1：R相変流器より
R相側C2：施工条件による
T相側C1：T相変流器より
T相側C2：施工条件による

過電流継電器（OCR）の代用端子台に2Pのものが2個支給された場合，各端子の記号は，「C1」，「C2」と想定できる. この場合，左側に配置した端子台がR相側となり，右側に配置した端子台がT相側となる. 端子台に関しては左図を参照.

図1に示す配線工事を想定した材料を使用し，「施工条件」に従って完成させなさい．なお，
1. 変圧器及び電磁開閉器は端子台で代用する．
2. ——・—— で示した部分は施工を省略する．
3. 電線接続箇所のテープ巻きや絶縁キャップによる絶縁処理は省略する．
4. ジョイントボックス（アウトレットボックス）の接地工事は省略する．
5. 作品は保護板（板紙）に取り付けないものとする．

図1．配線図

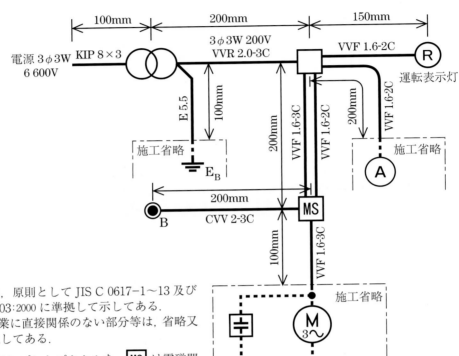

（注）
1. 図記号は，原則として JIS C 0617-1～13 及び JIS C 0303:2000 に準拠して示してある．
また，作業に直接関係のない部分等は，省略又は簡略化してある．
2. Ⓡ はランプレセプタクルを，MS は電磁開閉器を示す．

図2．変圧器代用の端子台説明図

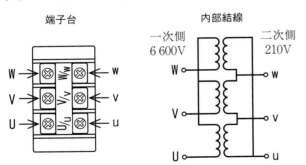

図3．電磁開閉器代用の端子台説明図

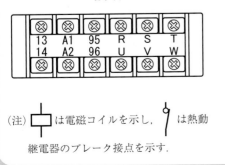

(注) ▢ は電磁コイルを示し，┐ は熱動
継電器のブレーク接点を示す．

図4．制御回路図

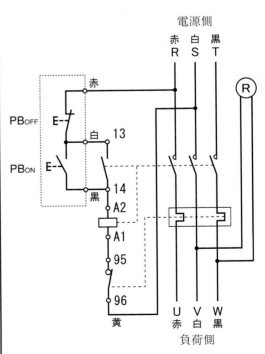

■想定した施工条件

1. 配線及び器具の配置は，図1に従って行うこと．
2. 変圧器代用の端子台は，図2に従って使用すること．
3. 電磁開閉器代用の端子台は，図3に従って使用すること．
4. 制御回路の結線は，図4に従って行うこと．
5. **電流計は，変圧器二次側のv相に接続すること．**
6. 変圧器の接地線は，**v端子**に結線すること．
7. 電線の色別（ケーブルの場合は絶縁被覆の色）は，次によること．
    ① 接地線は，**緑色**を使用する．
    ② 接地側電線は，電流計の回路を除きすべて**白色**を使用する．
    ③ 変圧器の二次側の配線は，u相に**赤色**，v相に**白色**，w相に**黒色**を使用する．
    ④ **電磁開閉器の端子相互間の配線に使用する電線は，黄色**を使用する．
    ⑤ 電動機回路の電源に使用する電線及び押しボタンに使用する電線の色別は，図4による．
    ⑥ ランプレセプタクルの受金ねじ部の端子には，**白色**の電線を結線する．
8. ジョイントボックスを経由する電線は，すべて接続箇所を設け，リングスリーブによる接続とすること．
9. ジョイントボックスは，**打抜き済みの穴だけ**をすべて使用すること．
10. 押しボタンスイッチ内の**既設配線**は，**取り除いたり，変更したりしない**こと．

想定した材料表	
1. 高圧絶縁電線（KIP），8mm²，長さ約300mm ･･････････････････････････	1本
2. 600V ビニル絶縁ビニルシースケーブル丸形，2.0mm，3心，長さ約350mm ･････････････	1本
3. 600V ビニル絶縁ビニルシースケーブル平形，1.6mm，3心，長さ約500mm ･･･････････	1本
4. 600V ビニル絶縁ビニルシースケーブル平形，1.6mm，2心，長さ約1100mm ･････････	1本
5. 制御用ビニル絶縁ビニルシースケーブル，2mm²，3心，長さ約350mm ･･･････････	1本
6. 600V ビニル絶縁電線，5.5mm²，緑色，長さ約200mm ･････････････････････	1本
7. 600V ビニル絶縁電線，2mm²，黄色，長さ約500mm ･･････････････････････	1本
8. 端子台（変圧器の代用），3P，大 ･･････････････････････････････････	1個
9. 端子台（電磁開閉器の代用），6P ･･･････････････････････････････････	1個
10. 押しボタンスイッチ（接点1a，1b，既設配線付，箱なし）････････････････	1個
11. ランプレセプタクル（カバーなし）･････････････････････････････････	1個
12. ジョイントボックス（アウトレットボックス 19mm 2箇所，25mm 3箇所 ノックアウト打抜き済み）･･･	1個
13. ゴムブッシング（19）･･･	2個
14. ゴムブッシング（25）･･･	3個
15. リングスリーブ（小）･･･	6個

（注）上記の想定した材料表のリングスリーブの個数には予備品の数は含まれていません．実際の試験では，材料表には予備品を含んだ
リングスリーブの総数が示され，材料箱内にはリングスリーブの予備品もセットされて支給されます．

参考指定工具・用具
1. ペンチ 2. ドライバ（プラス，マイナス） 3. ナイフ 4. スケール 5. ウォータポンププライヤ
6. リングスリーブ用圧着工具（手動片手式工具，JIS C 9711：1982，1990，1997 適合品） 7. 筆記用具

手順1 主回路とコンデンサ，電動機回路を描く

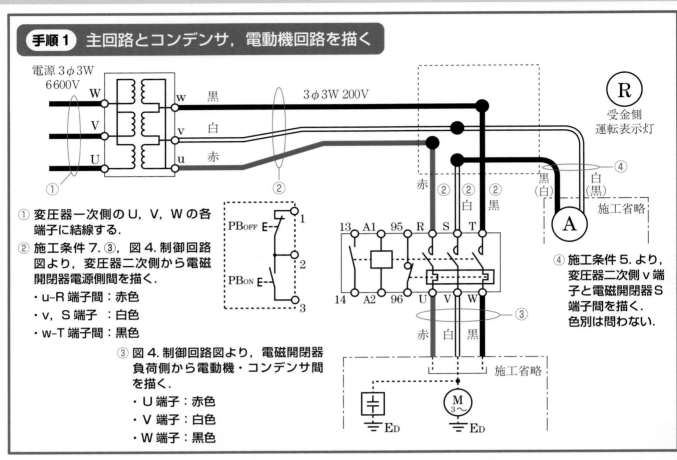

① 変圧器一次側の U，V，W の各
　端子に結線する．
② 施工条件 7. ③，図 4. 制御回路
　図より，変圧器二次側から電磁
　開閉器電源側間を描く．
・u–R 端子間：赤色
・v，S 端子　：白色
・w–T 端子間：黒色

③ 図 4. 制御回路図より，電磁開閉器
　負荷側から電動機・コンデンサ間
　を描く．
・U 端子：赤色
・V 端子：白色
・W 端子：黒色

④ 施工条件 5. より，
　変圧器二次側 v 端
　子と電磁開閉器 S
　端子間を描く．
　色別は問わない．

手順2 押しボタン回路を描く

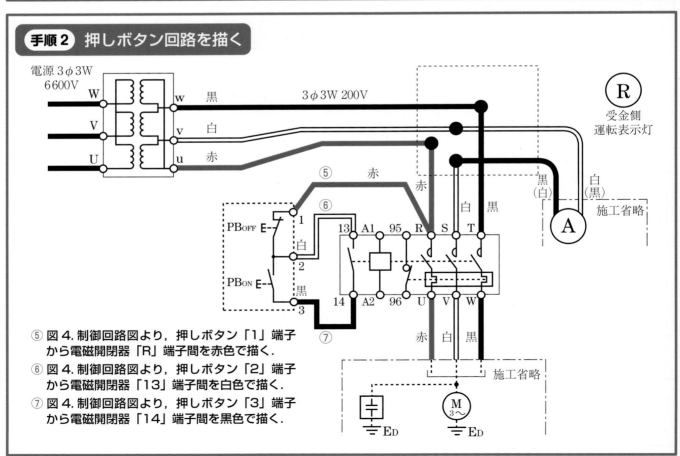

⑤ 図 4. 制御回路図より，押しボタン「1」端子
　から電磁開閉器「R」端子間を赤色で描く．
⑥ 図 4. 制御回路図より，押しボタン「2」端子
　から電磁開閉器「13」端子間を白色で描く．
⑦ 図 4. 制御回路図より，押しボタン「3」端子
　から電磁開閉器「14」端子間を黒色で描く．

158

⑧ 図 4. 制御回路図より,「14」端子と「A2」端子間を描く.
⑨ 図 4. 制御回路図より,「A1」端子と「95」端子間を描く.
⑩ 図 4. 制御回路図より,「96」端子と「S」端子間を描く.

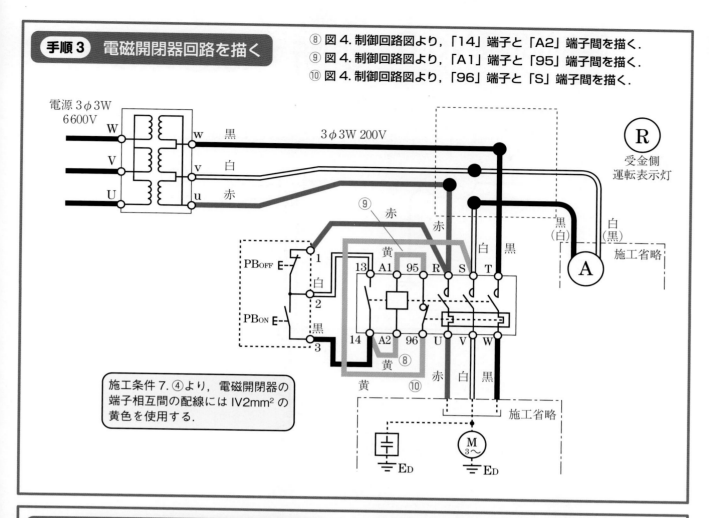

施工条件 7. ④より,電磁開閉器の
端子相互間の配線には IV2mm² の
黄色を使用する.

⑪ 図 4. 制御回路図より,運転表示灯を負荷側の V 端子と
W 端子に接続する.
⑫ 変圧器二次側の v 端子に EB の接地線を描く.

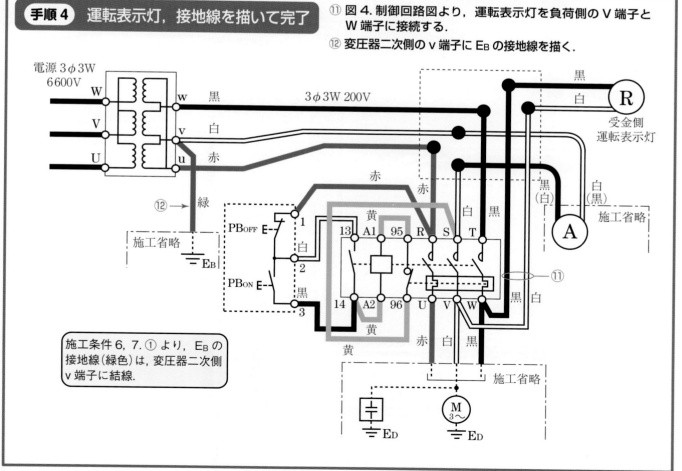

施工条件 6, 7. ① より, EB の
接地線(緑色)は,変圧器二次側
v 端子に結線.

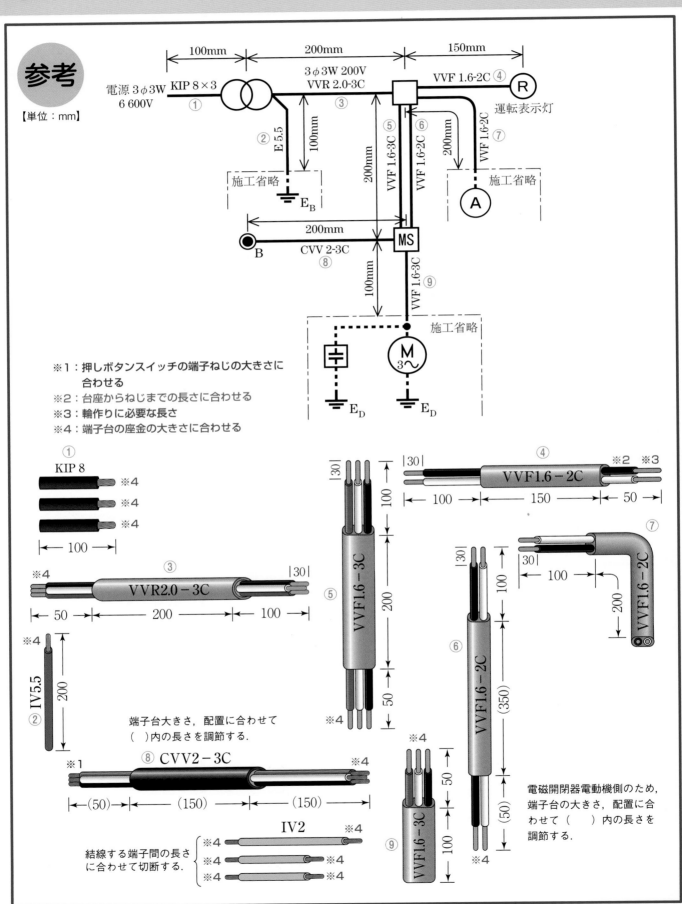

参考
【単位：mm】

※1：押しボタンスイッチの端子ねじの大きさに
　　合わせる
※2：台座からねじまでの長さに合わせる
※3：輪作りに必要な長さ
※4：端子台の座金の大きさに合わせる

端子台大きさ，配置に合わせて
（　）内の長さを調節する.

電磁開閉器電動機側のため，
端子台の大きさ，配置に合
わせて（　）内の長さを
調節する.

結線する端子間の長さ
に合わせて切断する.

········ 変圧器代用の端子台 ········

●ポイント①

・変圧器部分の結線では，V端子に接地線の緑色と接地側電線の白色の電線を結線する．これらは異径なので，電線が抜けないようにしっかりとねじ締めする．

・絶縁被覆を挟み込まずに心線が座金の端から端子台の端までの間で2〜3mm見えていること．

・より線の素線の一部が座金よりはみ出さないように注意する．

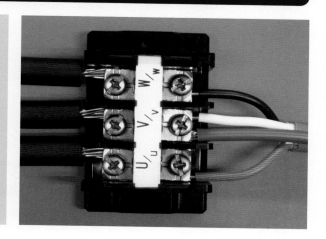

········ 電磁開閉器代用の端子台 ········

●ポイント②

・制御回路図の指定に従い，端子に結線する．

・結線箇所が多いので，端子ねじの締め忘れがないように注意する．

・心線を直線状態のまま端子の座金の奥まで挿入する．座金で絶縁被覆を締め付けない．

・より線の素線が座金からはみ出さないように注意する．

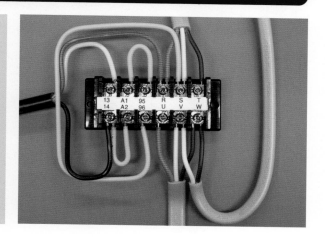

········ ランプレセプタクル ········

●ポイント③

・ケーブルは台座の下部から挿入して，シースが台座の位置になるようにすること．

・台座のケーブル引込口は欠かないこと．

・接地側電線の白色は，受金側の端子ねじに結線する．

・ランプレセプタクルへの結線は，欠陥項目が多いので十分注意する．

······ 押しボタンスイッチ ·········

●ポイント④

・制御回路図の指定に従い, 各端子に結線する.

・心線を直線状態のまま端子の座金の奥まで挿入する. 座金で絶縁被覆を締め付けない.

・より線の素線が端子の座金からはみ出さないように注意する.

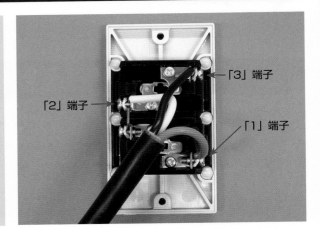

「3」端子
「2」端子
「1」端子

······ 電線の終端接続(リングスリーブ) ······

●ポイント⑤

※リングスリーブ接続では, 充電部の露出が 10mm 未満であれば, 絶縁被覆の端が多少不揃いでもよい. また, リングスリーブ先端から出ている心線の余分な長さの切断(端末処理をして 5mm 未満にする)を必ず行う.

・変圧器二次側 u 端子の赤色(2.0mm)と電磁開閉器電源側 R 端子の赤色(1.6mm)の2本をリングスリーブ小を用い, 「小」の圧着マークで圧着する.

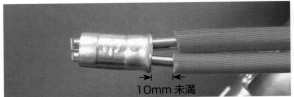

10mm 未満

・変圧器二次側 v 端子の白色(2.0mm)と電流計(施工省略)の白色(1.6mm)の2本をリングスリーブ小を用い, 「小」の圧着マークで圧着する.

・電流計(施工省略)の黒色(1.6mm)と電磁開閉器電源側 S 端子の白色(1.6mm)の2本をリングスリーブ小を用い, 「○」の圧着マークで圧着する.

・変圧器二次側 w 端子の黒色(2.0mm)と電磁開閉器電源側 T 端子の黒色(1.6mm)の2本をリングスリーブ小を用い, 「小」の圧着マークで圧着する.

・電磁開閉器負荷側 V 端子の白色(1.6mm)とランプレセプタクルの白色(1.6mm)の2本をリングスリーブ小を用い, 「○」の圧着マークで圧着する.

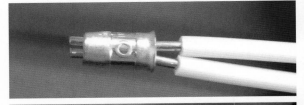

・電磁開閉器負荷側 W 端子の黒色(1.6mm)とランプレセプタクルの黒色(1.6mm)の2本をリングスリーブ小を用い, 「○」の圧着マークで圧着する.

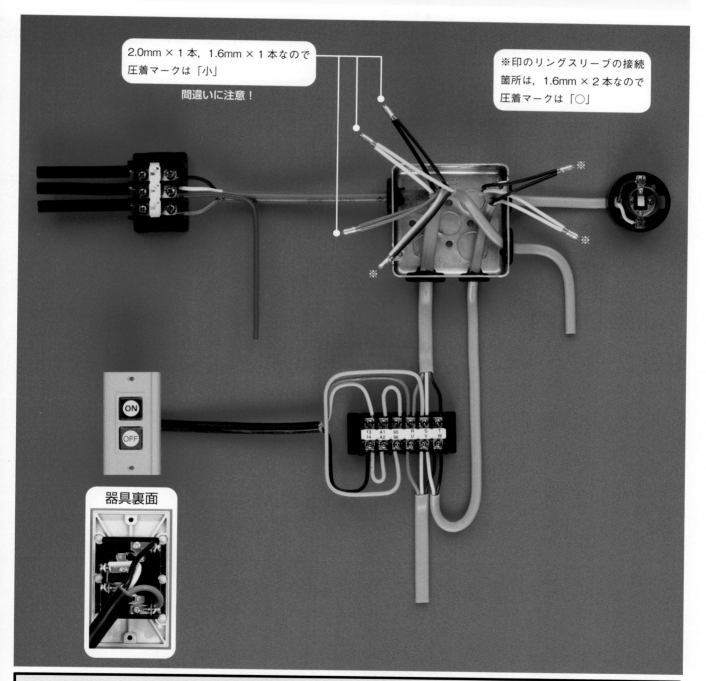

2.0mm×1本, 1.6mm×1本なので
圧着マークは「小」

間違いに注意!

※印のリングスリーブの接続
箇所は, 1.6mm×2本なので
圧着マークは「○」

器具裏面

※159ページ下の複線図をもとに完成参考写真を紹介しました.

 本年度公表された候補問題（本書5ページ参照）には，注記5.に「電源・機器・器具の配置については変更する場合がある.」
とあるため，公表された候補問題の電源・機器・器具の配置が変更されて出題される可能性があります.

※図2，図3，図4，施工条件は 156 ～ 157 ページと同じです．

図1．配線図

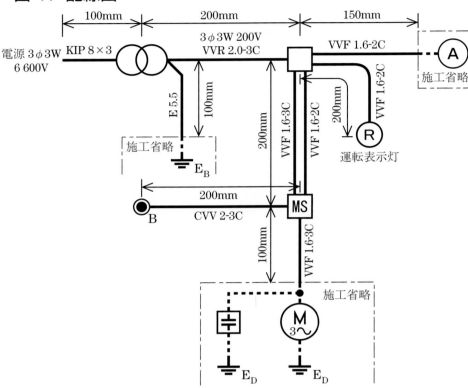

※運転表示灯と電流計（施工省略）の位置が入れ替わっています．

図2．変圧器代用の端子台説明図

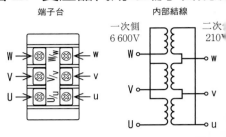

図3．電磁開閉器代用の端子台説明図

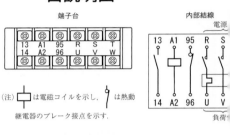

図4．制御回路図

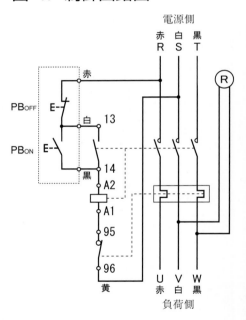

■別想定の施工条件

1. 配線及び器具の配置は，図1に従って行うこと．
2. 変圧器代用の端子台は，図2に従って使用すること．
3. 電磁開閉器代用の端子台は，図3に従って使用すること．
4. 制御回路の結線は，図4に従って行うこと．
5. 電流計は，変圧器二次側のv相に接続すること．
6. 変圧器の接地線は，v端子に結線すること．
7. 電線の色別（ケーブルの場合は絶縁被覆の色）は，次によること．
   ① 接地線は，緑色を使用する．
   ② 接地側電線は，電流計の回路を除きすべて白色を使用する．
   ③ 変圧器の二次側の配線は，u相に赤色，v相に白色，w相に黒色を使用する．
   ④ 電磁開閉器の端子相互間の配線に使用する電線は，黄色を使用する．
   ⑤ 電動機回路の電源に使用する電線及び押しボタンに使用する電線の色別は，図4によること．
   ⑥ ランプレセプタクルの受金ねじ部の端子には，白色の電線を結線する．
8. ジョイントボックスを経由する電線は，すべて接続箇所を設け，リングスリーブによる接続とすること．
9. ジョイントボックスは，打抜き済みの穴だけをすべて使用すること．
10. 押しボタンスイッチ内の既設配線は，取り除いたり，変更したりしないこと．

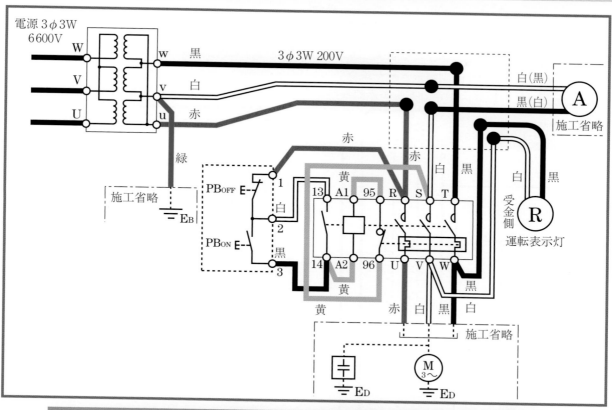

		接続する電線の本数	圧着マーク	リングスリーブ
※	2本	1.6mm × 2	○	小
★	2本	2.0mm × 1 と 1.6mm × 1	小	小

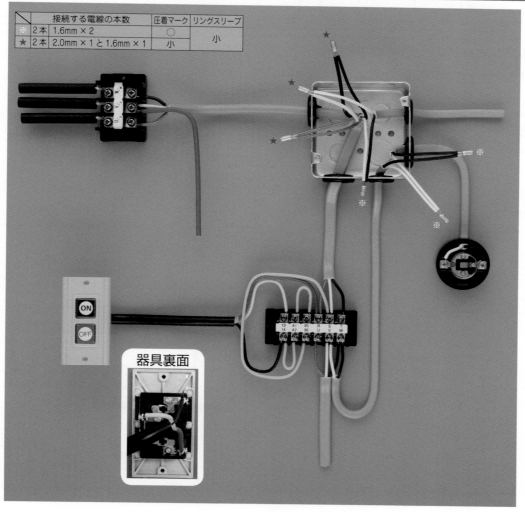

器具裏面

165

様々な出題への対応

◆ 制御回路図の別想定 （電磁開閉器代用端子台）

別想定　下の制御回路図が示された場合.
（これ以外の想定は運転表示灯を除き 156 ～ 157 ページと同一とする.）

制御回路図

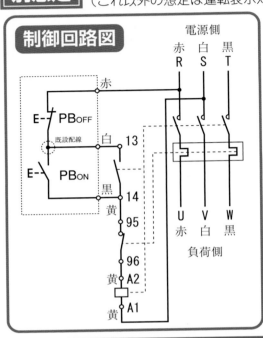

複線図

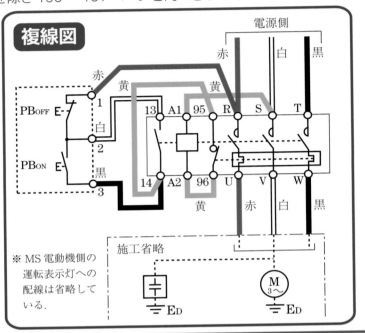

※ MS 電動機側の運転表示灯への配線は省略している.

◆ 材料の別想定 （電磁開閉器代用端子台）

使用材料　候補問題の配線図において，押しボタンスイッチが左側に配置されているため，本書では，自己保持用メーク接点（a 接点）:13，14 端子，電磁コイル:A1，A2 端子，サーマルリレー用ブレーク接点（b 接点）:95，96 端子の配列を 6P 端子台の左側に想定したが，右側の配列も考えられる. 試験時には，端子台説明図と内部結線図に注意して作業する.

別想定　13，14，A1，A2，95，96 の端子が電磁開閉器代用端子台の右側に配列された場合.
（制御回路については 156 ～ 157 ページの想定と同一とする.）

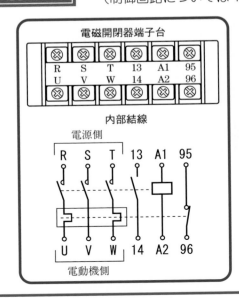

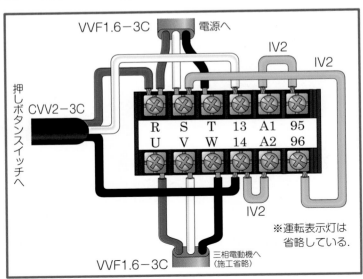

※運転表示灯は省略している.

制御回路図

実際に使用されている制御回路，表示灯回路では，別電源で回路を構成している．これに従って制御回路と運転表示灯回路を簡略化（電源表示灯は除く．）して，電源側と電動機側に CV，運転表示灯回路に CVV を使用すると想定した場合，下記のようになる．

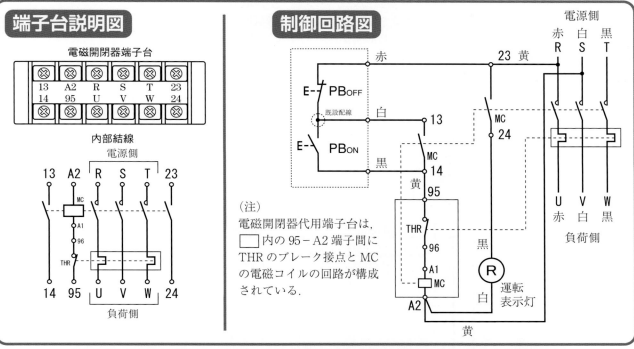

端子台説明図

電磁開閉器端子台

内部結線

制御回路図

（注）
電磁開閉器代用端子台は，□ 内の 95 − A2 端子間に THR のブレーク接点と MC の電磁コイルの回路が構成されている．

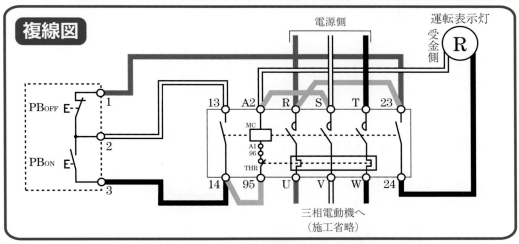

複線図

三相電動機へ
（施工省略）

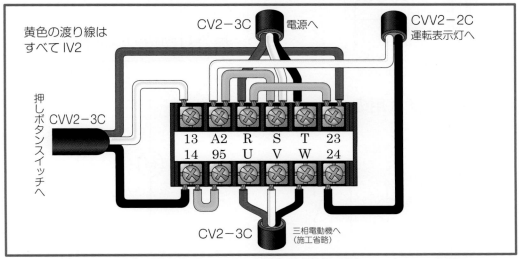

黄色の渡り線は
すべて IV2

CV2−3C　電源へ

CVV2−2C
運転表示灯へ

CVV2−3C
押しボタンスイッチへ

13	A2	R	S	T	23
14	95	U	V	W	24

CV2−3C
三相電動機へ
（施工省略）

図1に示す配線工事を想定した材料を使用し，「施工条件」に従って完成させなさい．なお，

1. 変圧器，タイムスイッチ及び自動点滅器は端子台で代用する．
2. ━━━・━━・━━ で示した部分は施工を省略する．
3. VVF用ジョイントボックスは準備していないので，その取り付けは省略する．
4. 電線接続箇所のテープ巻きや絶縁キャップによる絶縁処理は省略する．
5. ジョイントボックス（アウトレットボックス）の接地工事は省略する．
6. 作品は保護板（板紙）に取り付けないものとする．

図1．配線図

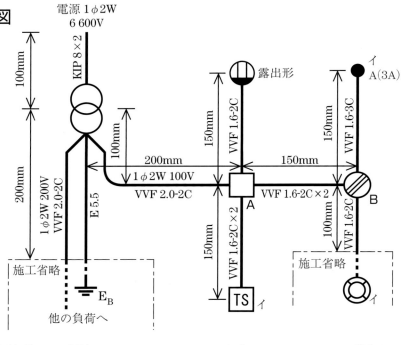

（注）

1. 図記号は，原則として JIS C 0617-1～13 及び JIS C 0303：2000 に準拠して示してある．
   また，作業に直接関係のない部分等は，省略又は簡略化してある．

2. （R） はランプレセプタクルを示す．

図2．変圧器代用の端子台説明図

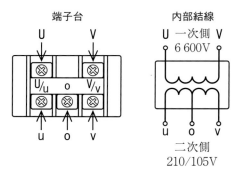

図3．タイムスイッチ代用の端子台説明図

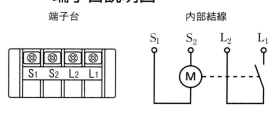

図4．自動点滅器代用の端子台説明図

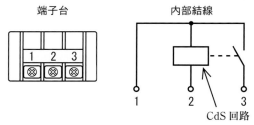

図5．屋外灯回路の展開接続図

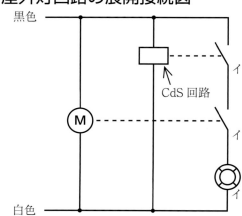

168

■想定した施工条件

1. 配線及び器具の配置は，図1に従って行うこと．
2. 変圧器代用の端子台は，図2に従って使用すること．
3. タイムスイッチ代用の端子台は，図3に従って使用すること．なお，端子 S₂ を接地側とする．
4. 自動点滅器代用の端子台は，図4に従って使用すること．
5. 屋外灯回路の接続は，図5に従って行うこと．
6. タイムスイッチの電源用電線には，2心ケーブル1本を使用すること．
7. ジョイントボックスAからVVF用ジョイントボックスBに至る自動点滅器の電源用電線には，
   2心ケーブル1本を使用すること．
8. 電線の色別（ケーブルの場合は絶縁被覆の色）は，次によること．
   ① 接地線は，**緑色**を使用する．
   ② 接地側電線は，すべて**白色**を使用する．
   ③ 変圧器二次側から露出形コンセント，タイムスイッチ及び自動点滅器に至る非接地側電線は，
     黒色を使用する．
   ④ 露出形コンセントの接地側極端子（Wと表記）には，**白色の電線**を結線する．
9. ジョイントボックスA及びVVF用ジョイントボックスB部分を経由する電線は，その部分で
   すべて接続箇所を設け，その接続方法は，次によること．
   ① A部分は，リングスリーブによる接続とする．
   ② B部分は，差込形コネクタによる接続とする．
10. ジョイントボックスは，**打抜き済みの穴だけをすべて**使用すること．
11. 露出形コンセントは，ケーブルを台座の下部（裏側）から挿入して使用すること．
    なお，結線はケーブルを挿入した部分に近い端子に行うこと．

想定した材料表	
1. 高圧絶縁電線（KIP），8mm²，長さ約200mm	1本
2. 600Vビニル絶縁ビニルシースケーブル平形（シース青色），2.0mm，2心，長さ約700mm	1本
3. 600Vビニル絶縁ビニルシースケーブル平形，1.6mm，3心，長さ約300mm	1本
4. 600Vビニル絶縁ビニルシースケーブル平形，1.6mm，2心，長さ約1800mm	1本
5. 600Vビニル絶縁電線，5.5mm²，緑色，長さ約200mm	1本
6. 端子台（変圧器の代用），3P，大	1個
7. 端子台（タイムスイッチの代用），4P	1個
8. 端子台（自動点滅器の代用），3P，小	1個
9. 露出形コンセント（カバーなし）	1個
10. ジョイントボックス（アウトレットボックス 19mm 4箇所ノックアウト打抜き済み）	1個
11. ゴムブッシング（19）	4個
12. リングスリーブ（小）	2個
13. リングスリーブ（中）	2個
14. 差込形コネクタ（2本用）	3個
15. 差込形コネクタ（3本用）	1個

（注）上記の想定した材料表のリングスリーブの個数には予備品の数は含まれていません．実際の試験では，材料表には予備を含んだ
リングスリーブの総数が示され，材料箱内にはリングスリーブの予備品もセットされて支給されます．

参考指定工具・用具
1. ペンチ 2. ドライバ（プラス，マイナス） 3. ナイフ 4. スケール 5. ウォータポンププライヤ
6. リングスリーブ用圧着工具（手動片手式工具，JIS C 9711 : 1982, 1990, 1997 適合品） 7. 筆記用具

手順1 変圧器回路を描く

※ 100V は変圧器二次側の u-o 端子間又は v-o 端子間に結線. 施工
条件等で指定される場合があるので注意する.

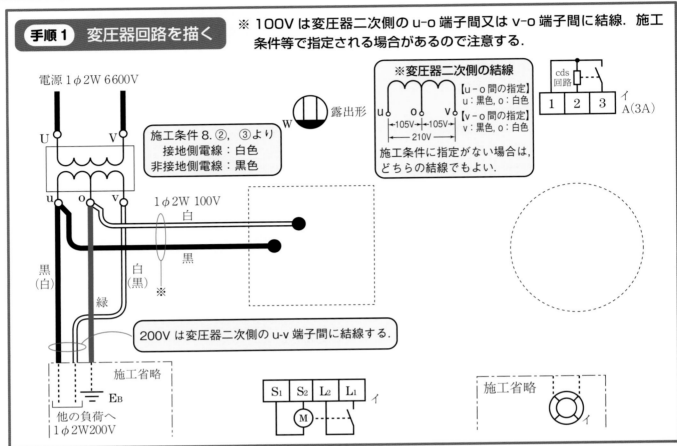

電源 1φ2W 6600V

施工条件 8. ②, ③より
接地側電線：白色
非接地側電線：黒色

露出形

※変圧器二次側の結線
【u-o 間の指定】
u：黒色, o：白色
←105V→←105V→
←210V→
【v-o 間の指定】
v：黒色, o：白色
施工条件に指定がない場合は,
どちらの結線でもよい.

cds
回路
1　2　3
イ
A(3A)

U　V

u　o　v

1φ2W 100V
白

黒

黒
(白)

白
(黒)
※

緑

200V は変圧器二次側の u-v 端子間に結線する.

施工省略
EB
他の負荷へ
1φ2W200V

S₁　S₂　L₂　L₁
イ
M

施工省略
イ

手順2 接地側, 非接地側を描く

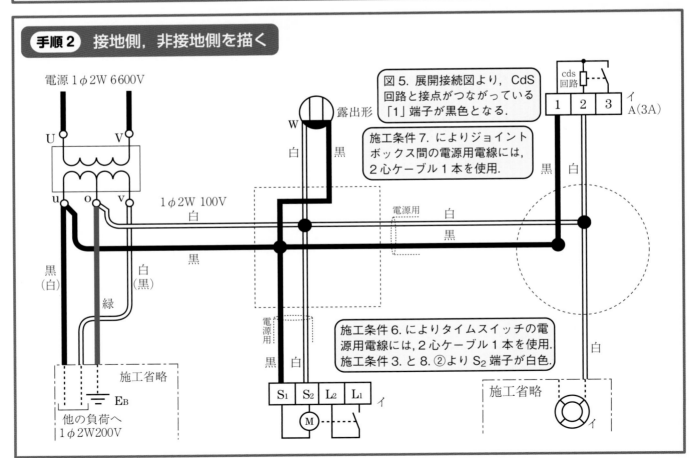

電源 1φ2W 6600V

図 5. 展開接続図より, CdS
回路と接点がつながっている
「1」端子が黒色となる.

cds
回路
1　2　3
イ
A(3A)

U　V

露出形
W
白　黒

施工条件 7. によりジョイント
ボックス間の電源用電線には,
2 心ケーブル 1 本を使用.

u　o　v

1φ2W 100V
白

電源用　白
黒

黒　白

黒
(白)

白
(黒)

緑

黒

電源用

電源用
黒　白

施工条件 6. によりタイムスイッチの電
源用電線には, 2 心ケーブル 1 本を使用.
施工条件 3. と 8. ②より S₂ 端子が白色.

白

施工省略
EB
他の負荷へ
1φ2W200V

S₁　S₂　L₂　L₁
イ
M

施工省略
イ

170

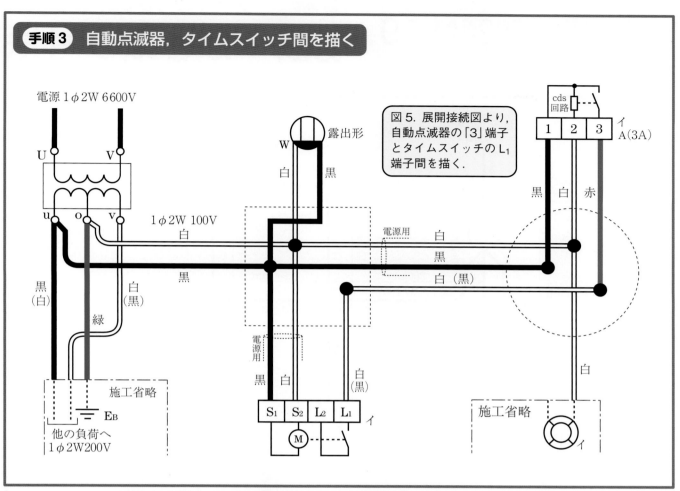

図5. 展開接続図より, 自動点滅器の「3」端子とタイムスイッチのL₁端子間を描く.

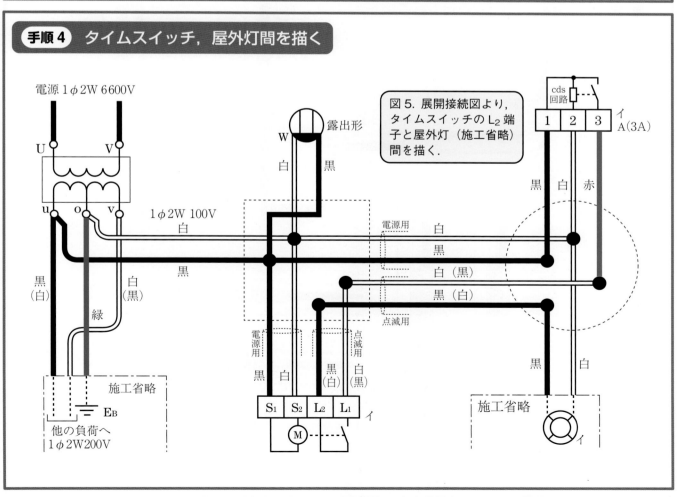

図5. 展開接続図より, タイムスイッチのL₂端子と屋外灯（施工省略）間を描く.

171

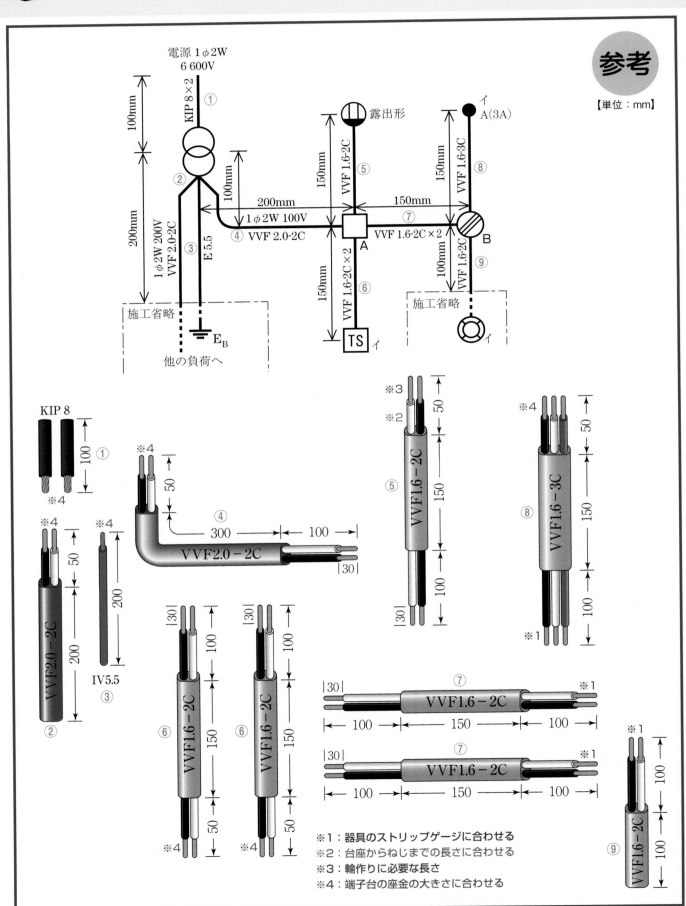

参考

【単位：mm】

※1：器具のストリップゲージに合わせる
※2：台座からねじまでの長さに合わせる
※3：輪作りに必要な長さ
※4：端子台の座金の大きさに合わせる

完成作品のポイントを見る

変圧器代用の端子台

● ポイント①

・端子台の端からの心線の露出について、高圧側は20mm未満、低圧側は5mm未満であることを確認する。

・低圧側の結線部では絶縁被覆を挟み込まずに心線が座金の端から端子台の端までの間で2〜3mm見えていること。

・KIP・IV5.5mm² の素線が端子座金よりはみ出さないこと。

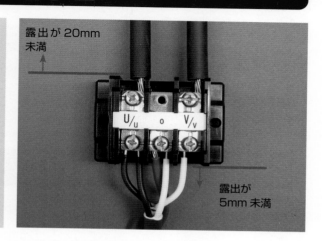

露出が20mm
未満

露出が
5mm未満

● ポイント②

・変圧器二次側の100V回路の結線箇所について、施工条件に指定がない場合、100V回路の黒色をv端子に結線してもよい。

・他の負荷の200V回路は、u-v端子間に結線する。想定問題には色別の指定はないが、本試験では施工条件に注意する。

・変圧器二次側の結線は、変圧器結線図、施工条件で指定されることもあるので、指定に必ず従って結線すること。

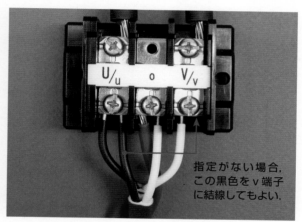

指定がない場合、
この黒色をv端子
に結線してもよい。

自動点滅器代用の端子台

● ポイント③

・「1」端子に非接地側の黒色、「2」端子に接地側の白色、「3」端子には、タイムスイッチ接点への赤色を結線する。

・心線を直線状態のまま座金の奥まで差し込み、ねじを締め付ける。

・絶縁被覆を挟み込まずに心線が座金の端から端子台の端までの間で2〜3mm見えていること。

この間で
2〜3ミリ

········ タイムスイッチ代用の端子台 ········

●ポイント④

・2心ケーブル（VVF1.6-2C）1本を電源用として使用する（施工条件6.）.

・電線の色別はS₁端子が「黒」，S₂端子は「白」を結線する（施工条件3.）.

・展開接続図の図記号により，L₁端子には自動点滅器「3」端子へ至る「白」を結線し，L₂端子には屋外灯（施工省略）へ至る「黒」を結線する.

··· 電線の終端接続（リングスリーブ・差込形コネクタ）···

●ポイント⑤

※リングスリーブ接続では，充電部の露出が10mm未満であれば，絶縁被覆の端が多少不揃いでもよい．また，リングスリーブ先端から出ている心線の余分な長さの切断（端末処理をして5mm未満にする）を必ず行う.

・変圧器二次側o端子の白色（2.0mm），露出形コンセント，タイムスイッチS₂端子，ジョイントボックス間の電源用電線の白色（1.6mm）の4本をリングスリーブ中を用い，「中」の圧着マークで圧着する.

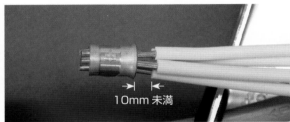

10mm 未満

・変圧器二次側u端子の黒色（2.0mm），タイムスイッチS₁端子，露出形コンセント，ジョイントボックス間の電源用電線の黒色（1.6mm）の4本をリングスリーブ中を用い，「中」の圧着マークで圧着する.

・タイムスイッチL₂端子の黒色（1.6mm）とジョイントボックス間の点滅用電線の黒色（1.6mm）の2本をリングスリーブ小を用い，「○」の圧着マークで圧着する.

・タイムスイッチL₁端子の白色（1.6mm）とジョイントボックス間の点滅用電線の白色（1.6mm）の2本をリングスリーブ小を用い，「○」の圧着マークで圧着する.

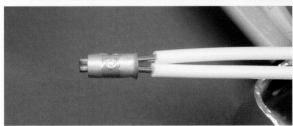

・差込形コネクタ接続は，心線の長さをストリップゲージに合わせて奥まで差し込む.

・絶縁被覆は差込形コネクタの内部まで挿入する．端子の先から心線が見えていなかったり，外部に心線が露出していると欠陥になる.

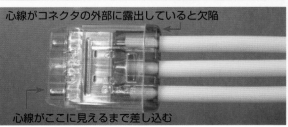

心線がコネクタの外部に露出していると欠陥

心線がここに見えるまで差し込む

174

公表された候補問題
No.9 完成参考写真

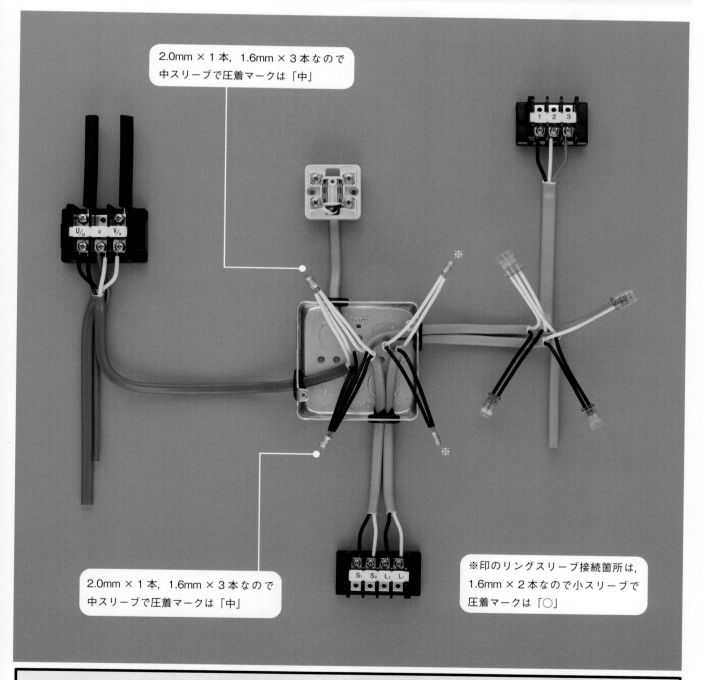

2.0mm × 1本, 1.6mm × 3本なので
中スリーブで圧着マークは「中」

2.0mm × 1本, 1.6mm × 3本なので
中スリーブで圧着マークは「中」

※印のリングスリーブ接続箇所は,
1.6mm × 2本なので小スリーブで
圧着マークは「○」

※171ページ下の複線図をもとに完成参考写真を紹介しました.

注意! 本年度公表された候補問題（本書5ページ参照）には, 注記5.に「電源・機器・器具の配置については変更する場合がある.」
とあるため, 公表された候補問題の電源・機器・器具の配置が変更されて出題される可能性があります.

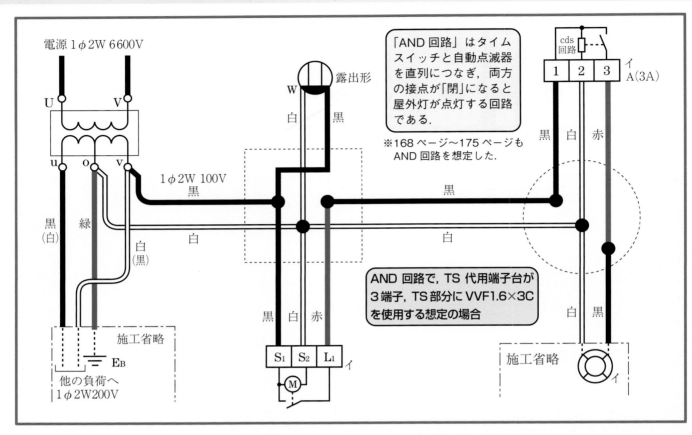

電源 1φ2W 6600V

U　V

u　o　v

1φ2W 100V

黒
(白)

緑

白
(黒)

白

黒

施工省略

E_B

他の負荷へ
1φ2W200V

露出形

W

白　黒

黒

白

黒　白　赤

S_1　S_2　L_1　イ

M

「AND 回路」はタイムスイッチと自動点滅器を直列につなぎ,両方の接点が「閉」になると屋外灯が点灯する回路である.

※168 ページ～175 ページも AND 回路を想定した.

cds
回路

1　2　3　イ
A(3A)

黒　白　赤

白

AND 回路で, TS 代用端子台が3端子, TS 部分に VVF1.6×3C を使用する想定の場合

施工省略

白　黒

イ

図3. タイムスイッチ代用の端子台説明図

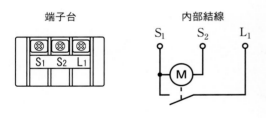

端子台

内部結線

S_1　S_2　L_1

S_1　S_2　L_1

M

図5. 展開接続図

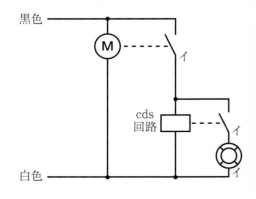

黒色

M

イ

cds
回路

イ

イ

白色

		接続する電線の本数	圧着マーク	リングスリーブ
※	2本	1.6mm × 2	○	小
♠	3本	2.0mm × 1 と 1.6mm × 2	小	
	4本	2.0mm × 1 と 1.6mm × 3	中	中

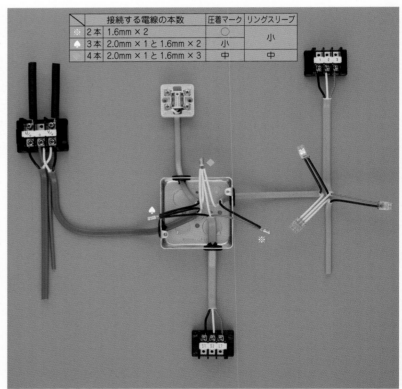

【別想定の施工条件】

・変圧器二次側の単相負荷回路は変圧器の v, o 端子に結線する.

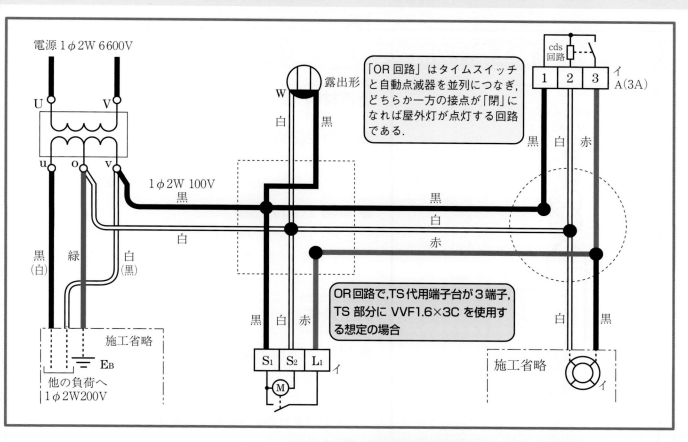

電源1φ2W 6600V

U　V

u　o　v

1φ2W 100V
黒

白

露出形

W
白　黒

「OR回路」はタイムスイッチと自動点滅器を並列につなぎ，どちらか一方の接点が「閉」になれば屋外灯が点灯する回路である.

cds
回路
1　2　3　イ
A(3A)

黒　白　赤

黒
白
赤

黒
(白)　緑　白
(黒)

施工省略
EB

他の負荷へ
1φ2W200V

黒　白　赤

S1　S2　L1　イ

M

OR回路で,TS代用端子台が3端子,TS部分にVVF1.6×3Cを使用する想定の場合

施工省略

白　黒

イ

図3. タイムスイッチ代用の端子台説明図

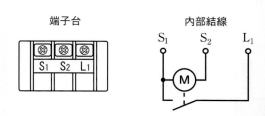

端子台

S1　S2　L1

内部結線

S1　S2　L1

M

図5. 展開接続図

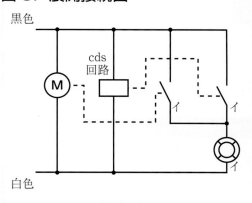

黒色

cds
回路

M

イ　イ

イ

白色

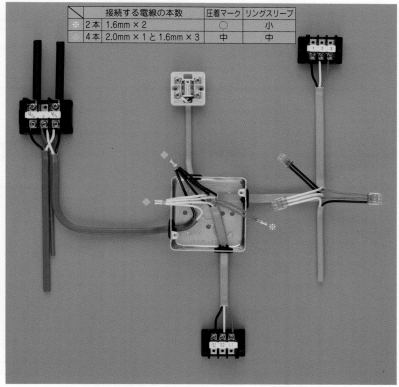

	接続する電線の本数	圧着マーク	リングスリーブ
❀	2本 1.6mm×2	○	小
	4本 2.0mm×1と1.6mm×3	中	中

【別想定の施工条件】

・変圧器二次側の単相負荷回路は変圧器のv, o端子に結線する.

候補問題 No.9　応用力をつける　様々な出題への対応

◆ 使用材料・施工条件の別想定（変圧器）◆

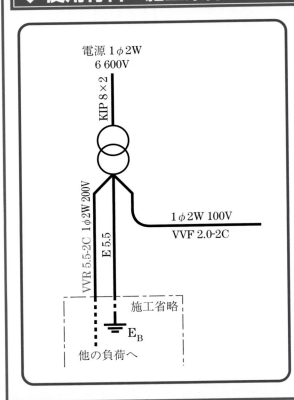

電源 1φ2W
6 600V

KIP 8×2

1φ2W 200V

1φ2W 100V
VVF 2.0-2C

VVR 5.5-2C　1φ2W 200V

E 5.5

施工省略

E_B

他の負荷へ

使用材料

● 単相 200V 回路
本書では VVF2.0-2C と想定したが，過去の試験では VVR5.5-2C，IV5.5 を使用する問題も出題されている．

● 単相 100V 回路
本書では VVF2.0-2C と想定したが，VVR2.0-2C や CV，EM − EEF 等その他のケーブルを使用することも考えられる．

施工条件

● 単相 100V 回路
本書で想定した施工条件には，100V 回路を結線する端子の指定はないが，「変圧器の u-o 端子に結線する．」または「変圧器の v-o 端子に結線する．」と指定される場合もあるので注意する．

別想定

上図に示した別想定のケーブルが支給され，単相 100V 回路を「変圧器の u-o の端子に結線する．」と指定された場合．

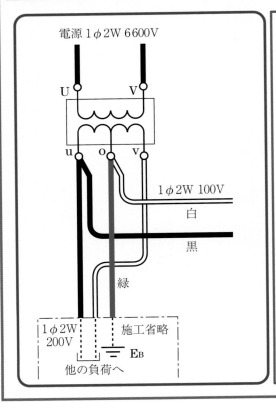

電源 1φ2W 6 600V

U　　　V

u　o　v

1φ2W 100V

白

黒

緑

1φ2W
200V

施工省略

E_B

他の負荷へ

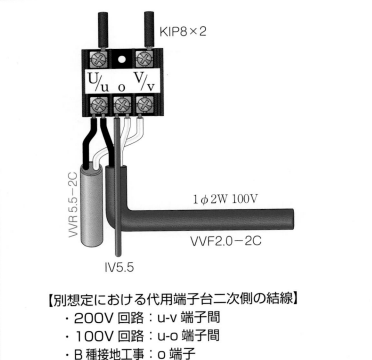

KIP8×2

U/u　o　V/v

VVR 5.5-2C

1φ2W 100V

VVF2.0−2C

IV5.5

【別想定における代用端子台二次側の結線】
・200V 回路：u-v 端子間
・100V 回路：u-o 端子間
・B 種接地工事：o 端子

178

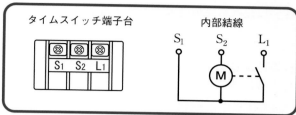

タイムスイッチ代用端子台

本書の想定では，4P 端子台をタイムスイッチ代用の端子台として使用するとしたが，過去の出題において，3P 端子台も使用されたことがあり，176，177 ページのような別想定も考えられる．

◆ 自動点滅器・タイムスイッチ代用の端子台説明図と展開接続図ついて ◆

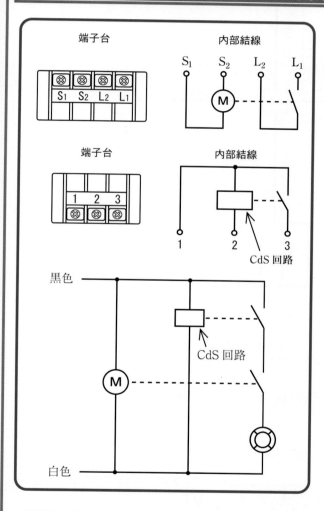

代用の端子台への結線

本書の想定では，展開接続図に代用端子台の端子番号や記号を示していない．この場合，自動点滅器・タイムスイッチの内部結線図と展開接続図を読み取って，各代用端子台に結線しなければならないため，内部結線図と展開接続図の読み取り方を理解しておく必要がある．

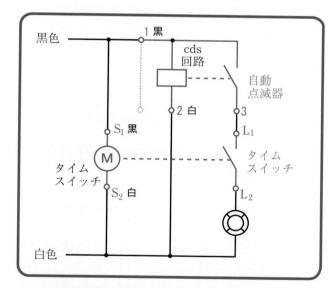

展開接続図の自動点滅器・タイムスイッチの箇所に内部結線図を重ねた図をイメージすれば，結線する電線色別が判別する．（自動点滅器代用端子台「1」端子の位置はずらして考える）

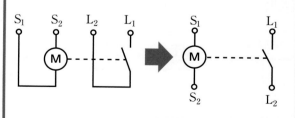

タイムスイッチの内部結線図は右図のような結線と考えることができる．

179

図1に示す配線工事を想定した材料を使用し，「施工条件」に従って完成させなさい．なお，

1. VT，VCB補助接点及び表示灯は端子台で代用する．
2. —・—・— で示した部分は施工を省略する．
3. 電線接続箇所のテープ巻きや絶縁キャップによる絶縁処理は省略する．
4. ジョイントボックス（アウトレットボックス）の接地工事は省略する．
5. 作品は保護板（板紙）に取り付けないものとする．

図1．配線図

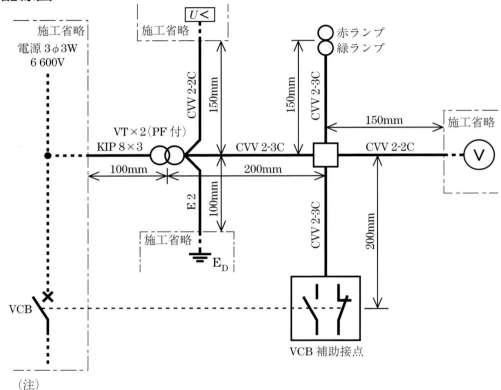

(注)
    1. 図記号は，原則として JIS C 0617-1～13 及び JIS C 0303:2000 に準拠して示してある．
      また，作業に直接関係のない部分等は，省略又は簡略化してある．

図2．VT，VCB補助接点及び表示灯代用の端子台説明図　　図3．VT結線図

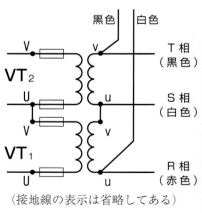

図4．VCB 開閉表示灯回路の展開接続図

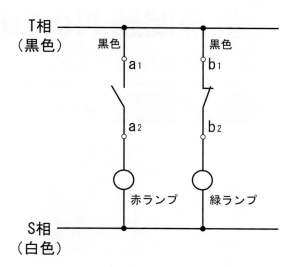

■想定した施工条件

1．配線及び器具の配置は，**図1**に従って行うこと．
2．VT，VCB補助接点及び表示灯代用の端子台は，**図2**に従って使用すること．
3．VT代用の端子台の結線及び配置は，**図3**に従い，かつ，次のように行うこと．
　①接地線は，VT（VT₁）の v 端子に結線する．
　②VT代用の端子台の二次側端子の**渡り線**は，より線 2mm²（白色）を使用する．
　③不足電圧継電器に至る配線は，VT（VT₁）の u 端子及び VT（VT₂）の v 端子に結線する．
4．VCB開閉表示灯回路の接続は，**図4**に従って行うこと．
5．**電圧計は，R 相と S 相間に接続すること．**
6．電線の色別（ケーブルの場合は絶縁被覆の色）は，次によること．
　①接地線は，**緑色**を使用する．
　②接地側電線は，電圧計の回路を除きすべて**白色**を使用する．
　③VTの二次側からジョイントボックスに至る配線は，R相に**赤色**，S相に**白色**，T相に**黒色**を使用する．
7．ジョイントボックスを経由する電線は，すべて接続箇所を設け，リングスリーブによる接続とすること．
8．ジョイントボックスは，**打抜き済みの穴だけをすべて使用すること**．

想定した材料表	
1．高圧絶縁電線（KIP），8mm²，長さ約 500mm ・・・・・・・・・・・・・・・・・・・・・・・・・・・・・・・・・・	1本
2．制御用ビニル絶縁ビニルシースケーブル，2mm²，3心，長さ約 1200mm ・・・・・・・・・・・	1本
3．制御用ビニル絶縁ビニルシースケーブル，2mm²，2心，長さ約 500mm ・・・・・・・・・・・・	1本
4．600V ビニル絶縁電線，2mm²，緑色，長さ約 200mm ・・・・・・・・・・・・・・・・・・・・・・・・	1本
5．端子台（VT の代用），2P，大 ・・	2個
6．端子台（VCB補助接点の代用），4P・・・・・・・・・・・・・・・・・・・・・・・・・・・・・・・・・・・・・・	1個
7．端子台（表示灯の代用），3P，小 ・・	1個
8．ジョイントボックス（アウトレットボックス 19mm 4箇所ノックアウト打抜き済み）・・・・・・	1個
9．ゴムブッシング（19）・・・	4個
10．リングスリーブ（小）・・・	5個

（注）上記の想定した材料表のリングスリーブの個数には予備品の数は含まれていません．実際の試験では，材料表には予備品を含んだ
　　　リングスリーブの総数が示され，材料箱内にはリングスリーブの予備品もセットされて支給されます．

参考指定工具・用具
1．ペンチ　2．ドライバ（プラス，マイナス）　3．ナイフ　4．スケール　5．ウォータポンププライヤ
6．リングスリーブ用圧着工具（手動片手式工具，JIS C 9711：1982，1990，1997 適合品）　7．筆記用具

手順1 VT一次側回路を描く

● 図3のVT結線図により，VT2台の一次側端子をV結線にする．

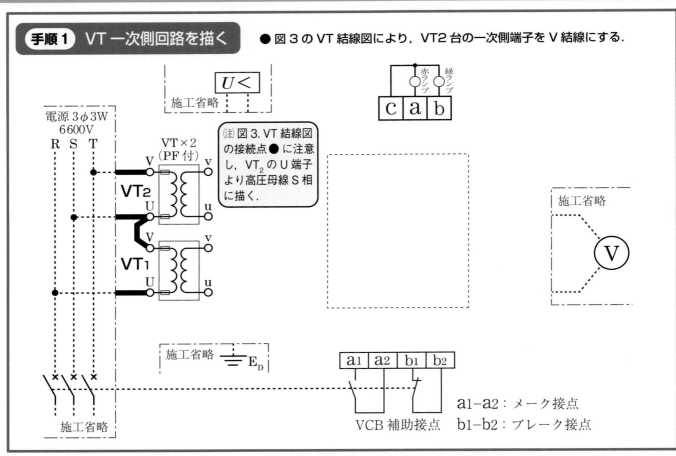

注 図3.VT結線図の接続点●に注意し，VT₂のU端子より高圧母線S相に描く．

a1-a2：メーク接点
b1-b2：ブレーク接点
VCB補助接点

手順2 VT二次側回路を描く(1)

① 図3のVT結線図により，VT2台の二次側端子をV結線にし，R相とS相間に電圧計を接続する．
② 施工条件3.①により，VT₁のv端子にE_Dの接地線を描く．
③ S相の白色を表示灯端子台「c」端子に結線する．

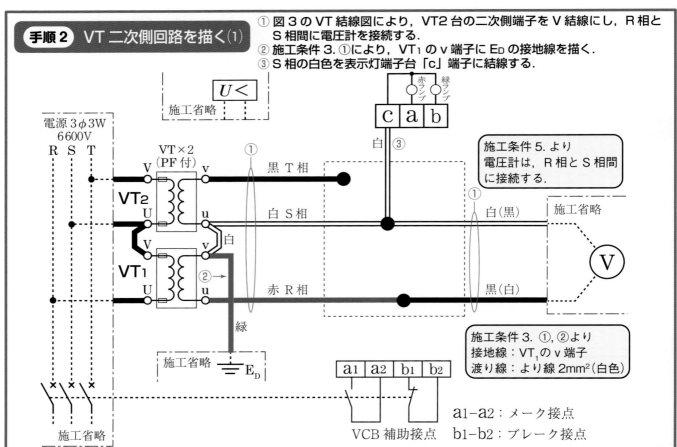

施工条件5.より電圧計は，R相とS相間に接続する．

施工条件3.①，②より
接地線：VT₁のv端子
渡り線：より線2mm²（白色）

a1-a2：メーク接点
b1-b2：ブレーク接点
VCB補助接点

182

① 図3，施工条件3.③より，VT₁ の二次側 u 端子に不足電圧継電器の白色，VT₂ の二次側 v 端子に不足電圧継電器の黒色を結線する．
② 図4より，VCB 補助接点に黒色（T 相）を結線．

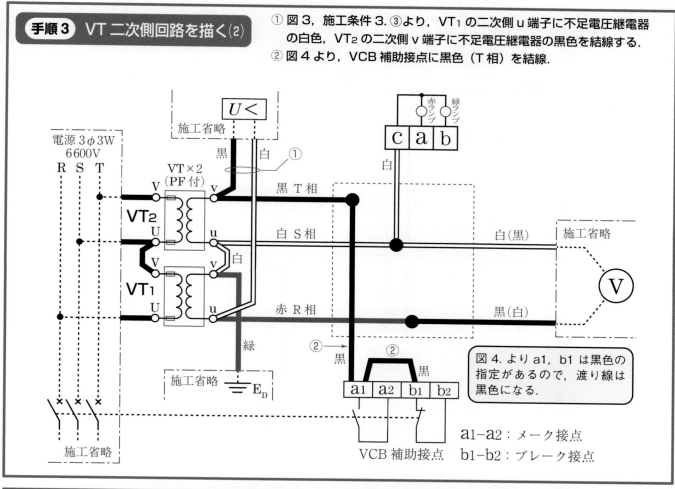

図4. よりa1, b1 は黒色の指定があるので，渡り線は黒色になる．

a1-a2：メーク接点
VCB 補助接点　b1-b2：ブレーク接点

① 図4より，補助接点 a₂ 端子より「a」端子へ．
（VCB「入」のとき，接点「閉」で赤ランプ点灯）
② 図4より，補助接点 b₂ 端子より「b」端子へ．
（VCB「切」のとき，接点「閉」で緑ランプが点灯）

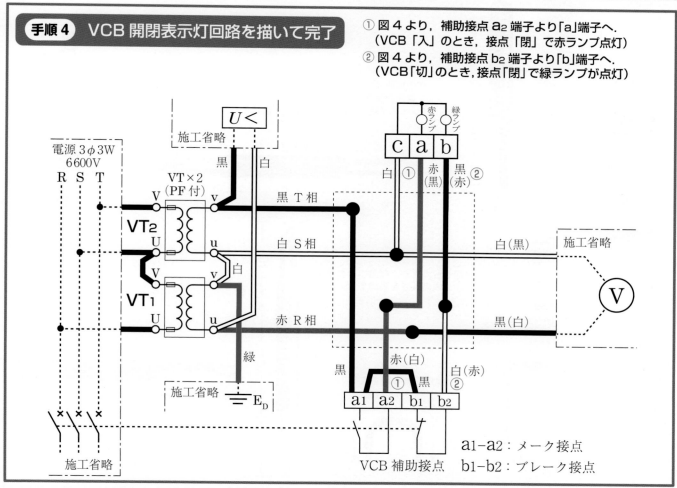

a1-a2：メーク接点
VCB 補助接点　b1-b2：ブレーク接点

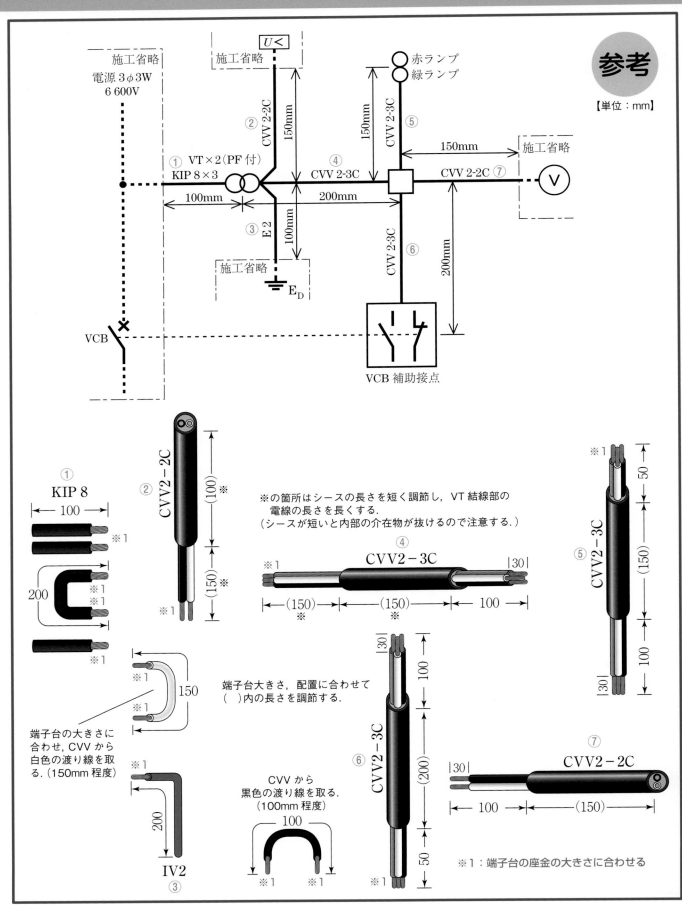

参考

【単位：mm】

施工省略
電源3φ3W
6 600V

施工省略

① VT×2（PF付）
KIP 8×3

③ E 2

施工省略

② CVV 2-2C
150mm

赤ランプ
緑ランプ

⑤ CVV 2-3C
150mm

④ CVV 2-3C
200mm

⑦ CVV 2-2C
150mm

施工省略

100mm

100mm

⑥ CVV 2-3C

200mm

E_D

VCB

VCB補助接点

① KIP 8
100
※1
200
※1
※1
※1

② CVV2-2C
(100)※
(150)※
※1
※1

※の箇所はシースの長さを短く調節し，VT結線部の
電線の長さを長くする．
（シースが短いと内部の介在物が抜けるので注意する．）

④ CVV2-3C
(150)※　(150)※　100
※1
|30|

⑤ CVV2-3C
50
(150)
100
※1
|30|

端子台の大きさに
合わせ，CVVから
白色の渡り線を取
る．（150mm程度）

150
※1
※1

端子台大きさ，配置に合わせて
（　）内の長さを調節する．

CVVから
黒色の渡り線を取る．
（100mm程度）
100
※1　※1

⑥ CVV2-3C
|30|
100
(200)
50
※1

⑦ CVV2-2C
|30|
100　(150)

IV2
③
200
※1

※1：端子台の座金の大きさに合わせる

········· VT 代用の端子台 ·········

●ポイント①

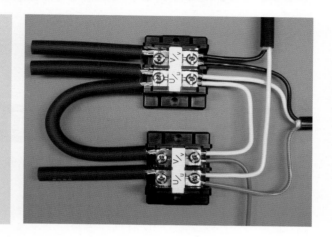

- VT₁ と VT₂ の結線は，図 3.VT 結線図の結線箇所と電線色別に従って結線する．

- 図 3.VT 結線図の図記号「●」で示された接続箇所が電線を結線する端子となる．

- 図 3.VT 結線図に指定された端子の結線で，1 端子に 3 本結線した場合，施工条件相違の誤結線として欠陥になるので注意．

VT₁ 端子台【下段】

●ポイント②

- 二次側 u 端子に R 相の赤色と不足電圧継電器へ至る白色を結線する．

- 二次側 v 端子には接地線（IV：緑色）と VT₂ 二次側 u 端子への渡り線（CVV のより線 2mm² の白色）を結線する．

- 座金から，より線の素線の一部がはみ出さないように差し込み，ねじを締め付ける．

- 電線を引っ張っても抜けないことを確認する．

VT₂ 端子台【上段】

●ポイント③

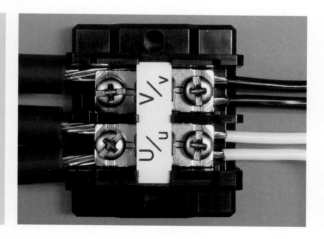

- 二次側 v 端子に T 相の黒色と不足電圧継電器へ至る黒色を結線する．

- 二次側 u 端子には S 相の白色と VT₁ 二次側 v 端子への渡り線（CVV のより線 2mm² の白色）を結線する．

- KIP は絶縁被覆が厚いので，心線の長さに注意する．座金で締め付ける心線の長さが短いと締め付けても心線が抜けることがある．

VCB 補助接点代用の端子台

●ポイント④

・端子台説明図，展開接続図により結線する．

・電源の非接地側の黒色は，b₁ 端子に結線してもよい．

・a₂ 端子～表示灯端子台 a 端子，b₂ 端子～表示灯端子台 b 端子が接続されていれば，a₂ 端子，b₂ 端子の電線は，赤・白の色別を問わない．

・結線の際は，より線の素線の一部がはみ出さないように，端子の奥まで挿入してねじを締め付ける．（絶縁被覆の挟み込みと充電部分の露出に注意する．）

表示灯代用の端子台

●ポイント⑤

・端子台説明図，展開接続図により結線する．

・c 端子には S 相の白色を結線する．

・a 端子～ VCB 補助接点代用端子台 a₂ 端子，b 端子～ VCB 補助接点代用端子台 b₂ 端子が接続されていれば，a 端子，b 端子の電線は，赤・黒の色別を問わない．

・結線の際は，より線の素線の一部がはみ出さないように，端子の奥まで挿入してねじを締め付ける．（絶縁被覆の挟み込みと充電部分の露出に注意する．）

電線の終端接続（リングスリーブ）

※リングスリーブ接続では，充電部の露出が 10mm 未満であれば，絶縁被覆の端が多少不揃いでもよい．また，リングスリーブ先端から出ている心線の余分な長さの切断（端末処理をして 5mm 未満にする）を必ず行う．

●ポイント⑥

・VT₁ 二次側の u 端子の赤色（2mm²）と電圧計に至る黒色（2mm²）の 2 本を「○」の圧着マークで圧着する．
※断面積 2mm² は，直径 1.6mm と太さが同等なので注意．

・VT₂ 二次側の u 端子の白色（2mm²），表示灯端子台 c 端子の白色（2mm²），電圧計に至る白色（2mm²）の 3 本を「小」の圧着マークで圧着する．

・VT₂ 二次側の v 端子の黒色（2mm²）とVCB 補助接点 a₁ 端子の黒色（2mm²）の 2 本を「○」の圧着マークで圧着する．
※断面積 2mm² は，直径 1.6mm と太さが同等なので注意．

・VCB 補助接点 a₂ 端子の赤色と表示灯端子台 a 端子の赤色の 2 本を「○」マークで圧着．

・VCB 補助接点 b₂ 端子の白色と表示灯端子台 b 端子の黒色の 2 本を「○」マークで圧着．

（2 箇所とも 2mm² の 2 本接続．）
※断面積 2mm² は，直径 1.6mm と太さが同等なので注意．

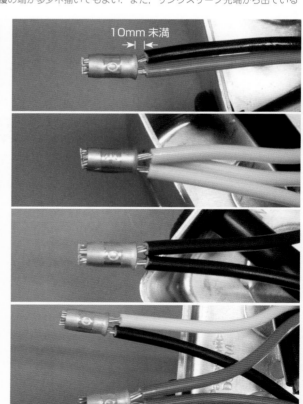

10mm 未満

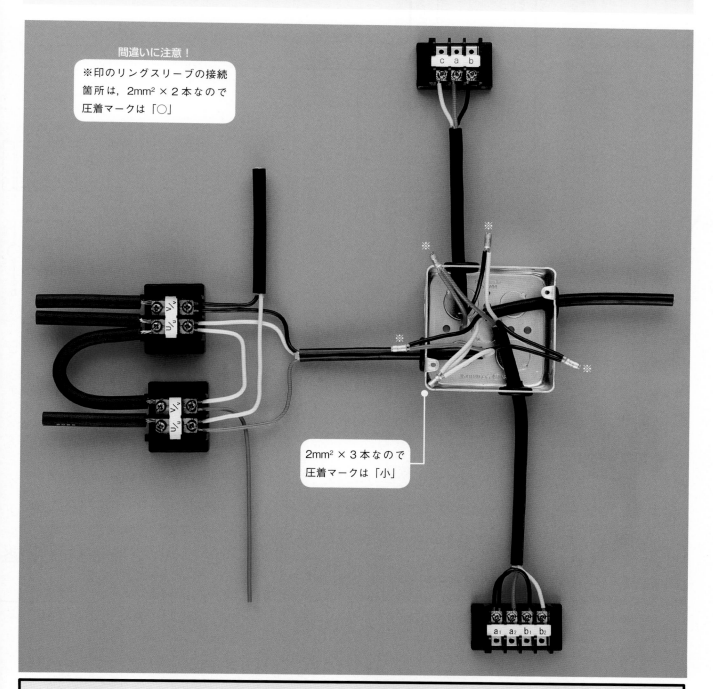

間違いに注意！

※印のリングスリーブの接続箇所は，2mm² × 2本なので圧着マークは「○」

2mm² × 3本なので圧着マークは「小」

※183ページ下の複線図をもとに完成参考写真を紹介しました.

 本年度公表された候補問題（本書5ページ参照）には，注記5.に「電源・機器・器具の配置については変更する場合がある.」とあるため，公表された候補問題の電源・機器・器具の配置が変更されて出題される可能性があります.

候補問題No.10　考えられる別想定の配線図等と施工条件

※図1，図2，図3，図4は，180〜181ページと同じです.

図1．配線図

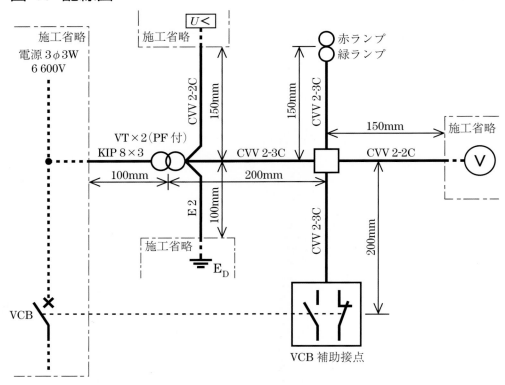

図2．VT，VCB補助接点及び表示灯代用の端子台説明

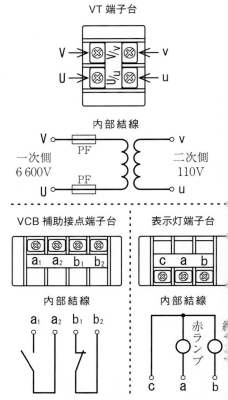

図3．VT結線図

（接地線の表示は省略してある）

■別想定の施工条件

1. 配線及び器具の配置は，図1に従って行うこと.
2. VT，VCB補助接点及び表示灯代用の端子台は，図2に従って使用すること.
3. VT代用の端子台の結線及び配置は，図3に従い，かつ，次のように行うこと.
   ① 接地線は，VT（VT₁）のv端子に結線する.
   ② VT代用の端子台の二次側端子の渡り線は，より線2mm²（白色）を使用する.
   ③ 不足電圧継電器に至る配線は，VT（VT₁）のu端子及びVT（VT₂）のv端子に結線する.
4. VCB開閉表示灯回路の接続は，図4に従って行うこと.
5. 電圧計は，T相とR相間に接続すること.
6. 電線の色別（ケーブルの場合は絶縁被覆の色）は，次によること.
   ① 接地線は，緑色を使用する.
   ② 接地側電線は，すべて白色を使用する.
   ③ VTの二次側からジョイントボックスに至る配線は，R相に赤色，S相に白色，T相に黒色を使用する.
7. ジョイントボックスを経由する電線は，すべて接続箇所を設け，リングスリーブによる接続とすること.
8. ジョイントボックスは，打抜き済みの穴だけをすべて使用すること.

図4．VCB開閉表示灯回路展開接続図

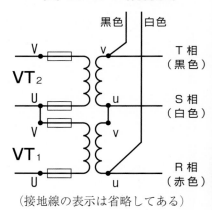
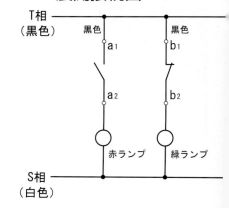

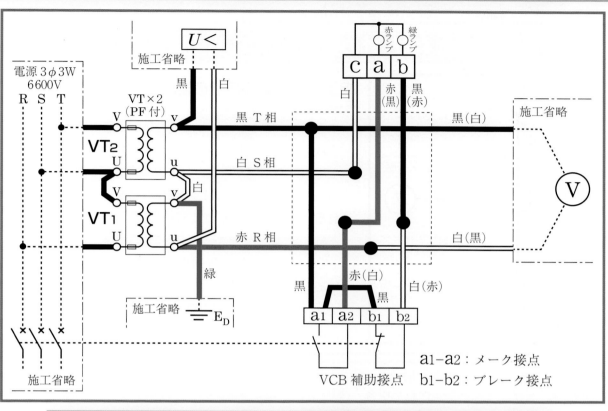

電源3φ3W
6600V
R S T

VT×2
（PF付）

VT₂
VT₁

黒　白
施工省略　$U<$

黒 T相
白 S相
赤 R相

緑

施工省略　E_D

施工省略

赤ランプ　緑ランプ

c a b

白　赤（黒）　黒（赤）

黒（白）　施工省略

白（黒）

V

黒　赤（白）　白（赤）

黒

a1 a2 b1 b2

VCB補助接点

a1–a2：メーク接点
b1–b2：ブレーク接点

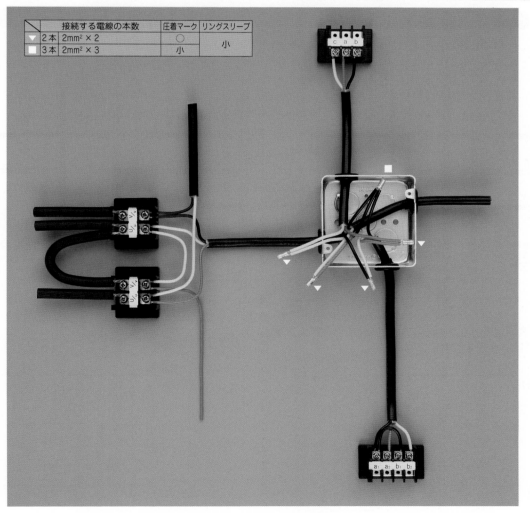

	接続する電線の本数	圧着マーク	リングスリーブ
▼	2本 2mm²×2	○	小
□	3本 2mm²×3	小	

候補問題 No.10　応用力をつける　様々な出題への対応

◆施工条件の別想定（電圧計の接続・VCB開閉表示灯の電源）◆

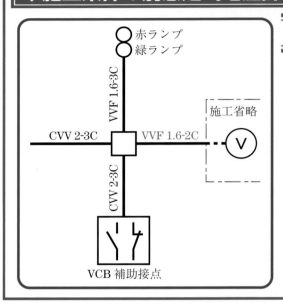

施工条件　● 電圧計の接続

本書では，アウトレットボックス～電圧計（施工省略）間に CVV2－2C を使用してR相とS相間に接続する想定だが，上記以外の相間が指定され，アウトレットボックス～電圧計（施工省略）間に VVF1.6－2C などを使用する想定も考えられる．また，電圧計（施工省略）に電圧計切換スイッチが内蔵され，アウトレットボックス～電圧計（施工省略）間に VVF1.6－3C などを使用して各相に接続する想定も考えられる．

なお，展開接続図により，電源の各相が指定される場合，VCB開閉表示灯回路の電源を接続する相の色別も変わるので注意する．

別想定

電圧測定する相間が指定され，アウトレットボックス～電圧計（施工省略）間に VVF1.6－2C を使用すると指定された場合．（電圧計に結線する電線の色別は指定がないものとする．）

T－R相間の電圧測定の場合

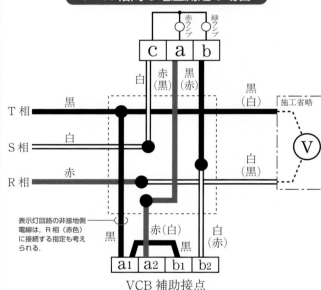

※表示灯回路の電源は，S相とT相に接続する指定または，R相とS相に接続する指定になる．

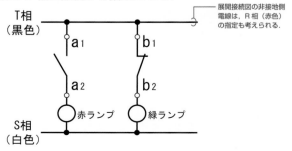

S－T相間の電圧測定の場合

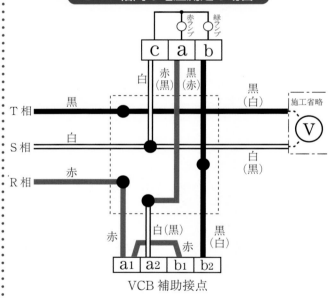

※表示灯回路の電源は，R相とS相に接続する指定になる．

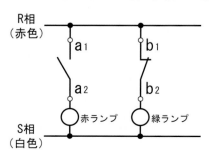

190

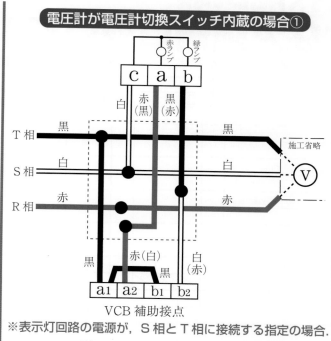

電圧計が電圧計切換スイッチ内蔵の場合①

※表示灯回路の電源が，S相とT相に接続する指定の場合．

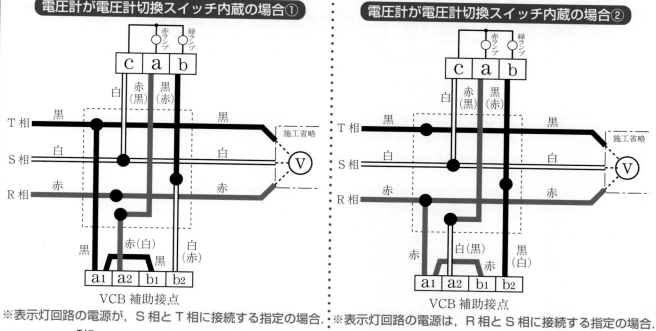

電圧計が電圧計切換スイッチ内蔵の場合②

※表示灯回路の電源は，R相とS相に接続する指定の場合．

◆ 施工条件の別想定（表示灯回路）◆

複線図

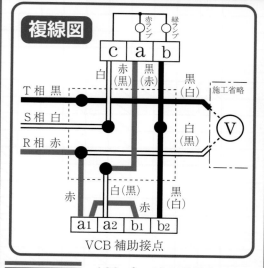

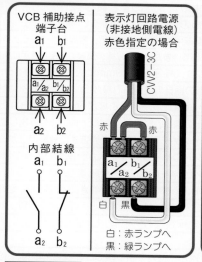

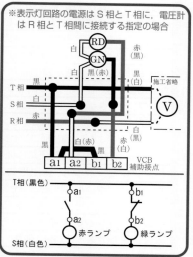

施工条件 　188ページの別想定では，電源表示灯回路の非接地側電線をT相（黒色）に接続するとしたが，R相（赤色）に接続する指定も考えられる．

別想定② 　表示灯回路の電源の接続が，R相とS相に指定された場合．（これ以外の想定は188ページと同一）

施工条件 　本書では，VCB補助接点代用端子台に4Pの端子台を使用すると想定したが，2Pの端子台が支給されることも考えられる．その場合は，左図のようになる．
また本書では，表示灯を3Pの端子台で代用するとしたが，表示灯として赤色と緑色のパイロットランプが支給されることも考えらる．その場合は，右図の複線図となる．
実際の試験では，支給材料や端子台説明図の内部結線，VCB開閉表示回路の展開接続図などに注意して作業すること．

第一種電気工事士技能試験 合格判定基準と主な欠陥例について

	欠陥の項目	候補問題									
		1	2	3	4	5	6	7	8	9	10
全体共通部分・その他	未完成（未着手，未接続，未結線，取付枠の未取付）										
	配線・器具の配置・電線の種類が配線図と相違										
	寸法が配線図に示された寸法の50%以下のもの										
	ジョイントボックス内の接続を指定された接続方法以外で行っている										
	回路の誤り（誤結線，誤接続）										
	施工条件と電線色別が相違，接地側・非接地側電線の色別相違，器具の極性相違										
	ケーブルを折り曲げたときに絶縁被覆が露出する傷があるもの										
	ケーブルシースに20mm以上の縦割れがあるもの										
	絶縁被覆を折り曲げると心線が露出する傷があるもの										
	心線を折り曲げると心線が折れる程度の傷がある。または，より線を減線している（素線の一部を切断したもの）										
	VVR，CVV の介在物が抜けたもの	／	／			／	／	／			
	材料表以外の材料を使用している（試験時は支給品以外）										
電線相互の接続部分	使用するリングスリーブの大きさを間違えて圧着しているもの	／	／			／	／	／			
	リングスリーブ接続での圧着マークの誤り										
	リングスリーブを破損している。または，圧着マークの一部が欠けている										
	リングスリーブに2つ以上の圧着マークがあるもの										
	1箇所の接続に2個以上のリングスリーブを使用している										
	リングスリーブを上から目視して，接続する心線の先端が接続本数分見えないもの										
	リングスリーブ接続で接続部先端の端末処理が適切でない（5mm以上残っている）										
	リングスリーブの下端から心線が10mm以上露出したもの										
	ケーブルシースのはぎ取り不足で絶縁被覆が20mm以下のもの										
	リングスリーブ接続で絶縁被覆の上から圧着している										
	より線の素線の一部がリングスリーブに未挿入のもの	／	／			／	／	／			
	差込形コネクタの先端部分に心線が見えていないもの				／	／	／				
	差込形コネクタの下端部分から心線が露出しているもの										
ボックス・器具等との接続部分等	アウトレットボックスに余分な打ち抜きをした										
	ゴムブッシングの使用不適切（未取付・穴の径と異なる）										
	心線をねじで締め付けていないもの（端子ねじのゆるい締め付け）										
	端子台，埋込連用器具，引掛シーリング，配線用遮断器への結線で，電線を引っ張ると抜ける										
	絶縁被覆の上から端子ねじを締め付けている。または，より線の素線の一部が端子に未挿入										
	端子台の端から心線が露出したもの（高圧側：20mm以上，低圧側：5mm以上）										
	配線用遮断器，押しボタンスイッチ等の器具の端から心線が5mm以上露出したもの	／			／	／	／				
	ランプレセプタクル，露出形コンセントのねじの端から心線が5mm以上露出したもの										
	ランプレセプタクル，露出形コンセントのねじの端から心線が5mm以上はみ出したもの										
	ランプレセプタクル，露出形コンセントのケーブル引込口を通さずに台座の上から結線										
	ランプレセプタクル，露出形コンセントのケーブルシースが台座まで入っていない										
	ランプレセプタクル，露出形コンセントのカバーが締まらないもの										
	ランプレセプタクル，露出形コンセントの心線の巻付けが左巻き，3/4周以下，重ね巻き										
	心線が端子から露出している（※引掛シーリング：1mm以上，埋込連用器具：2mm以上）										
	引掛シーリングの台座下端から絶縁被覆が5mm以上露出したもの	／			／	／					
	取付枠を指定部分以外に使用										
	取付枠に器具の取付不適の場合（裏返し・器具を引っ張ると外れる・取付位置の誤り）										
	器具を破損させたまま使用										
	押しボタンスイッチ等の既設配線を変更または取り除いたもの										
	アウトレットボックスと電線管との未接続（ロックナットが取り付けられていない）（No.6が該当）										
	アウトレットボックスとボックスコネクタの接続がゆるい（No.6が該当）										
	絶縁ブッシングを取り付けていない（No.6が該当）										
	電線管を引っ張るとボックスコネクタから外れるもの（No.6が該当）										
	アウトレットボックスの外側にロックナットを取り付けている（No.6が該当）										
	ねじなしボックスコネクタの止めねじをねじ切っていない（No.6が該当）										
	PF管用ボックスコネクタからPF管が外れれいる，または引っ張って外れるもの（該当なし）										
	総合チェック										

未結線

接地線（緑色）を結線していない場合の未結線.

未完成

埋込連用取付枠を取り付け忘れた場合の未完成.

電線色別の相違

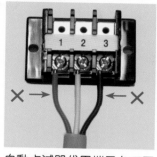

自動点滅器代用端子台で電線色別が相違している場合.

電線色別の相違

配線用遮断器及び接地端子代用端子台での電線色別相違の場合.

電線色別の相違

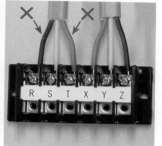

開閉器代用端子台で電線色別が相違している場合.

電線色別の相違

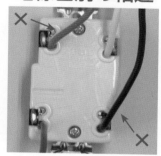

動力用コンセントで電線色別が相違している場合.

★器具の極性相違

受金ねじ部の端子に接地側電線の白色を結線していない.

器具の極性相違

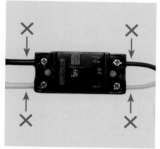

接地側極端子(N 端子)に接地側電線の白色を結線していない.

★器具の極性相違

接地側極端子に接地側電線の白色を結線していない.

絶縁被覆の露出

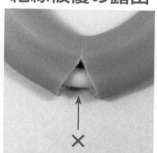

ケーブルを折り曲げたときに絶縁被覆が露出する傷がある.

20mm 以上の縦割れ

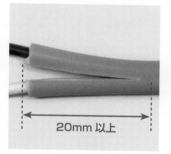

ケーブルシースに 20mm 以上の縦割れがある.

絶縁被覆の損傷

電線を折り曲げると心線が露出する傷がある.

心線の著しい傷

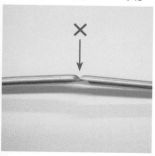

心線を折り曲げると心線が折れる程度の傷がある.

より線の減線

より線の素線の一部を切断して減線している.

介在物の抜け

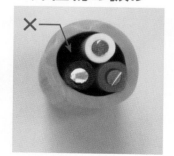

VVR のシースの内側にある介在物が抜けている.

介在物の抜け

CVV のシースの内側にある介在物が抜けている.

選択の誤り

使用するリングスリーブの大きさを間違えて圧着している.

★圧着マークの誤り

2.0mm と 1.6mm の 2 本接続は「小」の圧着マーク

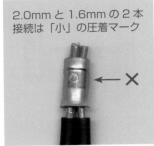

「小」のマークで圧着する箇所を「○」のマークで圧着.

★圧着マークの誤り

2mm² の 2 本接続は「○」の圧着マーク

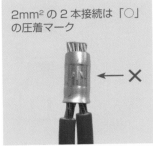

「○」のマークで圧着する箇所を「小」のマークで圧着.

リングスリーブの破損

リングスリーブを破損した状態で完成させている.

圧着マークの欠け

圧着マークが一部欠けた状態になっている.

圧着マークが複数ある

リングスリーブに 2 つ以上の圧着マークがあるもの.

複数使用して圧着

1 箇所の接続に 2 個以上のリングスリーブを使用している.

心線の挿入不足

上から目視し，接続する心線の先端が接続本数分見えていない.

端末処理の不適切

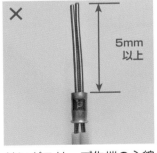

5mm 以上

リングスリーブ先端の心線が 5mm 以上残っている.

絶縁被覆のむき過ぎ

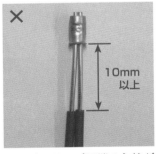

10mm 以上

リングスリーブ下端の心線が 10mm 以上露出している.

絶縁被覆が短い

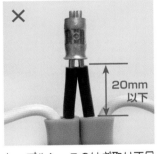

20mm 以下

ケーブルシースのはぎ取り不足で絶縁被覆が 20mm 以下のもの.

絶縁被覆の上から圧着

絶縁被覆を挟み込んで，絶縁被覆の上から圧着している.

より線の一部が未挿入

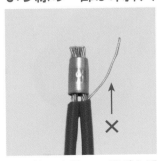

より線の素線の一部が未挿入の状態で圧着している.

★心線の挿入不足

差込形コネクタの先端部分に心線が見えていない.

心線の露出

差込形コネクタの下端部分から心線が露出している.

ゴムブッシングの未取付

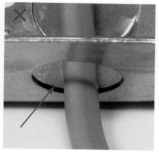

ゴムブッシングを取り付けていない.

径を間違えて使用

穴の径とゴムブッシングの径が合っていない.

心線を締め付けていない

端子ねじの締め付けがゆるく，心線がしっかり固定されていない.

心線を締め付けていない

端子ねじの締め付けがゆるく，心線がしっかり固定されていない.

心線を締め付けていない

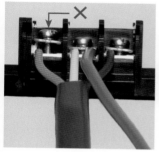

端子台の端子ねじで心線をしっかり締め付けていない.

ねじ締めがゆるい

端子ねじの締め付けがゆるく，電線を引っ張ると抜ける.

心線を締め付けていない

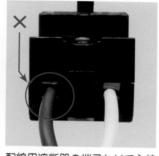

配線用遮断器の端子ねじで心線をしっかり締め付けていない.

ねじ締めがゆるい

端子ねじの締め付けがゆるく，電線を引っ張ると抜ける.

心線を締め付けていない

動力用コンセントの端子ねじで心線をしっかり締め付けていない.

ねじ締めがゆるい

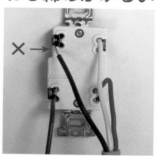

端子ねじの締め付けがゆるく，電線を引っ張ると抜ける.

電線を引っ張ると抜ける

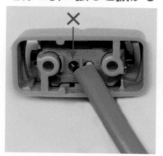

電線を引っ張ると引掛シーリングの端子から電線が抜ける.

電線を引っ張ると抜ける

電線を引っ張ると埋込連用器具の端子から電線が抜ける.

絶縁被覆の締め付け

絶縁被覆を挟み込んでランプレセプタクルの端子ねじを締め付けている.

絶縁被覆の締め付け

絶縁被覆を挟み込んで露出形コンセントの端子ねじを締め付けている.

絶縁被覆の締め付け

絶縁被覆を挟み込んで端子台の端子ねじを締め付けている.

絶縁被覆の締め付け

絶縁被覆を挟み込んで配線用遮断器の端子ねじを締め付けている.

絶縁被覆の締め付け

絶縁被覆を挟み込んで動力用コンセントの端子ねじを締め付けている.

絶縁被覆の締め付け

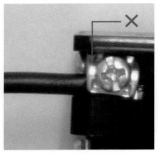

絶縁被覆を挟み込んで押しボタンスイッチの端子ねじを締め付けている.

より線の一部が未挿入

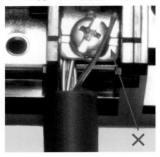

より線の素線の一部が端子台の端子に挿入されていない.

より線の一部が未挿入

より線の素線の一部が押しボタンスイッチの端子に挿入されていない.

端子台の端から心線が露出

端子台の高圧側の端から心線が20mm以上露出しているもの.

端子台の端から心線が露出

端子台の低圧側の端から心線が5mm以上露出しているもの.

心線の露出

配線用遮断器の器具の端から心線が5mm以上露出.

心線の露出

押しボタンスイッチの器具の端から心線が5mm以上露出.

心線の露出

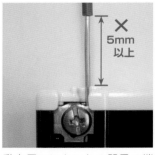

動力用コンセントの器具の端から心線が5mm以上露出.

心線の露出

絶縁被覆をむき過ぎて，端子ねじの端から心線が5mm以上露出.

心線の露出

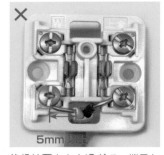

絶縁被覆をむき過ぎて，端子ねじの端から心線が5mm以上露出.

心線のはみ出し

心線の先や輪の一部が端子ねじの端から5mm以上はみ出したもの.

心線のはみ出し

心線の先や輪の一部が端子ねじの端から5mm以上はみ出したもの.

台座の上から結線

ケーブル引込口にケーブルを通さず，台座の上から結線している.

台座の上から結線

ケーブル引込口にケーブルを通さず，台座の上から結線している.

★絶縁被覆の露出

ケーブルシースが台座の中に入っておらず，絶縁被覆が露出している.

★絶縁被覆の露出

ケーブルシースが台座の中に入っておらず，絶縁被覆が露出している.

★カバーが締まらない

電線が長すぎて，ランプレセプタクルのカバーが締まらないもの.

★カバーが締まらない

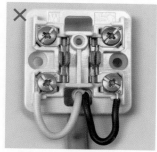

電線が長すぎて，露出形コンセントのカバーが締まらないもの.

心線の左巻き

心線を左巻きでランプレセプタクルや露出形コンセントをねじ締め.

心線の巻き付け不足

心線の巻き付けが3/4周以下で，しっかりと輪になっていない.

心線の重ね巻き

心線を1周以上巻き付け，心線が重なった状態でのねじ締め.

★端子から心線が露出

引掛シーリングの端子から心線が1mm以上露出したもの.

端子から心線が露出

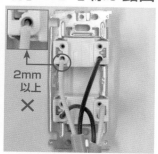

埋込連用器具の端子から心線が2mm以上露出したもの.

★絶縁被覆の露出

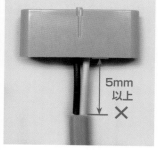

引掛シーリングの台座下端から絶縁被覆が5mm以上露出.

枠の取付不適

枠を裏返しての器具の取り付け，または器具を引っ張ると外れる.

取付位置の誤り

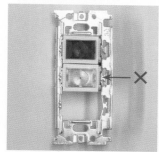

埋込器具の取付位置を間違えている.

既設配線の変更等

押しボタンスイッチの既設配線を変更または取り除いたもの.

ボックスと未接続

ボックスコネクタをアウトレットボックスと接続していない.

管が外れる

PF管を引っ張るとボックスコネクタから外れるもの.

ロックナット未使用

ロックナットを使用してボックスコネクタを固定していない.

取り付けがゆるい

アウトレットボックスとボックスコネクタとの間に隙間が目視できる.

197

主な欠陥例：ボックス・器具等との接続部分　　★が付いているものは特に多い欠陥例

★ねじ切っていない

止めねじをねじ切れるまで締め付けていない.

絶縁ブッシング未使用

絶縁ブッシングを取り付けていない.

ロックナット未使用

ロックナックを使用してボックスコネクタを固定していない.

取付箇所の誤り

ロックナットをボックス外部に取り付けている.

取り付けがゆるい

アウトレットボックスとボックスコネクタとの間に隙間が目視できる.

次のページ以降からは，本年度公表の各候補問題の複線図がトレースできるようになっています．実際に手を動かして，各候補問題の複線図の描き方を身に付けましょう.

実際に手を動かして，鉛筆で 複線図 を描いてみよう

〔トレースでトレーニング〕

（注）ここで解説している複線図の描き方は，本書における各候補問題の想定（64 ページ～ 191 ページ）に基づいた手順です．実際の試験では，必ず試験問題の端子台説明図・結線図，施工条件に従って複線図を描いてください．

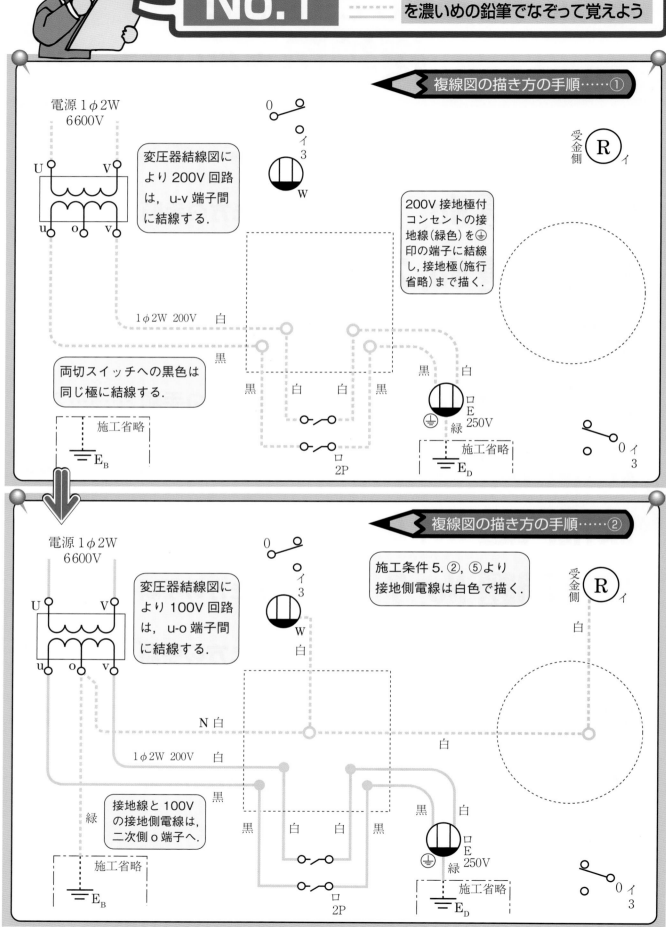

複線図の描き方の手順……①

電源1φ2W
6600V

変圧器結線図により 200V 回路は，u-v 端子間に結線する.

200V 接地極付コンセントの接地線（緑色）を ⊕ 印の端子に結線し，接地極（施行省略）まで描く.

1φ2W 200V　白

両切スイッチへの黒色は同じ極に結線する.

施工省略

E_B

黒

黒　白　白　黒

黒　白

ロ
E
250V
緑

施工省略

E_D

受金側 Ⓡ イ

0 イ 3

複線図の描き方の手順……②

電源1φ2W
6600V

変圧器結線図により 100V 回路は， u-o 端子間に結線する.

施工条件 5.②, ⑤より
接地側電線は白色で描く.

受金側 Ⓡ イ

白

N 白

白

1φ2W 200V　白

黒

接地線と 100V の接地側電線は，二次側 o 端子へ.

緑

施工省略

E_B

黒　白　白　黒

黒　白

ロ
E
250V
緑

施工省略

E_D

0 イ 3

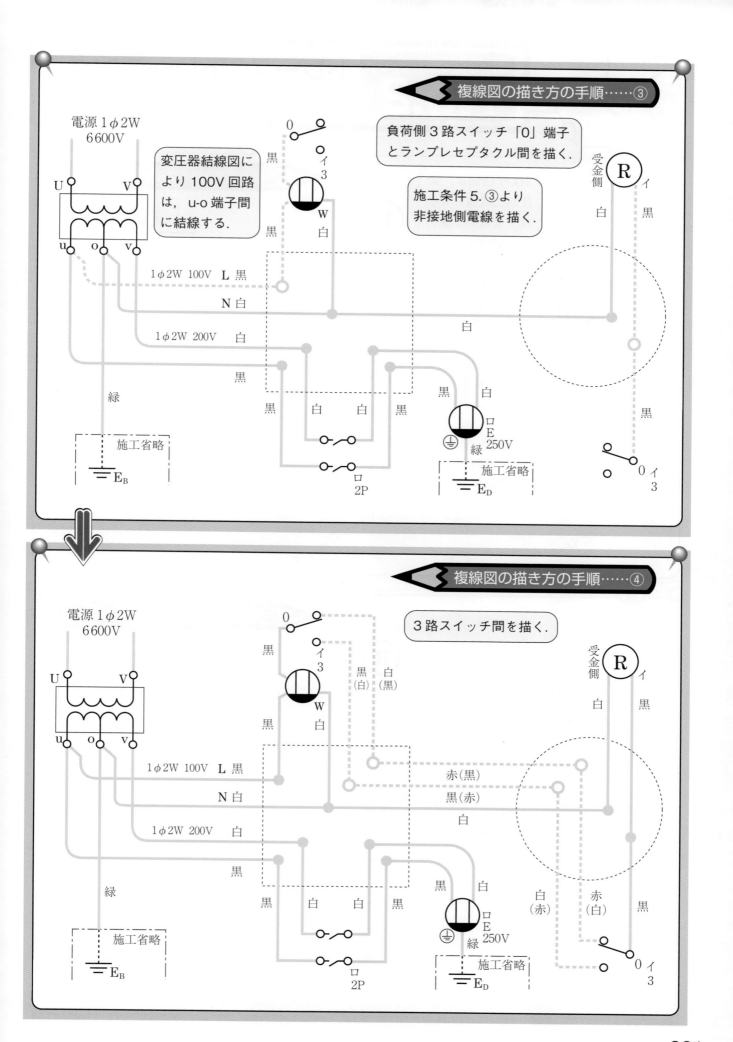

複線図の描き方の手順……③

電源1φ2W
6600V

変圧器結線図により100V回路は，u-o端子間に結線する．

負荷側3路スイッチ「0」端子とランプレセプタクル間を描く．

施工条件5.③より非接地側電線を描く．

黒
0
イ
3
W
白

黒

U   V

u o v

1φ2W 100V L 黒

N 白

1φ2W 200V 白

黒

緑

施工省略

E_B

黒   白   白   黒

2P

黒   白

ロ
E
250V
緑

施工省略

E_D

受金側 R イ

白   黒

黒

0 イ
3

複線図の描き方の手順……④

電源1φ2W
6600V

3路スイッチ間を描く．

0
イ
3
W
白

黒

黒   白
(白) (黒)

U   V

u o v

1φ2W 100V L 黒

N 白

1φ2W 200V 白

黒

緑

施工省略

E_B

黒   白   白   黒

2P

黒   白

ロ
E
250V
緑

施工省略

E_D

赤(黒)

黒(赤)

白

受金側 R イ

白   黒

白   赤   黒
(赤) (白)

0 イ
3

201

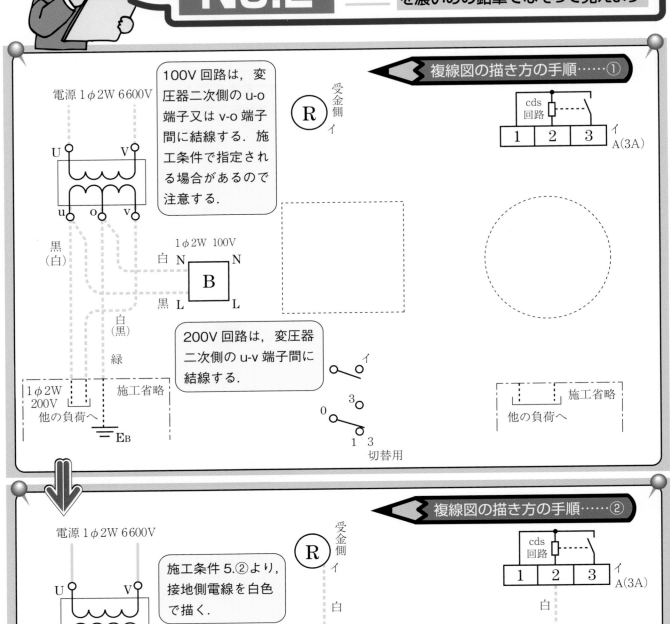

複線図の描き方の手順……①

電源 1φ2W 6600V

100V 回路は，変圧器二次側の u-o 端子又は v-o 端子間に結線する．施工条件で指定される場合があるので注意する．

R 受金側 イ

cds 回路

| 1 | 2 | 3 |

イ A(3A)

U　　V

u　o　v

黒（白）

1φ2W 100V

白 N　　N

B

黒 L　　L

白（黒）

緑

200V 回路は，変圧器二次側の u-v 端子間に結線する．

1φ2W 200V

施工省略

他の負荷へ

EB

イ

3

0

1　3

切替用

施工省略

他の負荷へ

複線図の描き方の手順……②

電源 1φ2W 6600V

施工条件 5.②より，接地側電線を白色で描く．

R 受金側 イ

白

cds 回路

| 1 | 2 | 3 |

イ A(3A)

白

U　　V

u　o　v

黒（白）

1φ2W 100V

白 N　　N　白

B

黒 L　　L

白

白（黒）

緑

白

1φ2W 200V

施工省略

他の負荷へ

EB

イ

3

0

1　3

切替用

施工省略

他の負荷へ

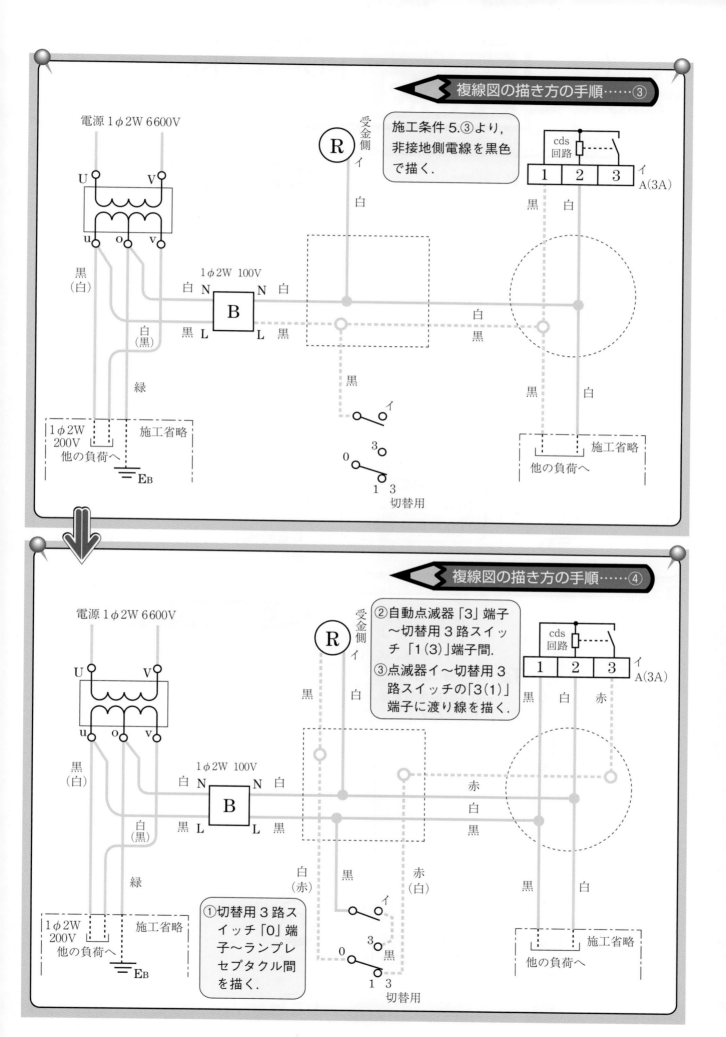

電源 1φ2W 6600V

施工条件 5.③ より,
非接地側電線を黒色
で描く.

cds
回路

1　2　3　イ
A(3A)

受金側
イ

黒　白

黒　白

U　V

u　o　v

黒
(白)

白
(黒)

1φ2W 100V

白 N　N 白

B

黒 L　L 黒

白

黒

白

黒

緑

黒

イ

3

0

1　3

切替用

1φ2W
200V
他の負荷へ

施工省略

EB

他の負荷へ

施工省略

電源 1φ2W 6600V

②自動点滅器「3」端子
〜切替用3路スイッ
チ「1(3)」端子間.
③点滅器イ〜切替用3
路スイッチの「3(1)」
端子に渡り線を描く.

cds
回路

1　2　3　イ
A(3A)

受金側
イ

黒　白　赤

黒　白　赤

U　V

u　o　v

黒
(白)

白
(黒)

1φ2W 100V

白 N　N 白

B

黒 L　L 黒

白
(赤)

黒

赤
(白)

イ

3

0

1　3

切替用

黒

赤

白

黒

黒　白

緑

①切替用3路ス
イッチ「0」端
子〜ランプレ
セプタクル間
を描く.

1φ2W
200V
他の負荷へ

施工省略

EB

他の負荷へ

施工省略

203

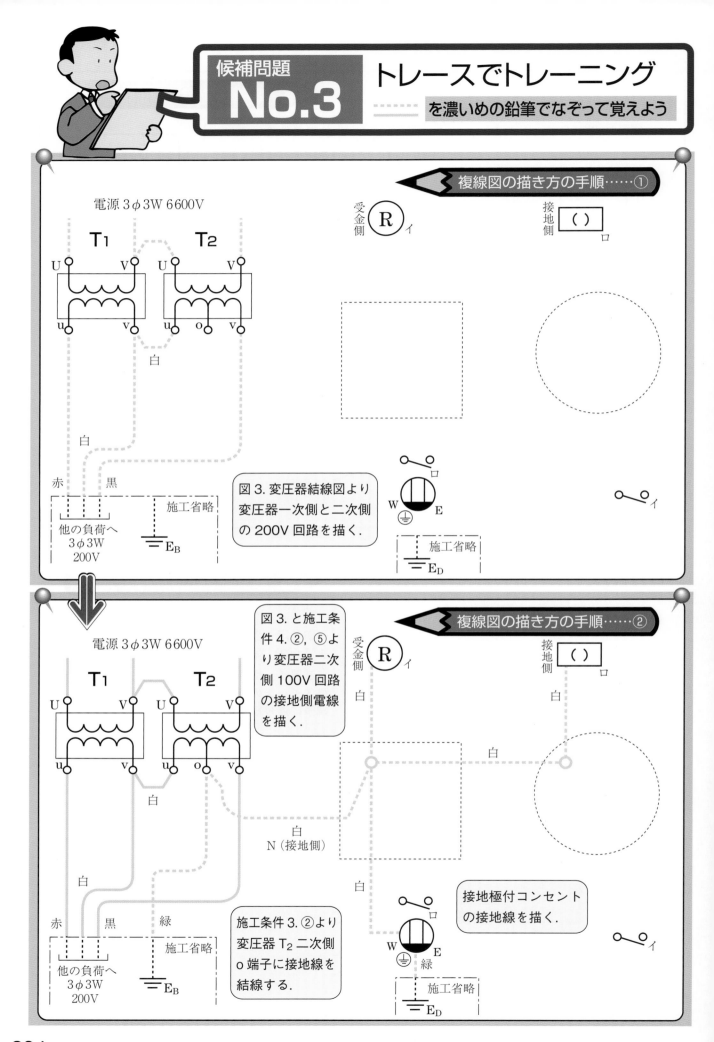

複線図の描き方の手順······①

電源 3φ3W 6600V

T₁   T₂

U V   U V

u v   u o v

白

白

赤   黒

他の負荷へ
3φ3W
200V

施工省略

E_B

受金側 Ⓡ ィ

接地側 ( ) ロ

図3. 変圧器結線図より
変圧器一次側と二次側
の200V回路を描く.

W   E
ロ

施工省略
E_D

ィ

複線図の描き方の手順······②

図3. と施工条
件4. ②, ⑤よ
り変圧器二次
側100V回路
の接地側電線
を描く.

電源 3φ3W 6600V

T₁   T₂

U V   U V

u v   u o v

白

白

赤   黒   緑

他の負荷へ
3φ3W
200V

施工省略

E_B

施工条件3. ②より
変圧器 T₂ 二次側
o端子に接地線を
結線する.

受金側 Ⓡ ィ
白

白

白
N（接地側）

白

接地側 ( ) ロ

白

接地極付コンセント
の接地線を描く.

W   E
ロ
緑

施工省略
E_D

ィ

204

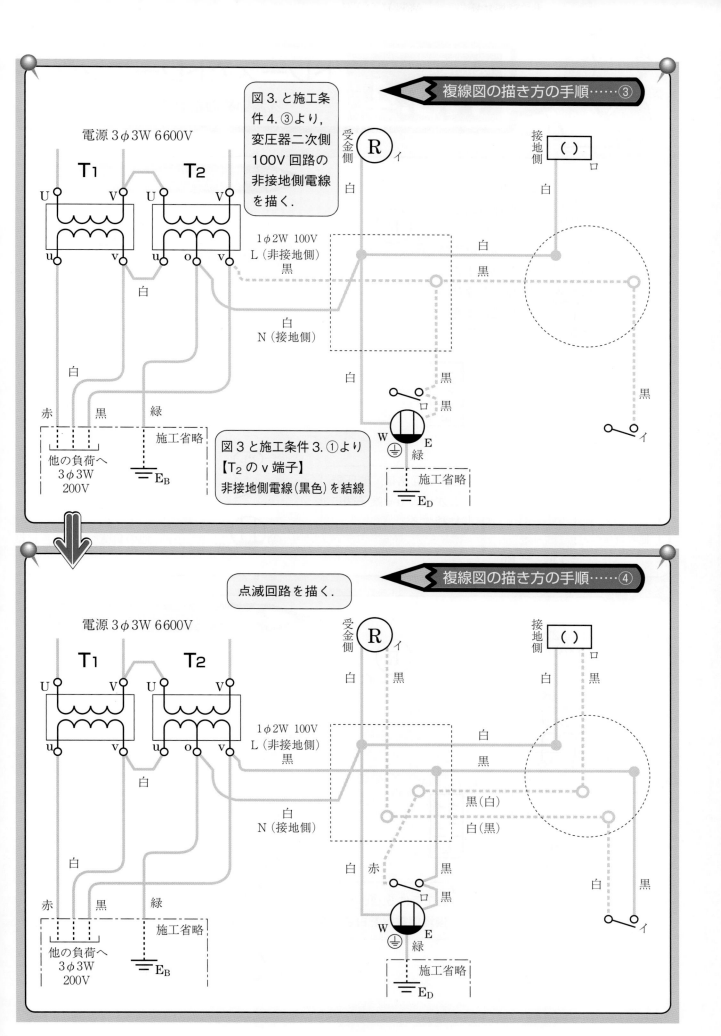

複線図の描き方の手順……③

電源 3φ3W 6600V

T₁ T₂

図3. と施工条件 4. ③より, 変圧器二次側 100V 回路の非接地側電線を描く.

U V U V

受金側 Ⓡ イ

接地側 ( ) ロ

白

白

u v u o v

白

1φ2W 100V
L（非接地側）
黒

白

黒

白

白 白
N（接地側）

白 黒

白

黒

白

赤 黒 緑

施工省略

他の負荷へ
3φ3W
200V

E_B

図3と施工条件 3. ①より
【T₂のv端子】
非接地側電線（黒色）を結線

W E
緑

施工省略

E_D

黒

イ

複線図の描き方の手順……④

点滅回路を描く.

電源 3φ3W 6600V

T₁ T₂

U V U V

受金側 Ⓡ イ

白 黒

接地側 ( ) ロ

白 黒

白

白

u v u o v

白

1φ2W 100V
L（非接地側）
黒

白

黒

黒（白）

白 白
N（接地側）

白（黒）

白 赤

黒

黒

白 黒

白

赤 黒 緑

施工省略

他の負荷へ
3φ3W
200V

E_B

W E
緑

施工省略

E_D

黒

イ

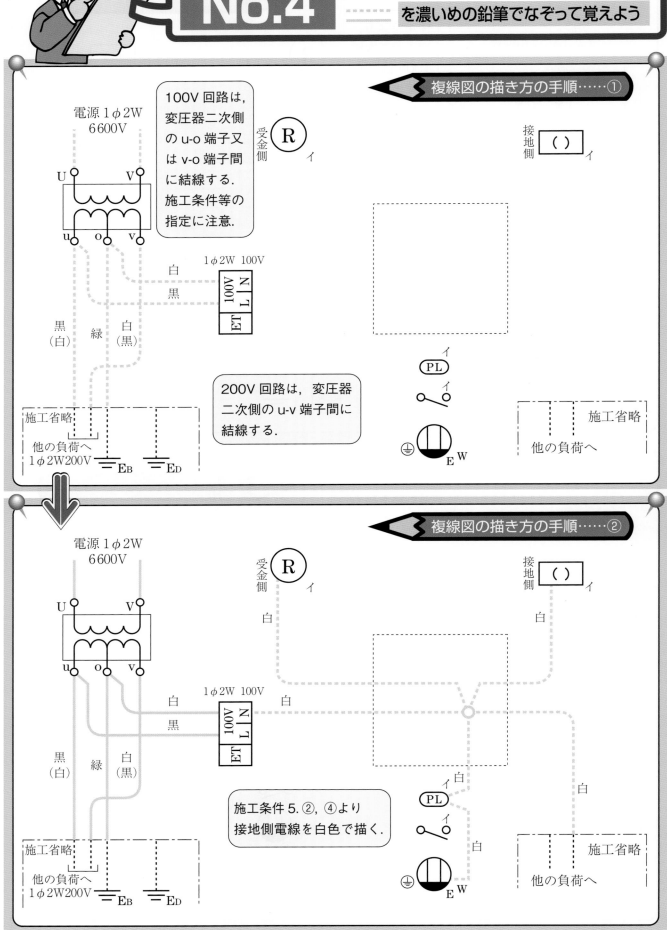

複線図の描き方の手順……①

電源1φ2W
6600V

100V回路は,変圧器二次側のu-o端子又はv-o端子間に結線する.施工条件等の指定に注意.

200V回路は,変圧器二次側のu-v端子間に結線する.

複線図の描き方の手順……②

施工条件5.②,④より接地側電線を白色で描く.

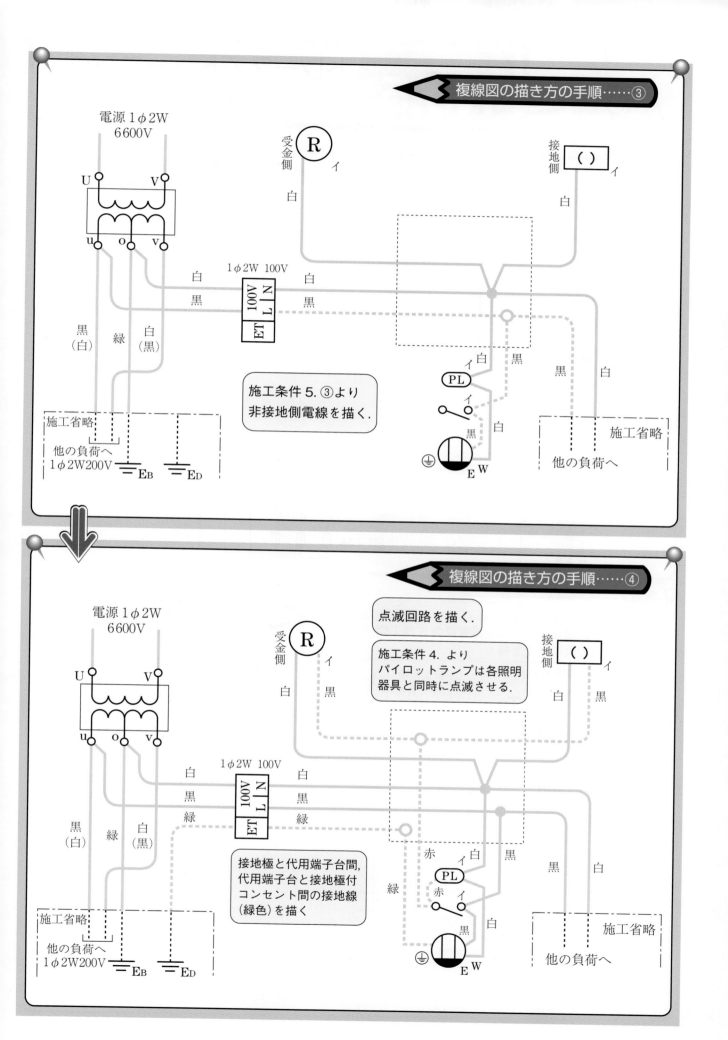

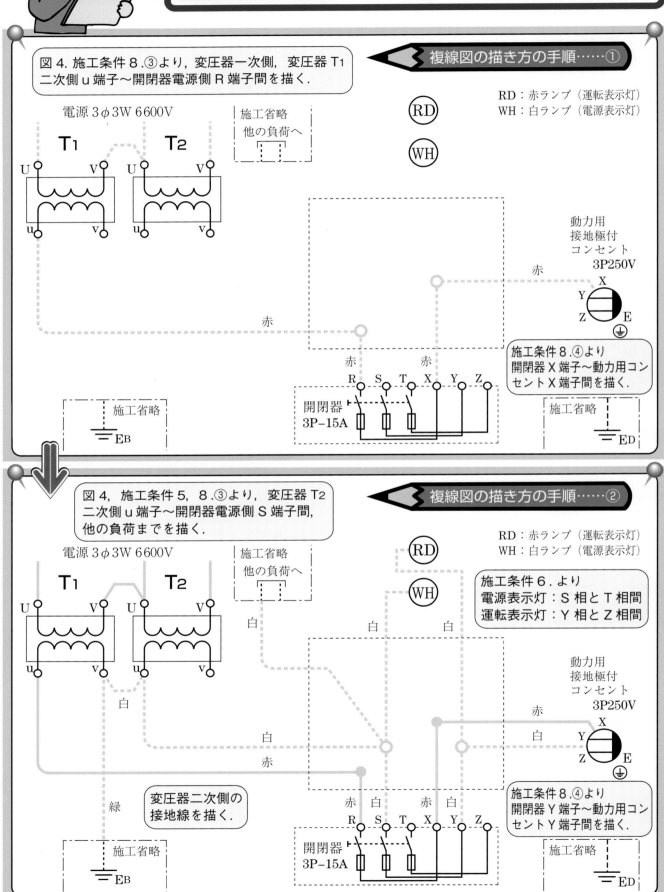

図4. 施工条件8.③より，変圧器一次側，変圧器 T1 二次側 u 端子～開閉器電源側 R 端子間を描く．

複線図の描き方の手順……①

RD：赤ランプ（運転表示灯）
WH：白ランプ（電源表示灯）

電源 3φ3W 6600V

施工省略
他の負荷へ

動力用
接地極付
コンセント
3P250V

施工条件8.④より
開閉器 X 端子～動力用コンセント X 端子間を描く．

開閉器
3P-15A

施工省略

図4，施工条件5，8.③より，変圧器 T2 二次側 u 端子～開閉器電源側 S 端子間，他の負荷までを描く．

複線図の描き方の手順……②

RD：赤ランプ（運転表示灯）
WH：白ランプ（電源表示灯）

施工条件6.より
電源表示灯：S 相と T 相間
運転表示灯：Y 相と Z 相間

電源 3φ3W 6600V

施工省略
他の負荷へ

動力用
接地極付
コンセント
3P250V

変圧器二次側の接地線を描く．

施工条件8.④より
開閉器 Y 端子～動力用コンセント Y 端子間を描く．

開閉器
3P-15A

施工省略

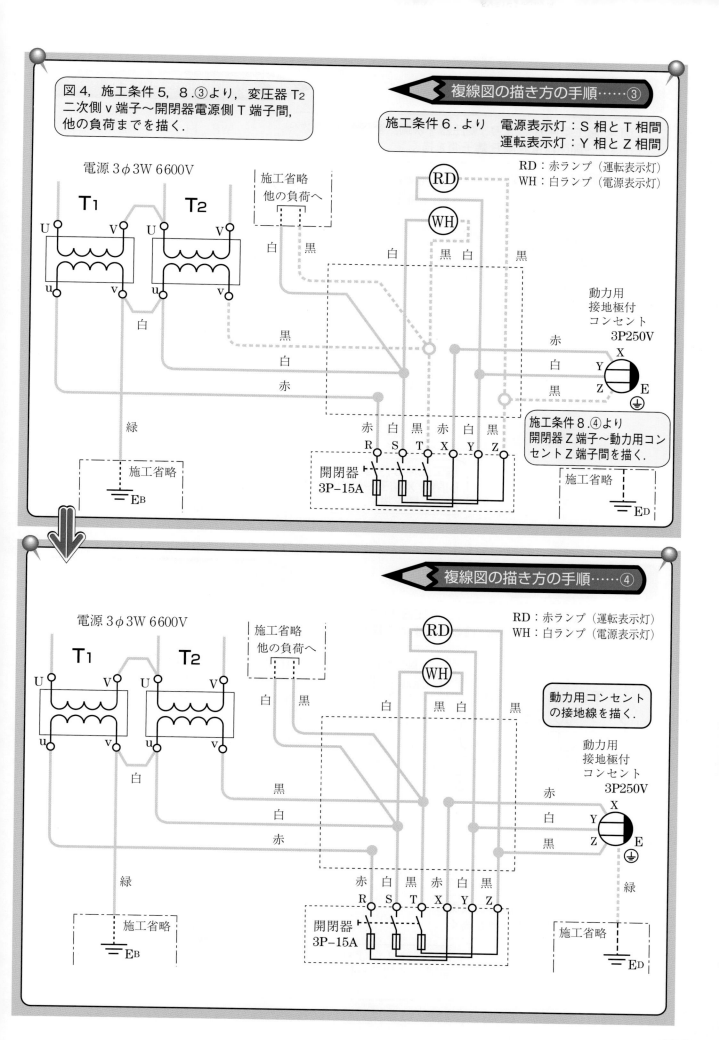

図4，施工条件5，8.③より，変圧器 T₂
二次側 v 端子～開閉器電源側 T 端子間，
他の負荷までを描く．

複線図の描き方の手順……③

施工条件6.より　電源表示灯：S 相と T 相間
運転表示灯：Y 相と Z 相間

RD：赤ランプ（運転表示灯）
WH：白ランプ（電源表示灯）

電源 3φ3W 6600V

T₁　T₂

施工省略
他の負荷へ

RD
WH

動力用
接地極付
コンセント
3P250V

施工条件8.④より
開閉器 Z 端子～動力用コン
セント Z 端子間を描く．

施工省略
E_B

開閉器
3P–15A

施工省略
E_D

複線図の描き方の手順……④

RD：赤ランプ（運転表示灯）
WH：白ランプ（電源表示灯）

電源 3φ3W 6600V

T₁　T₂

施工省略
他の負荷へ

動力用コンセント
の接地線を描く．

RD
WH

動力用
接地極付
コンセント
3P250V

施工省略
E_B

開閉器
3P–15A

施工省略
E_D

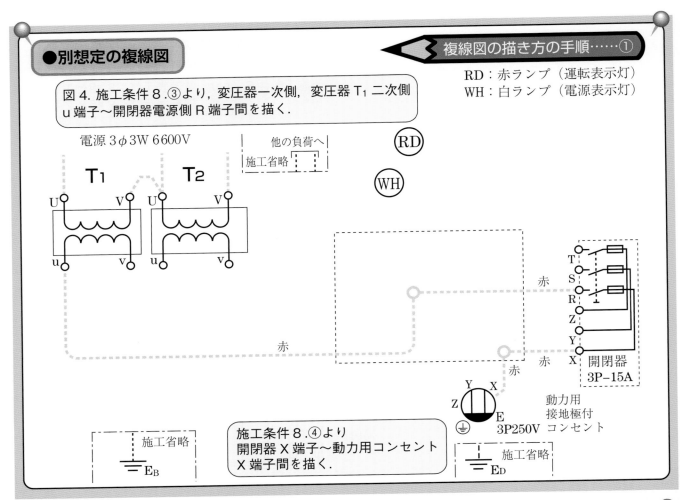

● 別想定の複線図

複線図の描き方の手順……①

RD：赤ランプ（運転表示灯）
WH：白ランプ（電源表示灯）

図4. 施工条件8 .③より，変圧器一次側，変圧器 T₁ 二次側
u 端子〜開閉器電源側 R 端子間を描く.

電源 3φ3W 6600V

他の負荷へ
施工省略

施工条件8 .④より
開閉器 X 端子〜動力用コンセント
X 端子間を描く.

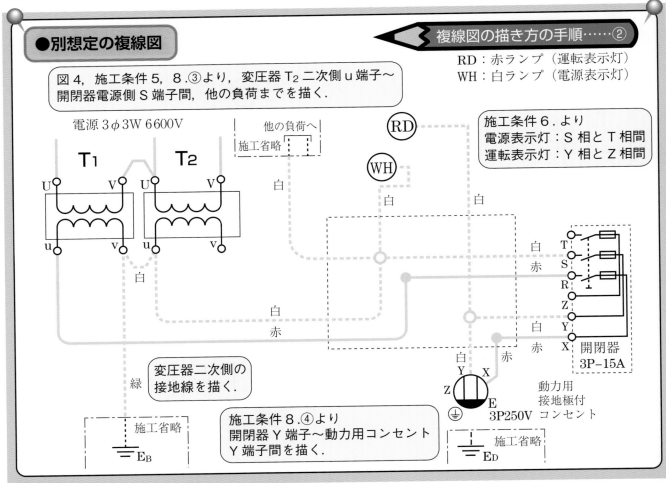

● 別想定の複線図

複線図の描き方の手順……②

RD：赤ランプ（運転表示灯）
WH：白ランプ（電源表示灯）

図4, 施工条件5, 8 .③より，変圧器 T₂ 二次側 u 端子〜
開閉器電源側 S 端子間，他の負荷までを描く.

電源 3φ3W 6600V

他の負荷へ
施工省略

施工条件6 .より
電源表示灯：S 相と T 相間
運転表示灯：Y 相と Z 相間

変圧器二次側の
接地線を描く.

施工条件8 .④より
開閉器 Y 端子〜動力用コンセント
Y 端子間を描く.

210

図4，施工条件5．より，変圧器 T₂ 二次側 v 端子〜
開閉器電源側 T 端子間，他の負荷までを描く．

RD：赤ランプ（運転表示灯）
WH：白ランプ（電源表示灯）

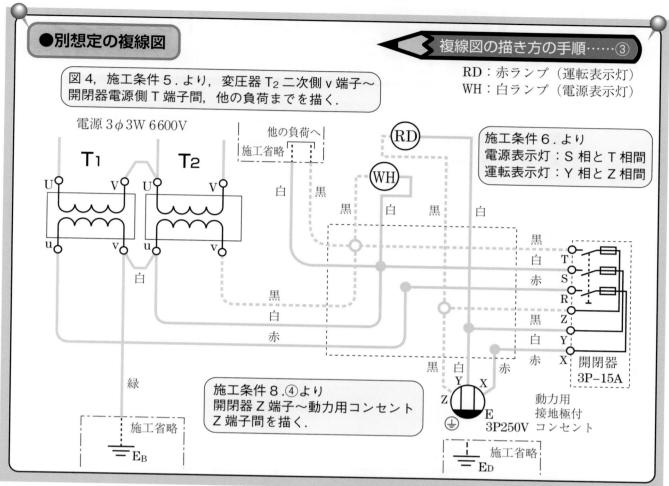

電源 3φ3W 6600V

他の負荷へ
施工省略

施工条件6．より
電源表示灯：S 相と T 相間
運転表示灯：Y 相と Z 相間

施工条件8．④より
開閉器 Z 端子〜動力用コンセント
Z 端子間を描く．

開閉器
3P-15A

動力用
接地極付
3P250V コンセント

施工省略
E_B

施工省略
E_D

●別想定の複線図

複線図の描き方の手順……④

RD：赤ランプ（運転表示灯）
WH：白ランプ（電源表示灯）

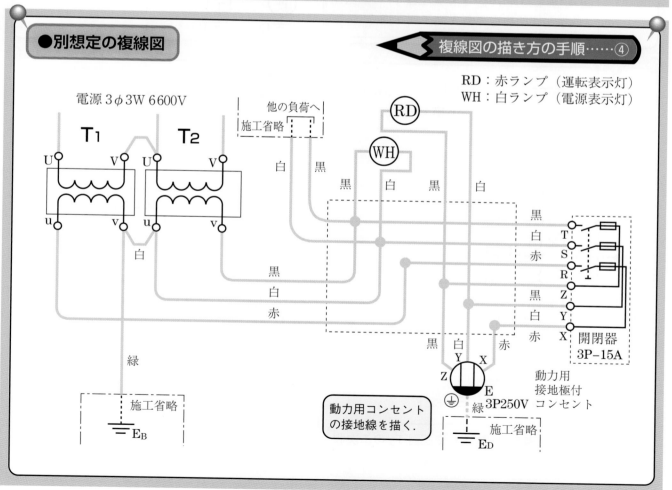

電源 3φ3W 6600V

他の負荷へ
施工省略

動力用コンセント
の接地線を描く．

開閉器
3P-15A

動力用
接地極付
3P250V コンセント

施工省略
E_B

施工省略
E_D

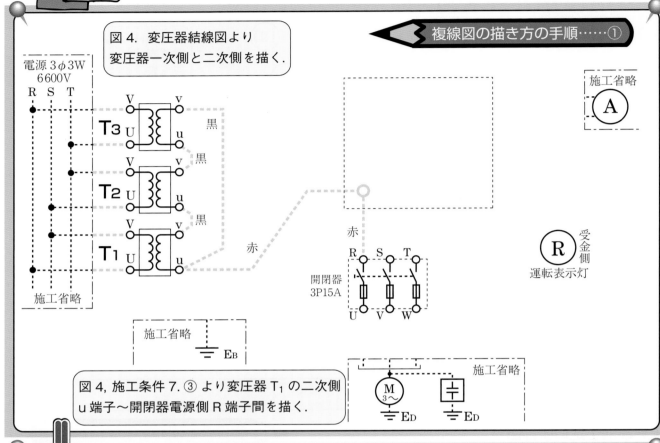

複線図の描き方の手順……①

図4. 変圧器結線図より
変圧器一次側と二次側を描く.

電源 3φ3W
6600V
R S T

施工省略

Ⓐ

T3
T2
T1

黒
黒
黒
赤

施工省略

赤

開閉器
3P15A

Ⓡ 受金側
運転表示灯

施工省略 ⏚ EB

図4, 施工条件7. ③ より変圧器 T1 の二次側
u 端子〜開閉器電源側 R 端子間を描く.

M 3〜
⏚ ED ⏚ ED
施工省略

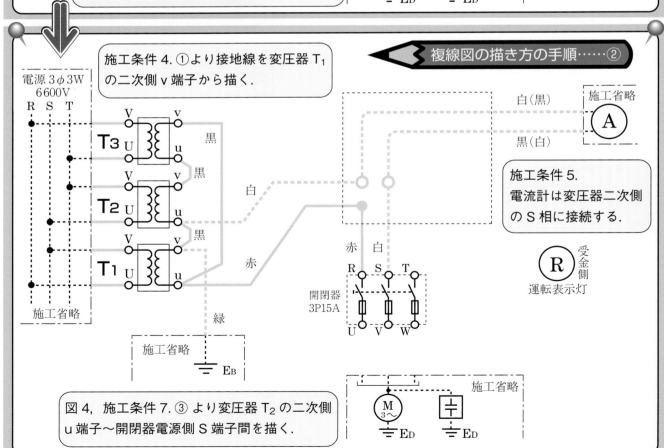

複線図の描き方の手順……②

施工条件4. ① より接地線を変圧器 T1
の二次側 v 端子から描く.

電源 3φ3W
6600V
R S T

白(黒)
施工省略
Ⓐ
黒(白)

T3
T2
T1

黒
黒
白
黒
赤

施工条件5.
電流計は変圧器二次側
の S 相に接続する.

赤 白

開閉器
3P15A

Ⓡ 受金側
運転表示灯

施工省略

緑

施工省略 ⏚ EB

図4, 施工条件7. ③ より変圧器 T2 の二次側
u 端子〜開閉器電源側 S 端子間を描く.

M 3〜
⏚ ED ⏚ ED
施工省略

図4，施工条件7.③より変圧器 T_3 の二次側 u端子～開閉器電源側 T端子間を描く．

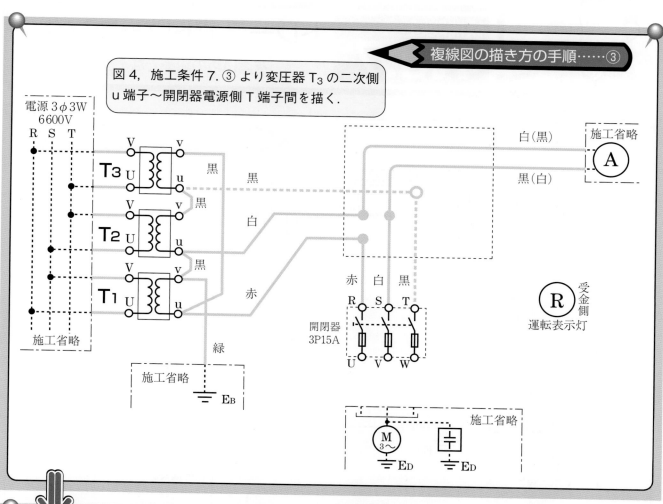

施工条件6.
運転表示灯は U相と V相間

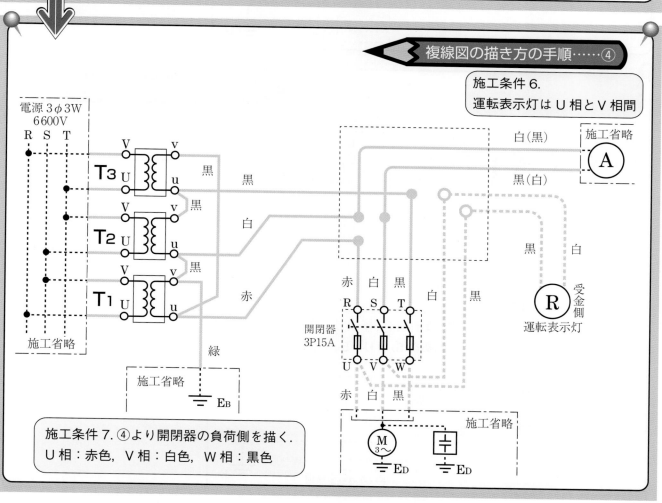

施工条件7.④より開閉器の負荷側を描く．
U相：赤色，V相：白色，W相：黒色

▸ 複線図の描き方の手順……①

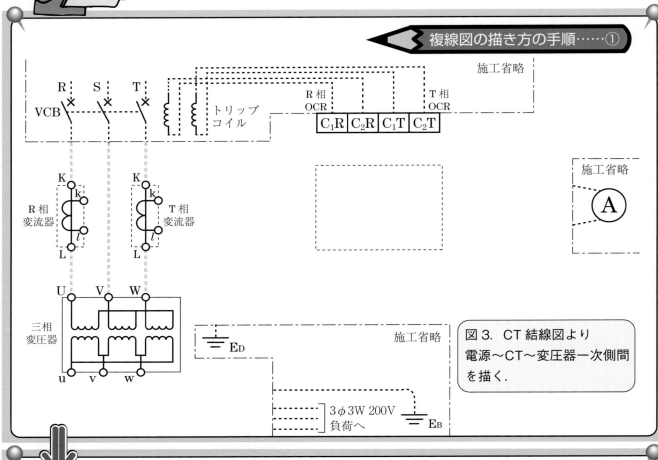

図3. CT結線図より
電源～CT～変圧器一次側間
を描く.

▸ 複線図の描き方の手順……②

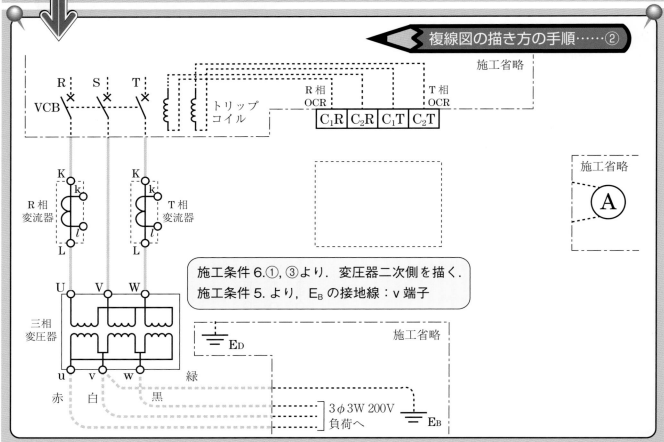

施工条件6.①, ③より. 変圧器二次側を描く.
施工条件5. より, E_B の接地線：v端子

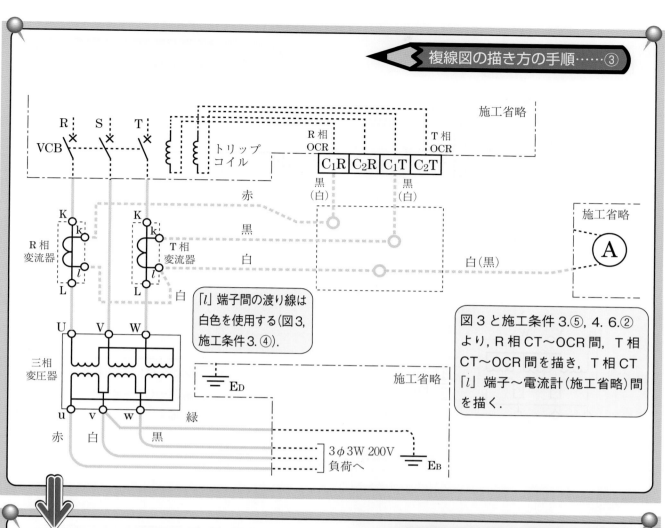

「l」端子間の渡り線は
白色を使用する(図3,
施工条件3.④).

図3と施工条件3.⑤, 4. 6.②
より, R相CT〜OCR間, T相
CT〜OCR間を描き, T相CT
「l」端子〜電流計(施工省略)間
を描く.

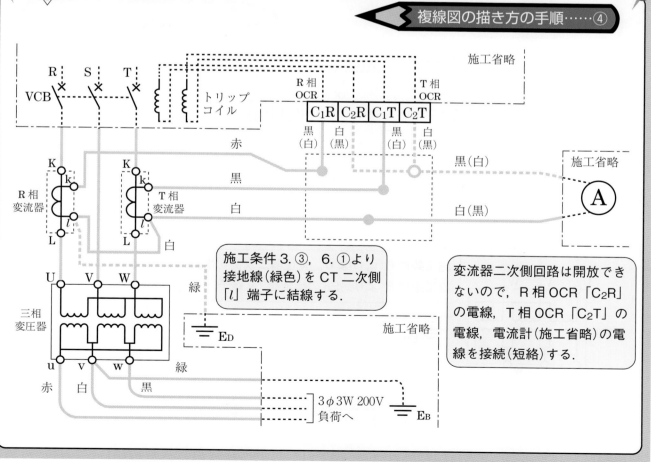

施工条件3.③, 6.①より
接地線(緑色)をCT二次側
「l」端子に結線する.

変流器二次側回路は開放でき
ないので, R相OCR「C_2R」
の電線, T相OCR「C_2T」の
電線, 電流計(施工省略)の電
線を接続(短絡)する.

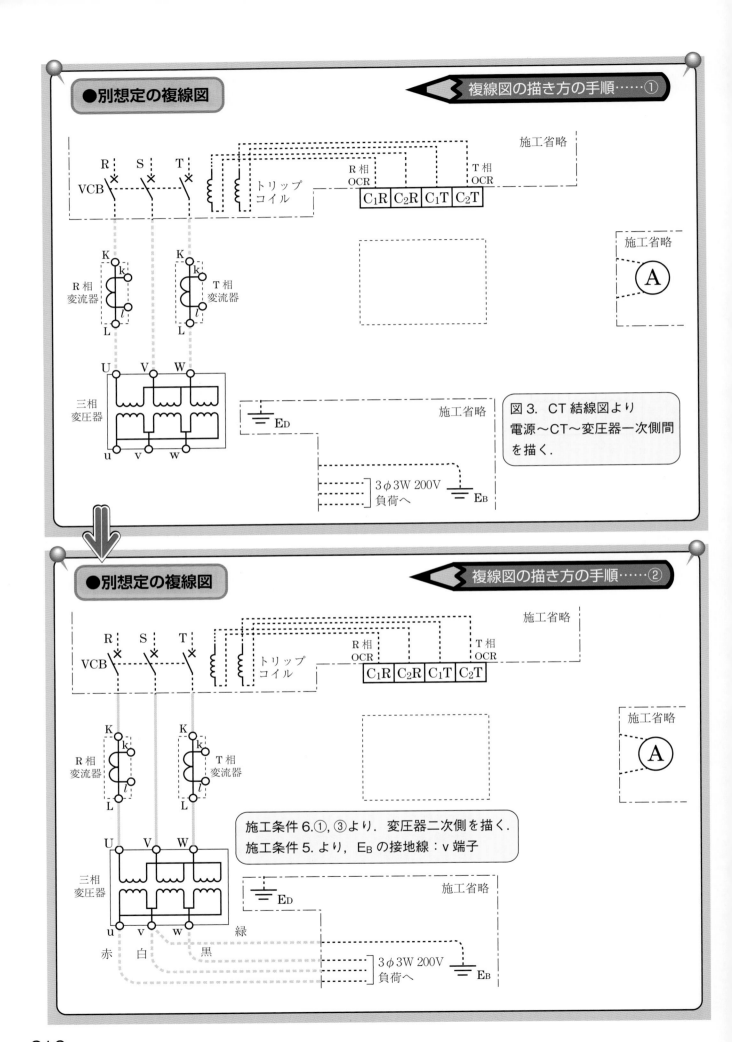

●別想定の複線図

施工省略

VCB　R　S　T　トリップコイル　R相 OCR　T相 OCR

| C₁R | C₂R | C₁T | C₂T |

施工省略

Ⓐ

R相変流器　K　k　L　ℓ

T相変流器　K　k　L　ℓ

三相変圧器　U　V　W　u　v　w

E_D

施工省略

3φ3W 200V 負荷へ　E_B

図3．CT結線図より
電源～CT～変圧器一次側間
を描く．

●別想定の複線図

施工省略

VCB　R　S　T　トリップコイル　R相 OCR　T相 OCR

| C₁R | C₂R | C₁T | C₂T |

施工省略

Ⓐ

R相変流器　K　k　L　ℓ

T相変流器　K　k　L　ℓ

施工条件6.①，③より．変圧器二次側を描く．
施工条件5.より，E_B の接地線：v 端子

三相変圧器　U　V　W　u　v　w

緑

赤　白　黒

E_D

施工省略

3φ3W 200V 負荷へ　E_B

●別想定の複線図

複線図の描き方の手順……③

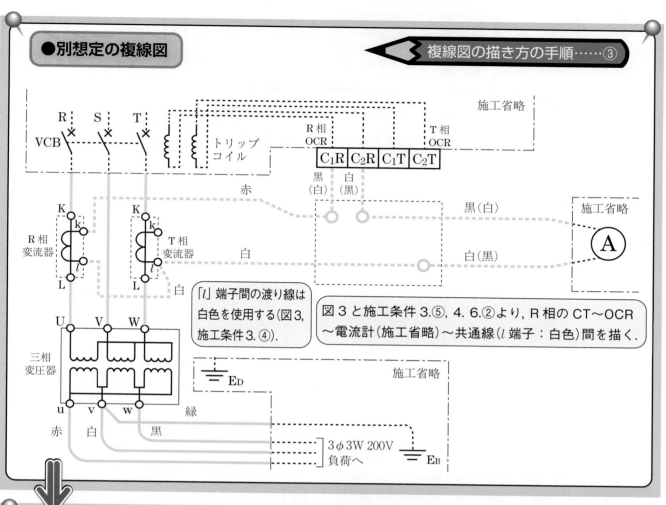

「*l*」端子間の渡り線は白色を使用する(図3, 施工条件3.④).

図3と施工条件3.⑤, 4. 6.②より, R相のCT〜OCR〜電流計(施工省略)〜共通線(*l*端子：白色)間を描く.

●別想定の複線図

複線図の描き方の手順……④

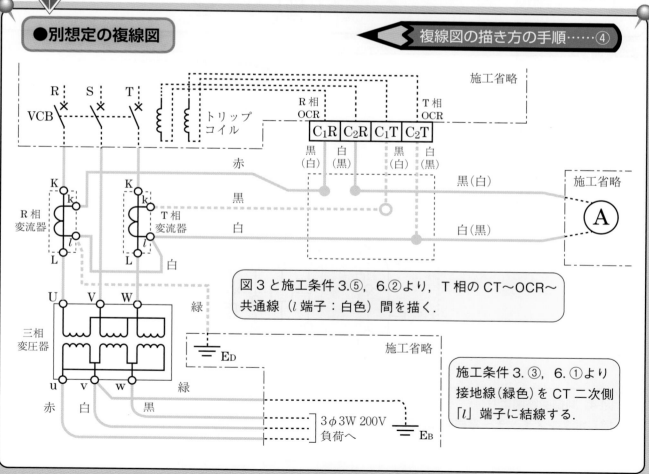

図3と施工条件3.⑤, 6.②より, T相のCT〜OCR〜共通線 (*l*端子：白色) 間を描く.

施工条件 3.③, 6.①より接地線(緑色)をCT二次側「*l*」端子に結線する.

217

複線図の描き方の手順……①

変圧器一次側 U, V, W の各端子に結線.

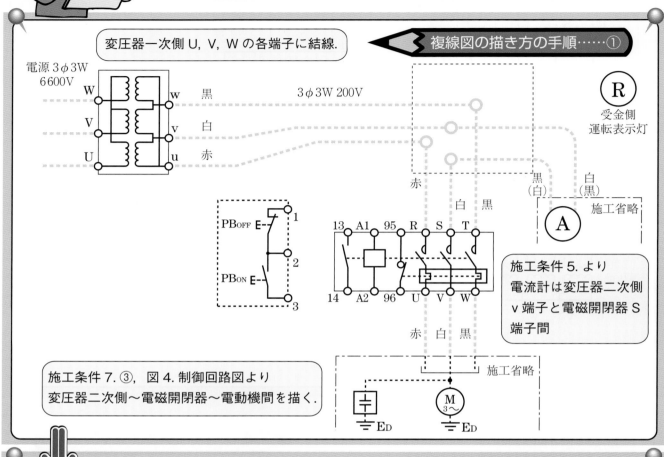

施工条件 5. より
電流計は変圧器二次側
v 端子と電磁開閉器 S
端子間

施工条件 7. ③, 図 4. 制御回路図より
変圧器二次側〜電磁開閉器〜電動機間を描く.

複線図の描き方の手順……②

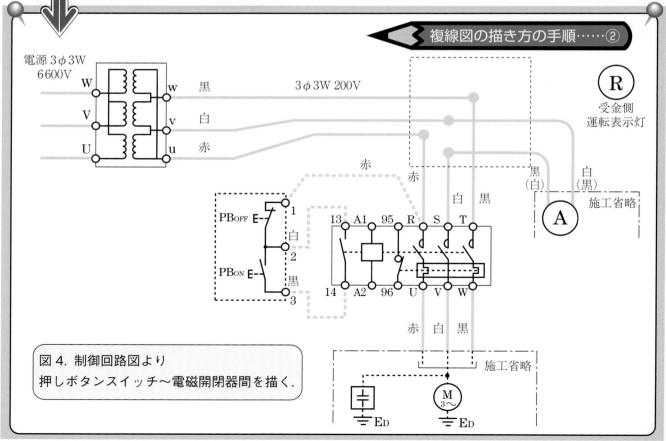

図 4. 制御回路図より
押しボタンスイッチ〜電磁開閉器間を描く.

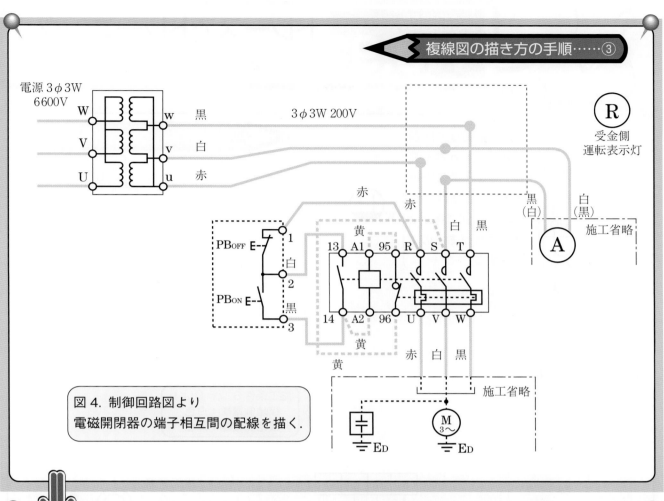

図 4. 制御回路図より
電磁開閉器の端子相互間の配線を描く.

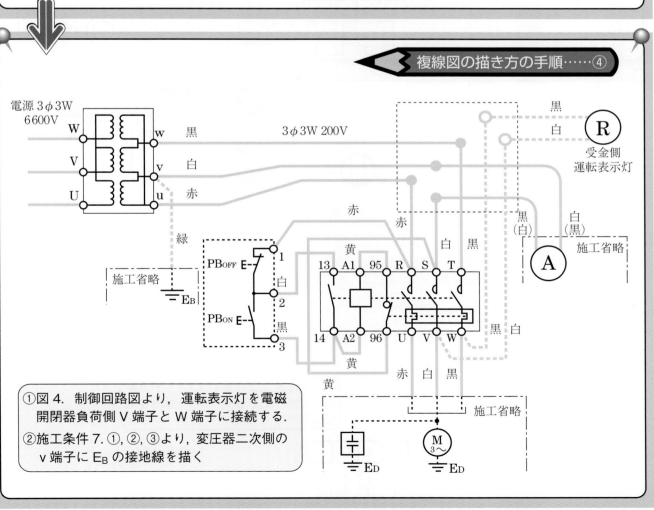

①図 4. 制御回路図より，運転表示灯を電磁
　開閉器負荷側 V 端子と W 端子に接続する.
②施工条件 7. ①, ②, ③より，変圧器二次側の
　v 端子に E_B の接地線を描く

候補問題 No.9 トレースでトレーニング
------ を濃いめの鉛筆でなぞって覚えよう

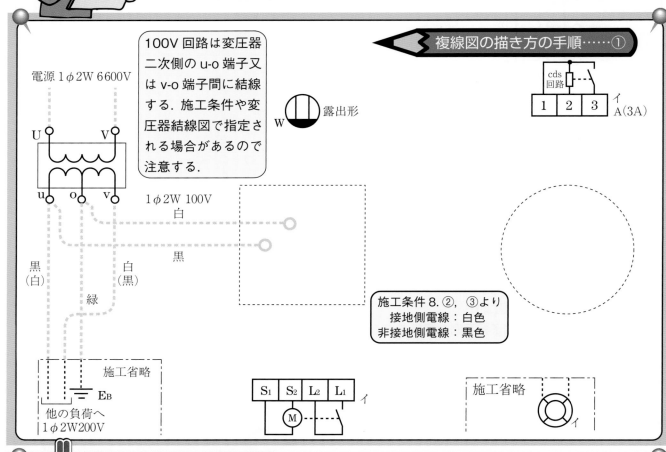

複線図の描き方の手順……①

100V 回路は変圧器二次側の u-o 端子又は v-o 端子間に結線する. 施工条件や変圧器結線図で指定される場合があるので注意する.

電源 1φ2W 6600V

U　V

u　o　v

1φ2W 100V
白

黒

W 露出形

黒（白）　白（黒）

緑

cds回路
1　2　3　イ A(3A)

施工条件 8.②，③より
接地側電線：白色
非接地側電線：黒色

施工省略
EB

他の負荷へ
1φ2W200V

S₁　S₂　L₂　L₁ イ
M

施工省略 イ

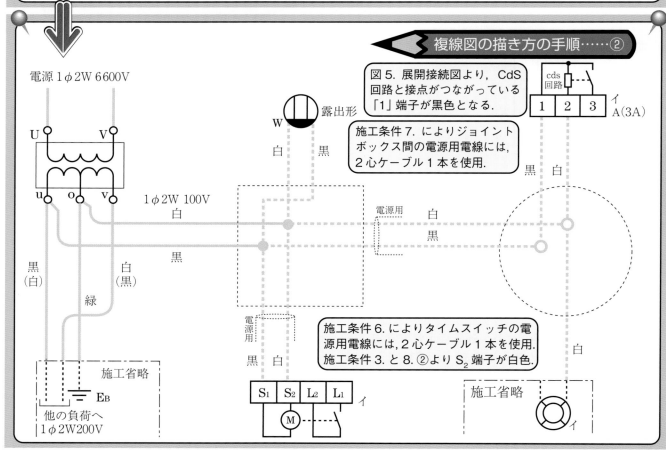

複線図の描き方の手順……②

電源 1φ2W 6600V

U　V

u　o　v

1φ2W 100V
白

黒

W 露出形

白　黒

黒（白）　白（黒）

緑

電源用　白
黒

電源用

黒　白

施工条件 6. によりタイムスイッチの電源用電線には，2 心ケーブル 1 本を使用.
施工条件 3. と 8.②より S₂ 端子が白色.

図 5. 展開接続図より，CdS回路と接点がつながっている「1」端子が黒色となる.

施工条件 7. によりジョイントボックス間の電源用電線には，2 心ケーブル 1 本を使用.

cds回路
1　2　3　イ A(3A)

黒　白

白

施工省略
EB

他の負荷へ
1φ2W200V

S₁　S₂　L₂　L₁ イ
M

施工省略 イ

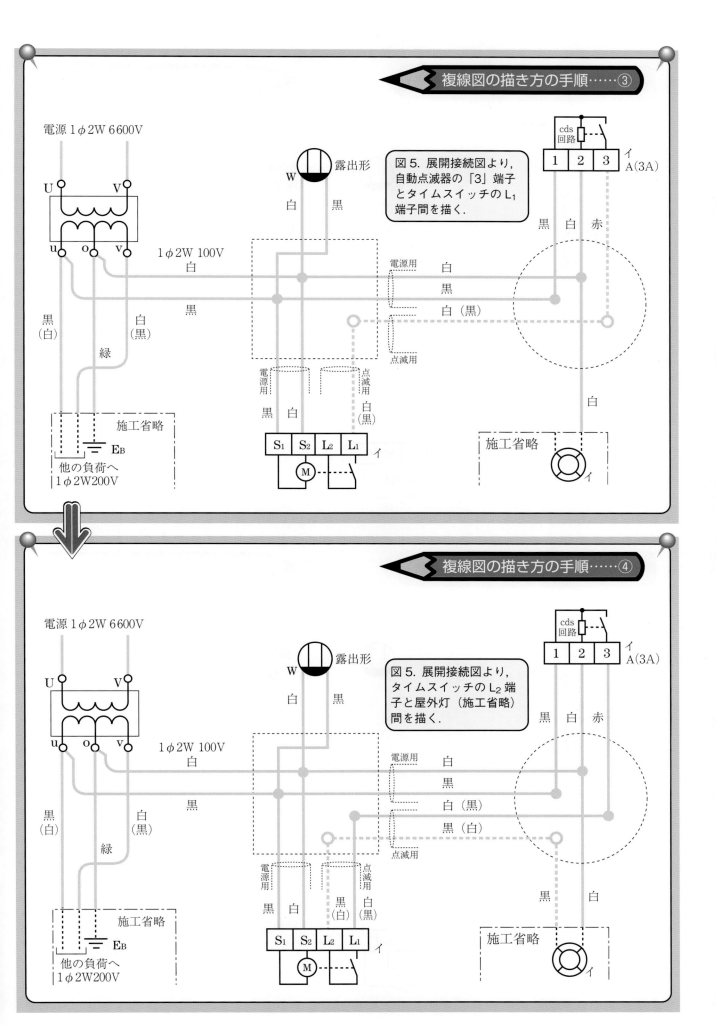

複線図の描き方の手順……③

電源 1φ2W 6600V

露出形

図5. 展開接続図より，
自動点滅器の「3」端子
とタイムスイッチのL₁
端子間を描く．

cds回路

1 | 2 | 3

イ
A(3A)

U   V

1φ2W 100V

u o v

白

黒

黒
(白)

白
(黒)

緑

黒   白

赤

電源用   白

黒

白（黒）

点滅用

電源用

点滅用

黒 白

白
(黒)

白

S₁ | S₂ | L₂ | L₁

M

イ

施工省略

施工省略

Eᴮ

他の負荷へ
1φ2W200V

イ

複線図の描き方の手順……④

電源 1φ2W 6600V

露出形

図5. 展開接続図より，
タイムスイッチのL₂端
子と屋外灯（施工省略）
間を描く．

cds回路

1 | 2 | 3

イ
A(3A)

U   V

1φ2W 100V

u o v

白

黒

黒
(白)

白
(黒)

緑

黒   白

赤

電源用   白

黒

白（黒）

黒（白）

点滅用

電源用

点滅用

黒 白

黒
(白)

白
(黒)

S₁ | S₂ | L₂ | L₁

M

イ

施工省略

施工省略

Eᴮ

他の負荷へ
1φ2W200V

黒   白

イ

221

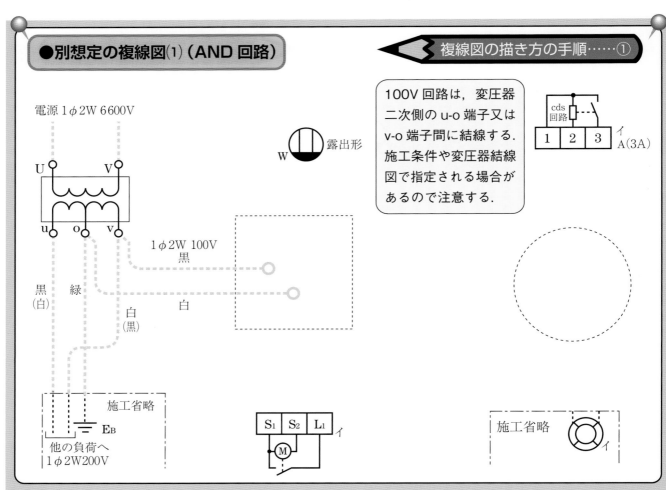

複線図の描き方の手順……①

100V 回路は，変圧器
二次側の u-o 端子又は
v-o 端子間に結線する.
施工条件や変圧器結線
図で指定される場合が
あるので注意する.

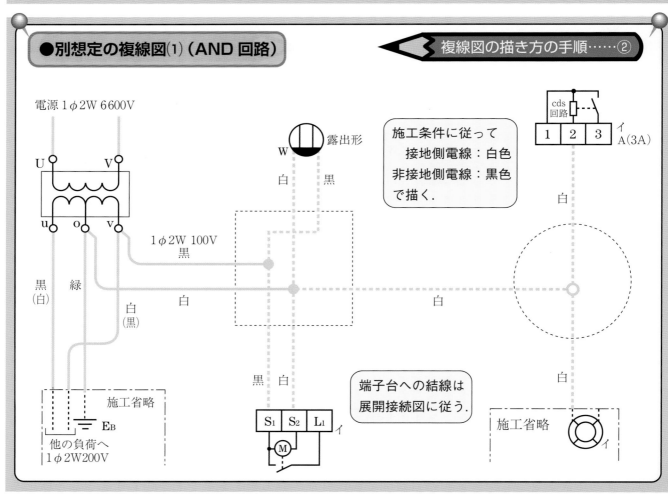

複線図の描き方の手順……②

施工条件に従って
　接地側電線：白色
　非接地側電線：黒色
で描く.

端子台への結線は
展開接続図に従う.

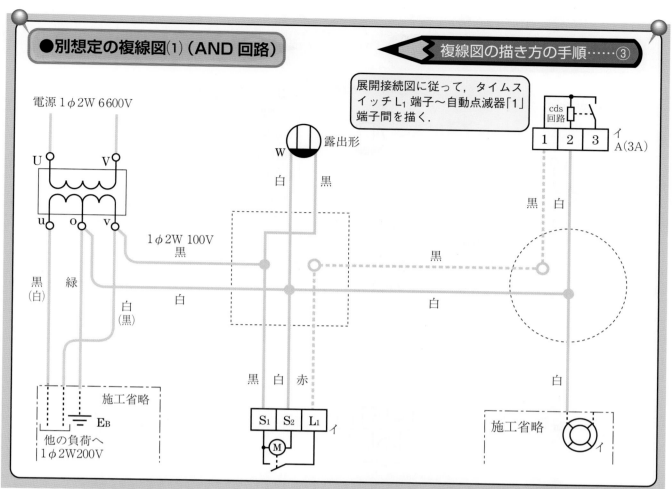

●別想定の複線図⑴（AND 回路）

複線図の描き方の手順……③

展開接続図に従って，タイムスイッチL₁端子〜自動点滅器「1」端子間を描く．

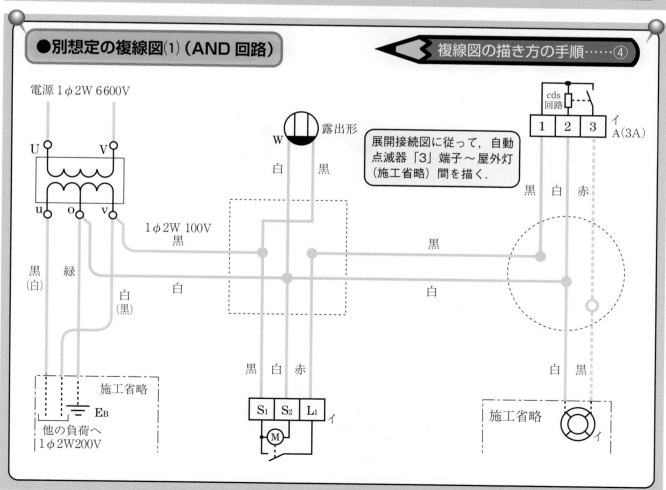

●別想定の複線図⑴（AND 回路）

複線図の描き方の手順……④

展開接続図に従って，自動点滅器「3」端子〜屋外灯（施工省略）間を描く．

●別想定の複線図(2) (OR 回路)

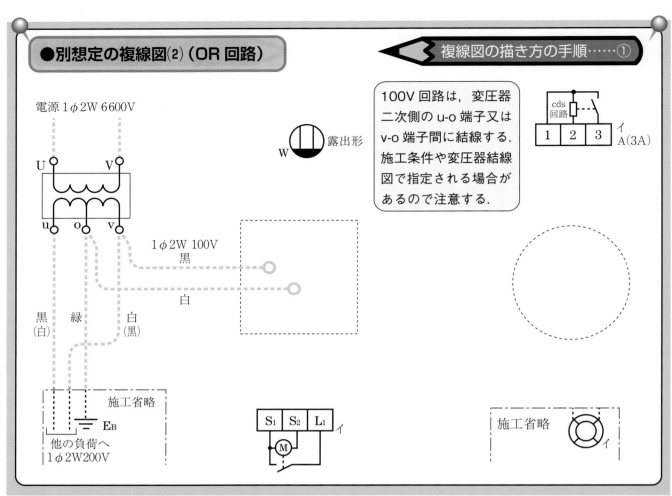

100V 回路は,変圧器二次側の u-o 端子又は v-o 端子間に結線する.施工条件や変圧器結線図で指定される場合があるので注意する.

電源 1φ2W 6600V

U V

u o v

1φ2W 100V
黒

白

黒
(白)　緑　白
(黒)

施工省略

EB

他の負荷へ
1φ2W200V

W 露出形

S₁ S₂ L₁ イ
M

cds
回路 1 2 3 イ
A(3A)

施工省略 イ

●別想定の複線図(2) (OR 回路)

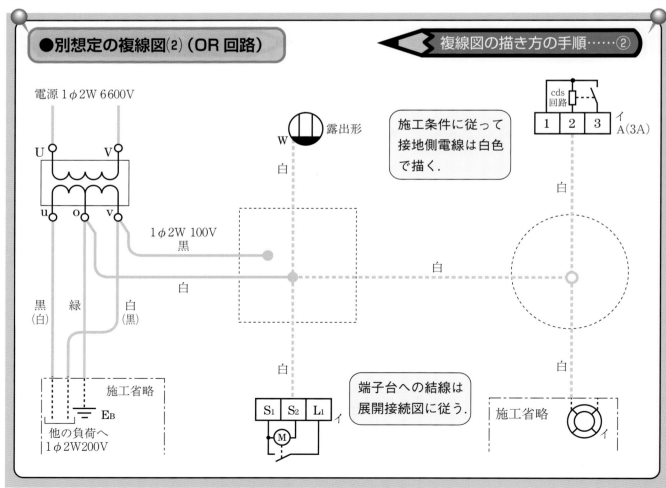

施工条件に従って接地側電線は白色で描く.

電源 1φ2W 6600V

U V

u o v

1φ2W 100V
黒

白

黒
(白)　緑　白
(黒)

施工省略

EB

他の負荷へ
1φ2W200V

W 露出形

白

白

白

白

端子台への結線は展開接続図に従う.

S₁ S₂ L₁ イ
M

cds
回路 1 2 3 イ
A(3A)

白

白

施工省略 イ

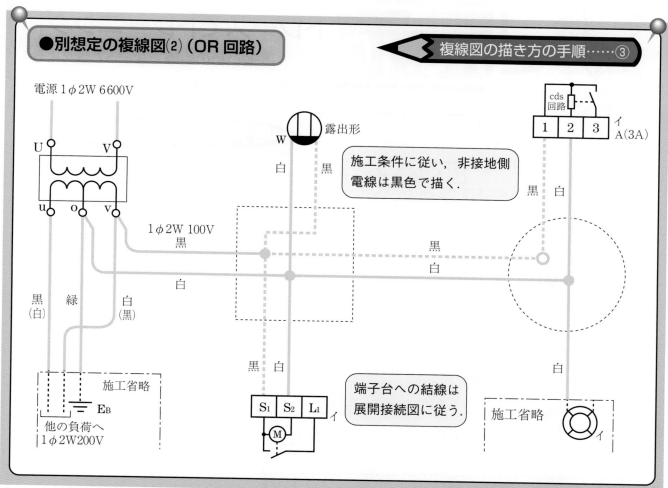

●別想定の複線図(2)(OR 回路)

電源1φ2W 6600V

施工条件に従い,非接地側電線は黒色で描く.

露出形

端子台への結線は展開接続図に従う.

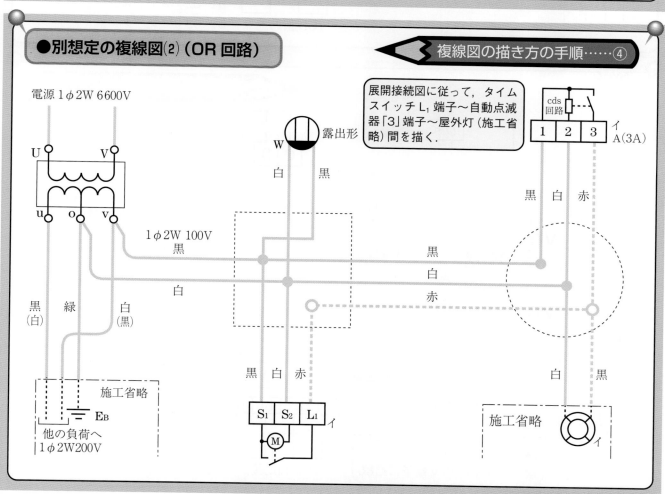

●別想定の複線図(2)(OR 回路)

電源1φ2W 6600V

展開接続図に従って,タイムスイッチL_1端子〜自動点滅器「3」端子〜屋外灯(施工省略)間を描く.

露出形

225

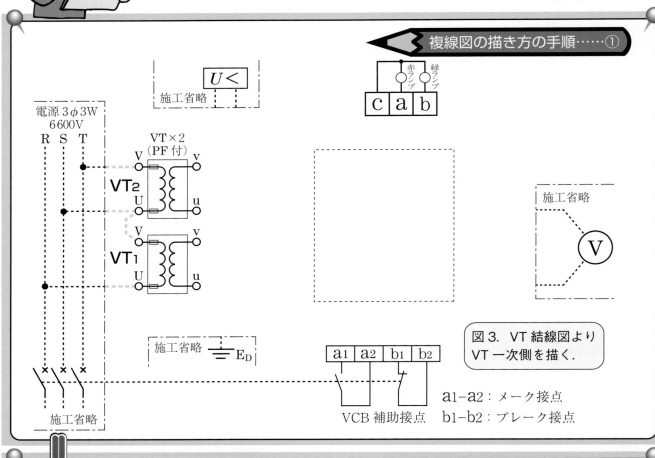

複線図の描き方の手順……①

図3. VT結線図より
VT一次側を描く.

a1–a2：メーク接点
b1–b2：ブレーク接点

VCB補助接点

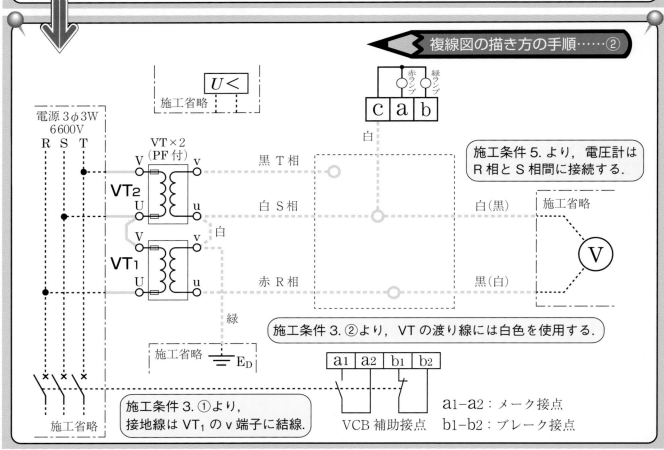

複線図の描き方の手順……②

施工条件5.より，電圧計は
R相とS相間に接続する.

施工条件3.②より，VTの渡り線には白色を使用する.

施工条件3.①より，
接地線はVT₁のv端子に結線.

a1–a2：メーク接点
b1–b2：ブレーク接点

VCB補助接点

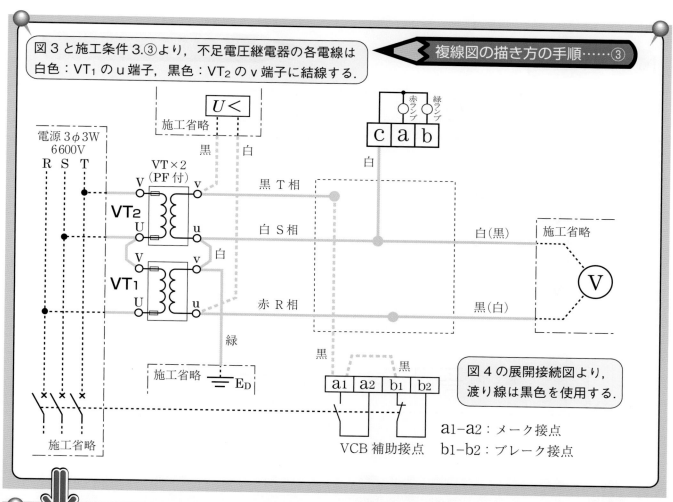

図3と施工条件3.③より，不足電圧継電器の各電線は
白色：VT₁のu端子，黒色：VT₂のv端子に結線する.

複線図の描き方の手順……③

図4の展開接続図より，
渡り線は黒色を使用する.

a₁–a₂：メーク接点
b₁–b₂：ブレーク接点

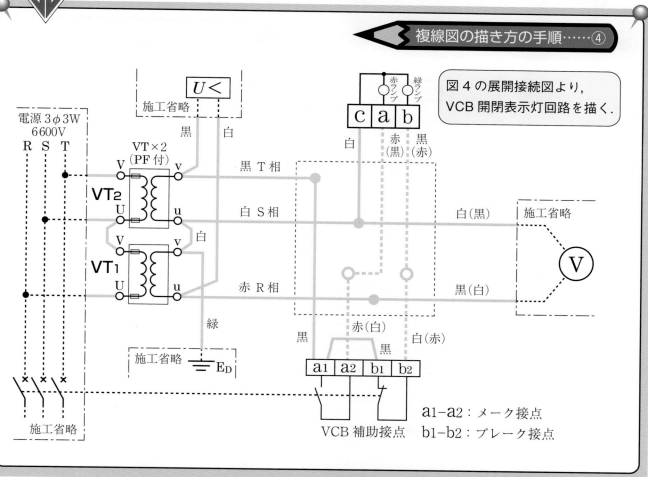

複線図の描き方の手順……④

図4の展開接続図より，
VCB開閉表示灯回路を描く.

a₁–a₂：メーク接点
b₁–b₂：ブレーク接点

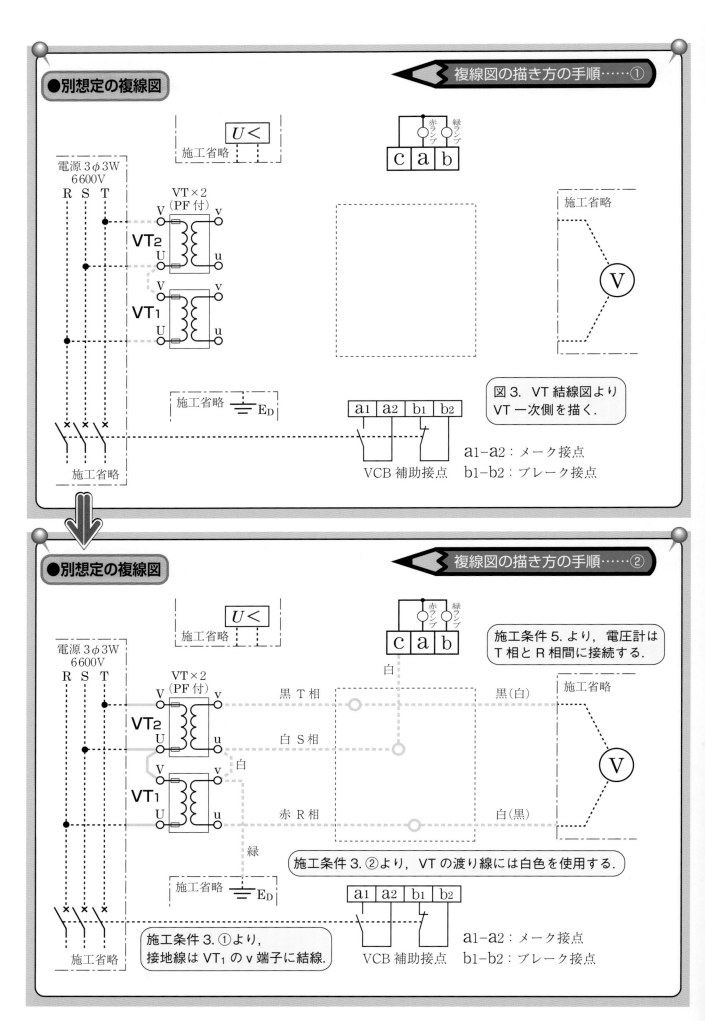

●別想定の複線図

$U<$

施工省略

赤ランプ　緑ランプ

c a b

電源 3φ3W
6600V
R S T

VT×2
（PF付）

V　v
VT₂
U　u

V　v
VT₁
U　u

施工省略

施工省略

ED

a₁ a₂ b₁ b₂

図 3. VT 結線図より
VT 一次側を描く.

施工省略

a₁−a₂：メーク接点

VCB 補助接点　b₁−b₂：ブレーク接点

●別想定の複線図

$U<$

施工省略

赤ランプ　緑ランプ

c a b

白

施工条件 5. より，電圧計は
T 相と R 相間に接続する.

電源 3φ3W
6600V
R S T

VT×2
（PF付）

V　v
VT₂
U　u

黒 T 相

白 S 相

黒（白）

施工省略

白

V　v
VT₁
U　u

赤 R 相

白（黒）

V

緑

施工条件 3. ②より，VT の渡り線には白色を使用する.

施工省略

ED

a₁ a₂ b₁ b₂

施工条件 3. ①より，
接地線は VT₁ の v 端子に結線.

施工省略

VCB 補助接点

a₁−a₂：メーク接点

b₁−b₂：ブレーク接点

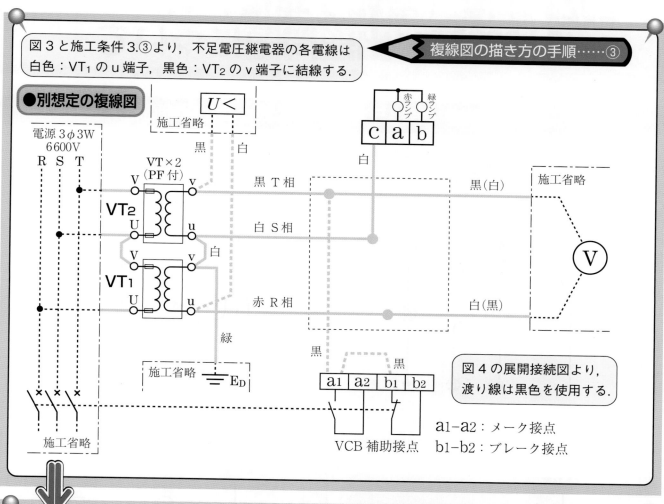

図3と施工条件3.③より，不足電圧継電器の各電線は
白色：VT₁のu端子，黒色：VT₂のv端子に結線する.

複線図の描き方の手順……③

●別想定の複線図

図4の展開接続図より，
渡り線は黒色を使用する.

a₁–a₂：メーク接点
b₁–b₂：ブレーク接点

VCB補助接点

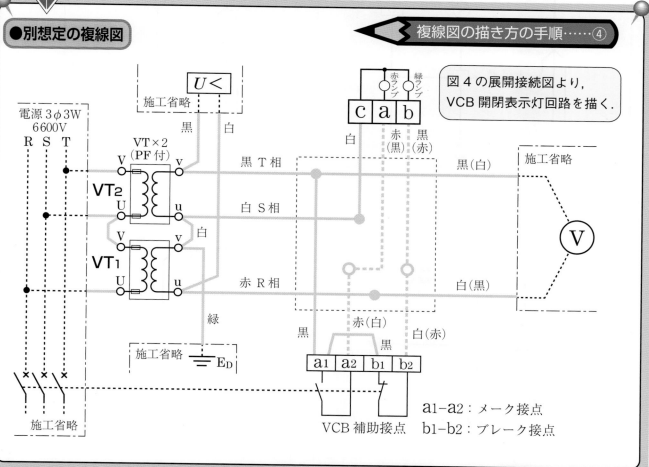

●別想定の複線図

複線図の描き方の手順……④

図4の展開接続図より，
VCB開閉表示灯回路を描く.

a₁–a₂：メーク接点
b₁–b₂：ブレーク接点

VCB補助接点

2023年度（令和5年度）の候補問題と出題問題について

2023年度（令和5年度）に公表された候補問題

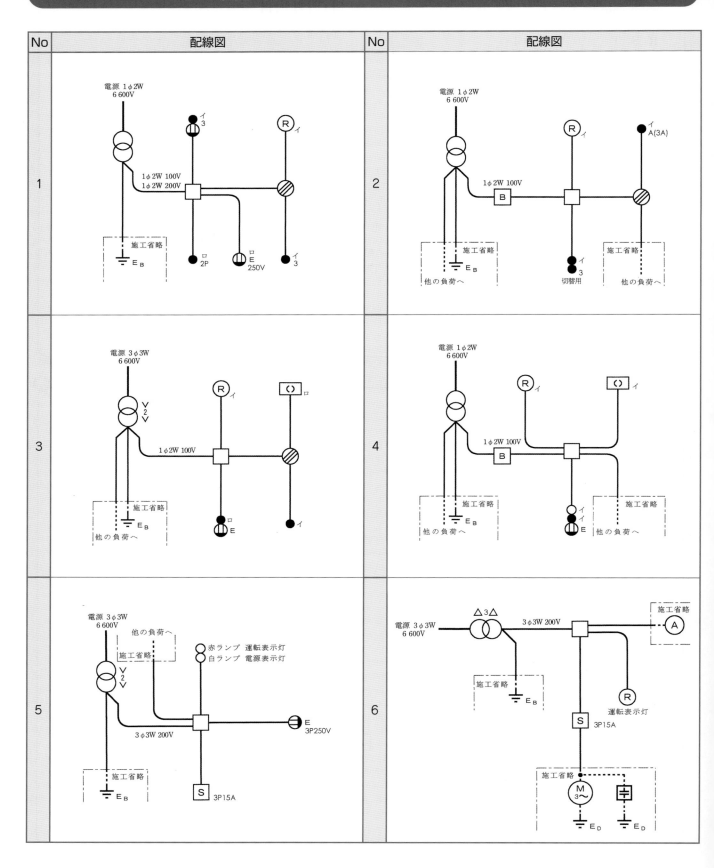

No	配線図	No	配線図

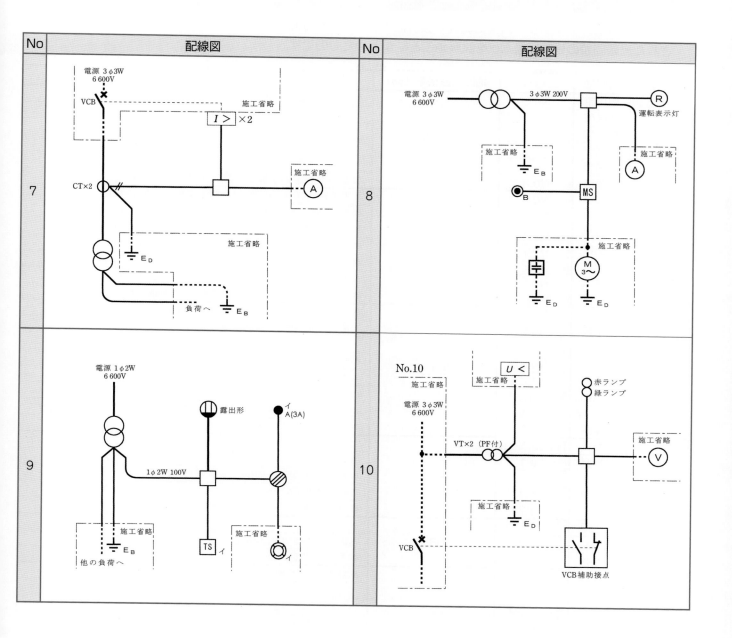

7

電源 3φ3W
6 600V

VCB

施工省略

$I >$ ×2

CT×2

施工省略

A

E_D

施工省略

負荷へ

E_B

8

電源 3φ3W
6 600V

3φ3W 200V

R
運転表示灯

施工省略

E_B

施工省略

A

B

MS

施工省略

E_D

M
3~

E_D

9

電源 1φ2W
6 600V

露出形

イ
A(3A)

1φ2W 100V

施工省略

E_B

他の負荷へ

TS イ

施工省略

イ

イ

10

No.10

施工省略

$U <$

施工省略

電源 3φ3W
6 600V

赤ランプ
緑ランプ

施工省略

V

VT×2 (PF付)

施工省略

E_D

VCB

VCB補助接点

2024 年度（令和 6 年度）の候補問題は，昨年（2023 年度：令和 5 年度）とすべて同じ配線図が公表されています．

231

2023年度（令和5年度）の技能試験で出題された試験地別問題一覧

下表は，全国の工業高校を対象に弊社が独自にアンケートを依頼し，返信のあった工業高校から自己申告された出題問題の候補問題 No を試験地ごとにまとめたものです.

〈転載禁止〉

地 区	試験地	出題 No	地区別合格率（%）	備　　考
北海道	旭川市	No.8	65.0	本書の本想定の配線図と施工条件で出題された.
	北見市	―		
	札幌市	―		
	釧路市	―		
	室蘭市	―		
	函館市	No.8		本書の本想定の配線図と施工条件で出題された.
東北	青森県	No.7	61.5	本書の別想定(2)の配線図と施工条件で出題された.
	岩手県	No.3		本書の別想定(2)の配線図と施工条件で出題された.
	宮城県	No.7		本書の別想定(2)の配線図と施工条件で出題された.
	秋田県	No.7		本書の別想定(2)の配線図と施工条件で出題された.
	山形県	No.2		本書の別想定(2)の配線図と施工条件で出題された.
	福島県	No.5		本書の本想定の配線図と施工条件で出題された.
	新潟県	No.10		本書の別想定の配線図と施工条件で出題された.
関東	茨城県	No.6	59.3	本書の本想定の配線図と施工条件で出題された.
	栃木県	No.6		本書の本想定の配線図と施工条件で出題された.
	群馬県	―		
	埼玉県	No.6		本書の本想定の配線図と施工条件で出題された.
	千葉県	No.2		本書の別想定(2)の配線図と施工条件で出題された.
	東京都	No.8, No.10		No.8：本書の本想定の配線図と施工条件，No.10：本書の別想定の配線図と施工条件で出題された.
	神奈川県	No.5, No.9		No.5：本書の本想定の配線図と施工条件，No.9：本書の別想定の配線図と施工条件で出題された.
	山梨県	No.1		本書の別想定(2)の配線図と施工条件で出題された.
中部	長野県	No.2, No.9	58.9	No.2：本書の別想定(2)の配線図と施工条件，No.9：本書の本想定の配線図と施工条件で出題された.
	岐阜県	No.1		本書の別想定(2)の配線図と施工条件で出題された.
	静岡県	No.9		本書の本想定の配線図と施工条件で出題された.
	愛知県	No.4		本書の別想定(2)の配線図と施工条件で出題された.
	三重県	No.7		本書の別想定(2)の配線図と施工条件で出題された.
北陸	富山県	―	68.7	
	石川県	No.10		本書の別想定の配線図と施工条件で出題された.
	福井県	No.5		本書の本想定の配線図と施工条件で出題された.
関西	滋賀県	No.3	59.4	本書の別想定(2)の配線図と施工条件で出題された.
	京都府	―		
	大阪府	No.1, No.7		No.1：本書の別想定(2)の配線図と施工条件，No.7：本書の別想定(2)の配線図と施工条件で出題された.
	兵庫県	No.6		本書の本想定の配線図と施工条件で出題された.
	奈良県	―		
	和歌山県	―		
中国	鳥取県	―	60.0	
	島根県	No.4		本書の別想定(2)の配線図と施工条件で出題された.
	岡山県	No.3		本書の別想定(2)の配線図と施工条件で出題された.
	広島県	No.3		本書の別想定(2)の配線図と施工条件で出題された.
	山口県	No.3		本書の別想定(2)の配線図と施工条件で出題された.
四国	徳島県	No.1	61.9	本書の別想定(2)の配線図と施工条件で出題された.
	香川県	―		
	愛媛県	―		
	高知県	No.5		本書の本想定の配線図と施工条件で出題された.
九州	福岡県	No.10	61.3	本書の別想定の配線図と施工条件で出題された.
	佐賀県	―		
	長崎県	―		
	熊本県	―		
	大分県	No.2		本書の別想定(2)の配線図と施工条件で出題された.
	宮崎県	―		
	鹿児島県	―		
沖縄	沖縄県	―	65.9	

対象：280校／返信：73校の集計結果を掲載.　　―印：アンケート未回答　　※地区別合格率は，一般社団法人電気技術者試験センターが公表したもの.

ⓒ電気書院 2024

2024年版
フルカラー版第一種電気工事士技能試験候補問題できた！

2024年 4月30日　第1版第1刷発行

著　者　電　気　書　院
発行者　田　中　聡

発　行　所
株式会社　電　気　書　院
ホームページ　www.denkishoin.co.jp
（振替口座　00190-5-18837）
〒101-0051　東京都千代田区神田神保町1-3 ミヤタビル2F
電話(03)5259-9160／FAX(03)5259-9162

印刷　日経印刷株式会社
Printed in Japan／ISBN978-4-485-20797-0

[本書の正誤に関するお問い合せ方法は，最終ページをご覧ください]

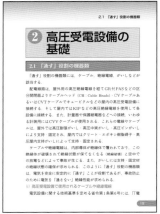
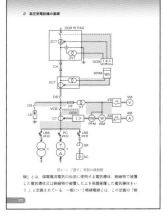
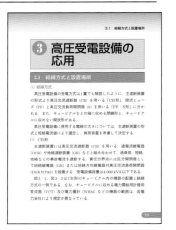

書籍の正誤について

万一，内容に誤りと思われる箇所がございましたら，以下の方法でご確認いただきますようお願いいたします.

なお，正誤のお問合せ以外の書籍の内容に関する解説や受験指導などは**行っておりません**.このようなお問合せにつきましては，お答えいたしかねますので，予めご了承ください.

正誤表の確認方法

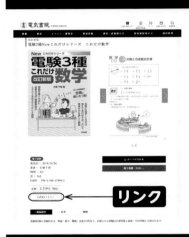

最新の正誤表は，弊社Webページに掲載しております．書籍検索で「正誤表あり」や「キーワード検索」などを用いて，書籍詳細ページをご覧ください.

正誤表があるものに関しましては，書影の下の方に正誤表をダウンロードできるリンクが表示されます．表示されないものに関しましては，正誤表がございません.

弊社Webページアドレス
https://www.denkishoin.co.jp/

正誤のお問合せ方法

正誤表がない場合，あるいは当該箇所が掲載されていない場合は，書名，版刷，発行年月日，お客様のお名前，ご連絡先を明記の上，具体的な記載場所とお問合せの内容を添えて，下記のいずれかの方法でお問合せください.

回答まで，時間がかかる場合もございますので，予めご了承ください.

郵便で問い合わせる	郵送先	〒101-0051 東京都千代田区神田神保町1-3 ミヤタビル2F ㈱電気書院　編集部　正誤問合せ係
FAXで問い合わせる	ファクス番号	**03-5259-9162**
ネットで問い合わせる		弊社Webページ右上の「**お問い合わせ**」から **https://www.denkishoin.co.jp/**

お電話でのお問合せは，承れません

（2024年3月現在）

2024年版 電験3種 過去問題集

2024年版 電験3種 過去問題集

B5判／1457ページ　電気書院 編
定価＝本体3,100円＋税

電験3種過去問題集の決定版!!

◆2023年度（令和5年上期試験のみ）より過去10年間の問題と解答・解説を，各科目ごとに収録！（※令和5年下期試験は未収録）

◆科目ごとに新しい年度順で編集してあるので、各科目の出題傾向や出題範囲の把握に役立つ！

◆問題を左ページ、解説・解答は右ページに収録してあり、右ページを付録のブラインドシートで隠せば、本番の試験に近い形での学習も可能！

◆科目ごとに取り外せるので、持ち運びに便利！

10回分の全問題・解答と解説

電気書院［編］

NEW

平成30年度・令和5年度の理論別解増量
令和元年度〜令和4年度上期の理論別解増量
CBT方式対策にピッタリ
科目ごとに取り外せる分冊版
見開き構成
ブラインドシート付き

電気書院

◆◆◆◆◆◆◆◆◆◆◆◆◆ 内容見本 ◆◆◆◆◆◆◆◆◆◆◆◆◆

※収録してある10年間の間に試験制度や出題範囲が変更になっているものもあります.
　2023年の受験に合わせ、図記号や単位・法令などは実際に出題されたものではなく、新しいものに改定しています.

〒101-0051
東京都千代田区神田神保町1-3（ミヤタビル2F）
TEL（03）5259-9160 ／ FAX（03）5259-9162

http://www.denkishoin.co.jp/

電気書院　検索

9784485207970

1923054024008

ISBN978-4-485-20797-0
C3054 ¥2400E

定価 本体2,400円 +税

フルカラー版
第一種電気工事士技能試験

技能試験の基本・作業解説
と
候補問題10問の解説

候補問題